ULMER
NATURFÜHRER

Josef Settele, Roland Steiner, Rolf Reinhardt, Reinart Feldmann

Schmetterlinge

Die Tagfalter Deutschlands

720 Farbfotos

Ulmer

Inhalt

Vorwort

Buchstäblich jedes Kind kennt den Kleinen Fuchs, das Tagpfauenauge, den Kohl-Weißling oder den Zitronenfalter. Zur heimischen Tagfalterfauna zählen aber auch so seltene und schöne Arten wie der Apollo oder der Segelfalter sowie die weniger bekannten, beim näheren Hinsehen aber mindestens ebenso faszinierenden Dickkopffalter und viele andere Arten.
Wer anfängt, sich mit Tagfaltern zu beschäftigen, kann schnell tiefer in die Materie einsteigen. Er wird die Fraßpflanzen der Raupen und die Nektarquellen der Falter kennen lernen wollen, er wird herausfinden, wie spannend es sein kann, nach Eiern oder Raupen zu suchen, und er wird auch zum Schutz von Faltern beitragen wollen. Letzteres kann geschehen, indem man den eigenen Garten umgestaltet, indem man bei Naturschutzprojekten von Verbänden – wie NABU und BUND – selber mit zupackt oder indem man hilft, durch eigene Beobachtungen die Kenntnisse zur Bestandssituation und zu den Lebensraumansprüchen der Arten zu verbessern.
Schmetterlinge zählen zu den am besten untersuchten Insektengruppen. Entsprechend umfangreich ist die verfügbare Literatur zur Biologie und Verbreitung der heimischen Arten. Es gibt drei gute Gründe, warum nun dieser Naturführer hinzukommt: Aktueller Anlass ist der Start einer gemeinsamen Aktion von UFZ-Umweltforschungszentrum Leipzig-Halle, ZDF und BUND e. V. zum Schutz der Schmetterlinge Deutschlands (im Internet unter www.abenteuer-schmetterling.de). Diese bundesweite Kampagne will für das Tagfalter-Monitoring (siehe auch Seite 19) werben: Es ist eine interessante und einfache Möglichkeit für jedermann, sich auf wissenschaftlicher Basis mit Schmetterlingen zu beschäftigen und letztendlich erheblich zu ihrem Schutz beizutragen. Zweitens sollen hier die bewährten Farbtafeln aus dem Buch „Die Tagfalter Deutschlands“ in einer kompakten, „Freiland-freundlichen“ Form nutzbar gemacht werden. Und schließlich möchten wir die Aufmerksamkeit von Schmetterlingsfreunden stärker auf die oben erwähnte Suche nach Eiern und Raupen lenken: Viele Arten bekommt man als erwachsene Falter kaum zu Gesicht, sie lassen sich jedoch häufig in Form von Ei oder Raupe finden und daher so einfacher nachweisen.
Wir hoffen, dass dieses Buch zum besseren Kennenlernen und zum nachhaltigen Schutz dieser faszinierenden Insektengruppe beitragen kann.

Halle, Aidlingen, Mittweida, Leipzig
Im Frühjahr 2005

Einführung

In Deutschland leben etwa 3700 Schmetterlingsarten. Der ganz überwiegende Teil davon sind Nachtfalter; die Tagfalter machen nur 190 Arten aus. Davon wiederum sind in Deutschland 44 Arten nur in den alpinen Regionen nahe der südlichen Landesgrenze zu finden. Sie wurden hier nicht aufgenommen, weil sie das Buch für die große Mehrheit der Nutzer unübersichtlich gemacht hätten. Dieser Naturführer liefert also Grundwissen zu allen außeralpinen Tagfaltern Deutschlands und ermöglicht deren einfache Bestimmung – eine Grundlage für jede intensivere Beschäftigung mit dieser Insektengruppe.

Die Flügel der Schmetterlinge sind mit Schuppen und Haaren besetzt. Nahaufnahme des Flügels eines Natterwurz-Perlmutterfalters (siehe Seite 120).

Merkmale der Tagfalter

Die wichtigsten anatomischen Merkmale der Tagfalter sind auf der vorderen Umschlaginnenseite dargestellt. Charakteristisches Merkmal sind ihre meist bunt gezeichneten, dicht beschuppten Flügel – daher der wissenschaftliche Name Lepidoptera (lepis = Schuppe, pteron = Flügel). Die meisten Tagfalter in Deutschland lassen sich anhand der Flügelzeichnung gut unterscheiden. Wo das nicht möglich ist, können nur Experten anhand von Präparationen des Genitalapparats ähnliche Arten auseinander halten (siehe Seite 21).

Farbpigmente in den Schuppen erzeugen die bunten Muster auf den Flügeln. Manche Schuppen sind farblos und hohl und lassen durch Lichtbrechung einen Schillereffekt entstehen, so bei heimischen Schillerfaltern oder noch viel prachtvoller bei südamerikanischen *Morpho*-Faltern. Eine besondere Differenzierung stellen Duftschuppen dar, die Pheromone absondern. Sie finden sich auf den Vorderflügeln der Männchen einiger Arten zusammengefasst in Duftschuppenflecken (beispielsweise beim Kaisermantel, siehe Seite 109). Im Laufe der relativ kurzen Flugzeiten verlieren die Falter einen Teil ihrer Schuppen. Die Flügelzeichnung wird blass und undeutlich, die Flügelhinterkanten sind ausgefranst; dann spricht man von „abgeflogenen" Tieren.

Gemeinsames Erkennungsmerkmal der heimischen Tagfalter sind ihre leicht keulenförmig verdickten Fühlerspitzen. Alle zugehörigen Familien weisen dieses Merkmal auf: die Dickkopffalter, Ritterfalter, Weißlinge, Bläulinge, Würfelfalter und Edelfalter. Die Fühler der Nachtfalter hingegen sind häufig gefiedert und am Ende nicht verdickt. Mit den Be-

Ein Weibchen des Kreuzdorn-Zipfelfalters bei der Eiablage an Kreuzdorn, der einzigen Nahrungspflanze der Raupen (siehe Seite 76).

griffen Schmetterlinge und Falter sind beide Gruppen gemeint, daher ist es zweckmäßig, von Tag- und Nachtfaltern zu sprechen, wenn man differenzieren will. Zu beachten ist, dass es auch tagaktive Nachtfalter gibt, nämlich die Familie der Widderchen und Arten wie die Gammaeule oder das Taubenschwänzchen.

Lebensweise und Lebensraum

Alle einheimischen Tagfalter leben als Raupe von pflanzlicher Nahrung. Das Spektrum der befressenen Pflanzenarten ist recht groß, es reicht von Gräsern über krautige Pflanzen bis zu den Blättern von Sträuchern und Bäumen.

Fraß- und Nektarpflanzen

Die verschiedenen Tagfaltergruppen bevorzugen meist bestimmte Pflanzenfamilien. So leben beispielsweise viele Bläulingsraupen an Schmetterlingsblütlern, Weißlingsraupen hingegen an Kreuzblütlern und Augenfalter an Gräsern. Die einzelnen Arten können sehr wählerisch sein und im Extremfall nur eine einzige Pflanzenart als Futter annehmen. So lebt die Raupe des Landkärtchenfalters ausschließlich von Brennnesseln, die des Kreuzdorn-Zipfelfalters mag nur Kreuzdornblätter. Man nennt solche Arten „monophag“. Andere Arten nutzen nur eine kleine Auswahl von verwandten Pflanzenarten, während wieder andere ein breites Spektrum pflanzlicher Nahrung aufnehmen können und dann als „polyphag“ bezeichnet werden.

Im Allgemeinen ist die Bindung der Falter an Nektar spendende Blütenpflanzen nicht so eng wie die der Raupen an ihre Fraßpflanzen. Manche Falter besuchen bevorzugt gelbe Blüten, andere violette; manche Blüten werden von Faltern kaum beachtet, andere dagegen wirken wie ein Magnet. Zu letzteren gehören beispielsweise Distel- und Kratzdistel-Arten sowie der Sommerflieder (*Buddleja*), aber auch Klee-Arten und weitere Schmetterlingsblütler. Beim Wald-Wiesenvögelchen weiß man bis heute nicht, ob überhaupt Blüten besucht werden.

Neben Blüten werden manche Falter von gärenden oder faulenden Früchten – in Gärten Fallobst – angezogen und saugen an diesen; hierzu zählen unter anderem Admiral, Trauermantel und C-Falter. Auch auf Tierkadavern und Kot findet man gelegentlich Falter. An feuchten Wegstellen sitzen manchmal regelrechte Schmetterlingsversammlungen, die Mineralien und Flüssigkeit aufnehmen; dazu zählen zum Beispiel viele Bläulingsarten, die Braundickkopf-Arten, Weißlinge und Augenfalter. Schillerfalter sind keine Blütenbesucher, aber auch sie saugen vormittags an Pfützen auf feuchten Waldwegen. Aus stark riechendem Käse kann man sogar Köder für Schillerfalter und Eisvögel herstellen. Auch menschlicher Schweiß lockt verschiedene Falter an, darunter Admiral, Landkärtchen und Schillerfalter.

Die Jungraupe des Schwalbenschwanzes tarnt sich, indem sie Vogelkot nachahmt (siehe Seite 48).

Lebensraumbindung

Viele der Tagfalter in Deutschland sind an bestimmte Lebensräume gebunden. So kommt der Hochmoor-Gelbling nur auf Hochmooren vor, der Fetthennen-Bläuling nur an offen stehenden Felsfluren in Flusslandschaften und der Randring-Scheckenfalter nur in kühlen, staunassen Wiesenknöterichfluren.

Einige Arten siedeln in sehr verschiedenen Lebensräumen, manchmal auch regional unterschiedlich. Der Storchschnabel-Bläuling bewohnt einerseits nasse Mädesüßfluren, wo die Raupe an Sumpf-Storchschnabel frisst, und andererseits warm-trockene Säume mit Blutrotem Storchschnabel als Raupenfraßpflanze. Ähnlich ist es beim Goldenen Scheckenfalter: Auf Feuchtwiesen lebt die Raupe an Teufelsabbiss, in anderen Landesteilen auf Trockenrasen an Tauben-Skabiose.

Vor allem wandernde Arten zeigen sich an keinen bestimmten Lebensraum gebunden – man kann sie beinahe überall antreffen. Lebensfeindlich für nahezu alle Arten sind jedoch Hochleistungsäcker mit Raps-, Mais- oder sonstigen Monokulturen ohne Randstreifen. Das gleiche gilt für Wiesenflächen, die mit Gülle überdüngt werden, und auch für Fichtenmonokulturen. Wenn solche Flächen das Landschaftsbild bestimmen, fehlen wichtige Indikatoren für ökologisch intakte Biotope, nämlich die Tagfalter.

Schutz vor Feinden

In Anpassung an ihren Lebensraum sind bei den Tagfaltern wie überall im Tierreich Mechanismen entwickelt, durch die sie sich vor Fraßfeinden schützen. Eine Strategie ist es, sich von Pflanzen zu ernähren, die giftig sind oder eine abstoßende Wirkung auf Räuber haben. So vertrauen die Raupen mancher Weißlingsarten darauf, nicht gefressen zu werden, weil der Kohl, von dem sie sich ernähren, viel Senföle enthält. Offensichtlich profitieren auch die erwachsenen Falter davon, denn Kohl-Weißlinge werden nicht von Hornissen angegriffen.

Andere Raupen tarnen sich, in dem sie aussehen wie Vogelkot auf einem Blatt, zum Beispiel die frühen Raupenstadien von Schwalbenschwanz oder Eisvogel. Die Tarnung der Raupen besteht in den meisten anderen Fällen darin, in Form, Farbe oder Zeichnung mit dem Untergrund, in der Regel der Nahrungspflanze, zu verschmelzen. Viele Bläulingsraupen scheiden aus speziellen Drüsen ein Sekret aus, das von Ameisen aufgenommen wird. Im Gegenzug verteidigen die Ameisen diese Raupen. Dass die Raupen der meisten Augenfalter erst nachts fressen, dient wahrscheinlich genauso dem Schutz vor tagaktiven Fraßfeinden.

Verbreitung

Die Verbreitung der Schmetterlinge auf der Erde entspricht ungefähr der Ausdehnung der Pflanzenwelt. Das heißt fast überall, wo es Pflanzen gibt, kommen auch Falter vor. Sie bevorzugen Sonne, Wärme und eine mannigfaltige, blütenreiche Vegetation. Deshalb ist die weitaus höchste Artenvielfalt in den tropischen und subtropischen Gebieten zu finden. Hohe Artenzahlen weisen auch die warmen und alpinen Gegenden der gemäßigten Zone auf, mehr als in den sehr heißen Ländern. Nördlich des 60. Breitengrades nimmt die Anzahl der Schmetterlingsarten schnell ab.

Unterschiede in Deutschland

In Deutschland besteht ein deutliches Süd-Nord-Gefälle in der Artenvielfalt der Tagfalter. Auch ohne den Alpenanteil kommen in Bayern und Baden-Württemberg wesentlich mehr Arten vor als in Schleswig-Holstein oder Mecklenburg-Vorpommern. Viele der wärmeliebenden Arten leben nur im südlichen Deutschland, wo auch ihre Fraßpflanzen in der Regel weiter verbreitet sind.
So hat der Segelfalter seine nördliche Verbreitungsgrenze südlich von Berlin – nur Einzeltiere findet man gelegentlich auch weiter nördlich. Andere Arten, insbesondere solche, deren Heimat kontinental geprägte Klimagebiete sind, erreichen in Ost- oder Nordostdeutschland ihre Verbreitungsgrenze, zum

Die Raupe des Nierenfleck-Zipfelfalters (siehe Seite 72) gibt ein zuckerhaltiges Sekret ab, das von Ameisen aufgenommen wird. Diese „beschützen“ die Raupe im Gegenzug.

Der Geranien-Bläuling ist ein Einwanderer aus Südafrika, der neuerdings auch bei uns wiederholt auftritt.

Beispiel der Östliche Perlmutterfalter. Manchmal können die Arten diese Gebiete nicht dauerhaft besiedeln und treten nur einige Jahre auf, um dann wieder aus Deutschland zu verschwinden, so z. B. der Östliche Große Fuchs. In der zweiten Hälfte des 19. Jahrhunderts sind einige Arten nach Schleswig-Holstein und Mecklenburg vorgedrungen, deren vorherige Verbreitungsgrenze südlicher lag: Schachbrettfalter, Waldbrettspiel, Kleines Ochsenauge und Landkärtchenfalter. Sie alle sind jetzt in den neuen Gebieten sesshaft geworden.
Auch in umgekehrter Richtung, also von Nordosten nach Süden und Westen, gibt es Ausbreitungen: Gold-Dickkopffalter, Spiegelfleck-Dickkopffalter und auch der Vogelwicken-Bläuling haben in der Vergangenheit weite Teile Deutschlands erobert. Der Große Feuerfalter dringt von Südwestdeutschland in Richtung Osten vor und erweitert gleichzeitig sein Verbreitungsgebiet in Ostdeutschland von Norden nach Süden. Diese und andere Beispiele belegen, wie dynamisch die Arealgrenzen bei den Tagfaltern sind.

Seltene Gäste

Es gibt etwa zehn Tagfalter-Arten, die in Deutschland unregelmäßig und nur vereinzelt beobachtet werden können. Dabei handelt es sich um verschleppte Exemplare oder so genannte Irrgäste. Erwähnenswert ist der Geranien-Bläuling, der sich derzeit von Spanien und Italien aus in Mitteleuropa ausbreitet und bereits in Deutschland und auf den Britischen Inseln gesichtet wurde. Aus seiner ursprünglichen Heimat Südafrika wurde er vermutlich durch importierte Geranien- bzw. Pelargonien-Topfpflanzen verbreitet; dies sind die Fraßpflanzen der Raupen. Die Zeit wird zeigen, wie weit nördlich sich die Art tatsächlich etablieren kann.
Eine andere Art ist der in Südosteuropa und Asien weit verbreitete Östliche Gelbling, der schon Ungarn, Österreich und die Slowakei erobert hat und seit 2000 regelmäßig in östlichen Landesteilen auftritt. Überwinterungen konnten für diese Art in Deutschland nicht nachgewiesen werden und sind auch wenig wahrscheinlich, weil Luzerne, die

Fraßpflanze, erfriert und die auch im Winter aktiven Raupen dann verhungern.
Die Fachleute sind sich noch nicht einig, ob man den Admiral inzwischen als in Deutschland heimische Art betrachten muss. Bisher war es außerordentlich selten, dass dieser Wanderfalter bei uns überwintert hat. Doch seit 1999 häufen sich Meldungen über Exemplare, die in den ersten Frühjahrstagen gesichtet wurden, also viel zu früh, um eingewandert zu sein.

Die Entwicklung eines Tagfalters am Beispiel des Segelfalters: Ein frisch gelegtes Ei.

Lebenszyklus

Im Gegensatz zu den so genannten hemimetabolen Insekten, bei denen die Larven den erwachsenen Tieren schrittweise immer ähnlicher werden (z. B. die Heuschrecken), sind die Schmetterlinge holometabol. Das bedeutet, dass bei der Entwicklung vom Ei über mehrere Larven(=Raupen)stadien zur Puppe und dann zum erwachsenen Falter eine völlige Umorganisation der Körperstruktur stattfindet.
Die befruchteten Falter-Weibchen legen ihre Eier normalerweise an den Pflanzen ab, an denen später die Raupen fressen. Einige Arten lassen die Eier auch mehr oder weniger gezielt ins Gras fallen oder heften sie irgendwo in der Nähe der Raupenpflanzen an. Die Eier werden einzeln abgelegt oder gruppenweise in so genannten Eispiegeln. Meist haben die Eier eine für die betreffende Artengruppe spezifische Form, und auch in ihrer Feinstruktur zeigen sie oft artspezifische Merkmale.
Nach meist ein bis zwei Wochen schlüpft aus dem Ei die Jungraupe, die so genannte L1 (1. Larvenstadium). Wenn ihre Haut zu eng wird, muss die Raupe sich häuten, um weiter wachsen zu können – die daraus entstehende Raupe ist die L2. In der Regel ist nach vier Häutungen mit der L5 das letzte Entwicklungsstadium der Raupe erreicht. Bis hierhin dauert die Entwicklung etwa vier bis sechs

Nach einigen Tagen färbt sich das Ei rötlich braun.

Nach etwa 20 Tagen beginnt die Raupe zu schlüpfen.

Nach dem Schlupf frisst die Raupe des Segelfalters die Eihülle bis auf einen am Blatt haftenden Rest, den so genannten „Eiboden“.

Die schwärzliche Jungraupe (L1) häutet sich erstmalig und wird so zur grünen L2.

Die L3 ist grün mit feinen gelben Punktreihen.

Die „fertige“ Raupe, die L5, trägt ein bräunlich rotes Muster auf dem Rücken.

Kurz vor der Verpuppung verfärbt sich die L5 leuchtend gelb und begibt sich auf die Wanderung auf der Suche nach einem geeigneten Verpuppungsort.

Rechte Seite, von links oben nach links unten: Oben: Die Raupe hat einen geeigneten Ort für die Verpuppung gefunden und beginnt, sich dort anzuspinnen. Mitte: Die verpuppungsreife Raupe hat sich mit einem Gürtelfaden angehängt und häutet sich noch einmal: Hier ist die so genannte Präpuppenhaut schon vom Kopfvorsprung abgestreift. Unten: Die Puppe ist fertig ausgehärtet.

Rechts oben: Soeben hat der Segelfalter die Puppenhülle verlassen.
Rechts unten: Die Flügel des Falters brauchen einige Zeit, um sich vollständig zu entfalten.

Der „fertige“ Segelfalter mit entfalteten Flügeln.

Wochen – bei Arten, die in einem Raupenstadium überwintern, entsprechend länger.
Nach einer letzten Häutung wandelt sich die Raupe zur Puppe. Solange die Puppenhaut noch weich ist, sind die Tiere sehr empfindlich. Wenn der nötige Platz fehlt oder Störungen auftreten, kann es zu Deformationen und Missbildungen beim späteren Falter kommen.
Man unterscheidet Gürtel- und Stürzpuppen, die sich irgendwo anheften, von solchen, die in der Streuschicht am Boden liegen, manchmal verborgen in einem Kokon oder einem Gespinst. Die Puppen von Weißlingen und Ritterfaltern befestigen sich in mehr oder weniger aufrechter Position mit ihrem Hinterende an Pflanzenstängeln oder Ähnlichem und spinnen zusätzlich einen Haltefaden um ihre Körpermitte – daher der Name Gürtelpuppe. Die Puppen der Edelfalter sind Stürzpuppen, die kopfunter hängend befestigt sind. Bei Augenfaltern, Apollofaltern und auch vielen Bläulingen liegen die Puppen mehr oder weniger gut verborgen am Boden.
Nach der Puppenruhe, während der die inneren Organe von der Raupenfunktion in die Funktion des Falters umgebaut werden, schlüpfen die Falter. Die Flügel der frisch geschlüpften Falter sind noch nicht entfaltet und schlaff. Erst wenn Körperflüssigkeit in die Adern gepumpt wird, vergrößert sich die Flügelfläche bis zum Endzustand. Es dauert etwa einen halben Tag, bis die Flügel ausgehärtet sind und die Falter davonfliegen können. In dieser Zeit sind die Tiere recht hilflos und Fraßfeinden besonders stark ausgesetzt. Die Lebensspanne der Falter beträgt in der Regel einige Tage bis wenige Monate. Die Einzeltiere mancher Arten leben mitunter nur zwei bis drei Tage lang, während Zitronenfalter zehn bis elf Monate alt werden können.

Tagfalter-Generationen

In Zonen mit gleichmäßigem Klima läuft der beschriebene Lebenszyklus ununterbrochen ab, es wird eine Generation nach der anderen hervorgebracht. Höhere Temperaturen beschleunigen, niedrige Temperaturen verzögern die Entwicklung. In unseren gemäßigten Breiten können die wechselwarmen Organismen die unwirtlichen Zeiten nur in einem widerstandsfähigen Stadium überstehen, oder indem sie in wärmere Gebiete ausweichen. Die Arten der letztgenannten Gruppe werden als Wanderfalter bezeichnet.

Wanderfalter

Der international wohl bekannteste Wanderfalter ist der Monarch. Jedes Jahr im Herbst fliegen massenhaft Exemplare aus den nördlichen Vereinigten Staaten und Kanada nach Süden. Obwohl so zahlreiche Tiere unterwegs sind, hat es viele Jahre gedauert, bis das Rätsel des Ziels dieser Wanderungen gelöst wurde. Das Winterquartier des Monarchs befindet sich in den mexikanischen Bergen in etwa 3000 m Höhe. Hier versammeln sich die Falter zu zig Millionen und bedecken die Bäume und den Boden. Im Frühjahr fliegen dieselben Tiere wieder zurück in die Ausgangsgebiete. Dabei legen sie mühelos 3000 km und mehr zurück. Fast jedes Jahr verschlägt es auch einige Monarch-Falter nach Europa. Sie werden von Westwinden abgetrieben und über den Atlantik verdriftet. In Bezug auf die zurückgelegten Strecken können sich Wanderfalter also durchaus mit manchen Zugvögeln messen.

Auch der in Deutschland häufig zu findende Distelfalter vollbringt beeindruckende Flugleistungen, wenngleich er eine völlig andere Strategie als der Monarch hat. Distelfalter wandern jedes Frühjahr über die Alpen kommend bei uns ein und vermehren sich in zwei bis drei Generationen. Wird die Populationsdichte zu hoch oder wird durch andere Faktoren Wanderbereitschaft ausgelöst, fliegen große Schwärme in Gebiete mit zu erwartendem besseren Klima, also z. B. von Deutschland aus im Spätsommer bis nach Nordafrika. Dort durchlaufen sie ebenfalls mehrere Generationen, bevor im Folgejahr die Nachkommen wieder bei uns einfliegen. Distelfalter fliegen auf ihren Wanderungen in großen Höhen und mit hohen Geschwindigkeiten und überqueren dabei Hochgebirge offenbar genauso problemlos wie die Sahara.

Überwinterung

Die meisten Schmetterlinge jedoch überwintern bei uns je nach Art als Ei, Raupe, Puppe oder Falter. Zitronenfalter, Kleiner und Großer Fuchs, C-Falter, Trauermantel und

Eine Stürzpuppe, hier vom Flockenblumen-Scheckenfalter (siehe Seite 134).

Die Puppe des Ockerbindigen Samtfalters (siehe Seite 166) liegt verborgen in der Bodenstreu.

Tagpfauenauge überdauern den Winter als Falter. Daher sind sie stets die ersten Frühlingsboten und fliegen manchmal schon, während noch Schnee liegt.
Die Überwinterungsstrategien der übrigen Arten sind zeitlich auf die Entwicklung von Knospen, Blüten und Blättern der Raupennahrungspflanze abgestimmt. Gut angepasst an die Bedingungen in unseren Breiten sind die Arten, bei denen abnehmende Tageslängen das Signal für eine vollständige Winterruhe, die Diapause, sind. Andere Arten reduzieren nur ihre Aktivitäten in Abhängigkeit von den fallenden Temperaturen.

Sonderfall Landkärtchenfalter

Interessant sind die Entwicklungsabläufe beim Landkärtchenfalter. Die Art überwintert als Puppe. Ab Mitte April schlüpft aus ihr der oberseits orange-schwarz gefleckte Falter; diese Frühjahrsform wird *levana* genannt. Aus den im Mai gelegten Eiern entwickeln sich Raupen, die sich Ende Juni verpuppen und aus denen ab Anfang Juli die Falter der zweiten Generation schlüpfen. Diese sind völlig anders gezeichnet: die Grundfarbe der Flügeloberseiten ist schwarz mit einer weißen Binde (Sommerform *prorsa*). Das unterschiedliche Aussehen der beiden Generationen hatte den Naturforscher Linné veranlasst, zwei getrennte Arten zu beschreiben. Erst über 100 Jahre später erkannte man, dass es sich in Wirklichkeit um zwei Erscheinungsformen einer Art handelt. Zwischen beiden Farbvarianten gibt es auch Übergänge, indem die dunkle Sommerform einen mehr oder weniger großen Anteil an orangen Schuppen ausbilden kann. Diese als *porima* bezeichnete Form entsteht durch verlängerte Puppenruhe, beispielsweise infolge kühler, regnerischer Witterung. In Jahren mit warmem Frühjahr und Frühsommer schlüpfen die Falter der Sommergeneration bereits so früh, dass es eine dritte Generation gibt, wenn die Temperaturen auch wei-

Einige Falterarten überwintern als Raupe: Hier die vollkommen von einer Eisschicht umgebene, aber durchaus lebende Raupe des Großen Schillerfalters (siehe Seite 144).

terhin hoch bleiben. An diesem Beispiel wird deutlich, wie verschiedene Umweltfaktoren die Lebenszyklen und Generationsfolgen der Schmetterlinge steuern und variieren.

Schmetterlinge beobachten

Schmetterlinge wie Briefmarken zu sammeln ist schon lange aus der Mode gekommen und ohnehin durch das Bundesnaturschutzgesetz längst verboten. Heute finden Schmetterlingsfreunde ihr Vergnügen darin, zu beobachten, aufzuzeichnen und zu fotografieren. Schnell lernt man dabei, Färbungs- und Zeichnungsvarianten innerhalb der einzelnen Arten zu registrieren. Eine entsprechende Fotodokumentation kann durchaus wissenschaftlich interessante Ergebnisse liefern. Auch Laien gelingen gute Fotos mit einer mit Makroobjektiv und Blitz ausgestatteten Spiegelreflex- oder Digitalkamera.

Tagfalter sind überall

Tagfalter begegnen uns in sehr verschiedenen Lebensräumen, selbst auf Blumenrabatten im Zentrum von Großstädten. Viele Falterarten lieben jedoch das Offenland und kommen auf Wiesen, Weiden und Feldern vor. Bevorzugte Flugplätze sind dabei Flächen mit einer vielfältigen, blütenreichen Flora. Arten wie Großer Kohl-Weißling, Zitronenfalter, Tagpfauenauge, Kleiner Fuchs, Wachtelweizen-Scheckenfalter und Kleines Wiesenvögelchen spielen dabei auch eine Rolle als Pflanzenbestäuber.
Manche Tagfalterarten sind sehr standorttreu, das heißt dieselben Individuen können Tag für Tag an denselben Stellen gefunden werden, so z.B. das Kleine Wiesenvögelchen. Andere Arten dieser Gruppe, wie der Schwalbenschwanz, haben einen hohen Raumbedarf und fliegen weit umher; folglich trifft man sie stets nur einzeln an. Viele heimische Tagfalter fliegen auch an Wald-,

Der Landkärtchenfalter sieht in der ersten Generation ganz anders aus als in der zweiten (siehe Seite 131).

Feld- und Gewässerrändern, an mit Büschen durchsetzten Hängen oder Tallagen oder anderen reich strukturierten Geländeabschnitten.
Oftmals nehmen die Männchen Sitzwarten ein, von denen aus sie Konkurrenten vertreiben und auf vorbeifliegende Weibchen warten. Über Bergkuppen, Hügeln und exponierten Bauwerken kann man Schwalbenschwänze und Segelfalter beim so genannten „Hilltopping" beobachten: Die männlichen Falter führen Balzflüge aus und versuchen dabei, jeweils die attraktivsten Plätze zu besetzen, wo sich dann auch die Weibchen einfinden.
Zahlreiche Tagfalterarten (z. B. Schillerfalter, Eisvögel, Großer Fuchs, Samtfalter-Arten) leben auch an Waldrändern, also auf Forstwegen, Holzplätzen und Lichtungen. Am tiefsten dringt das Waldbrettspiel in den geschlossenen Wald vor; es ist gelegentlich sogar in Fichtenmonokulturen zu finden.

Warum sind so viele Tagfalter gefährdet?

Um Tagfalter effizient schützen zu können, müssen ihre Biologie und ihre ökologischen Ansprüche sehr gut bekannt sein. Obwohl schon unzählige Untersuchungen durchgeführt wurden, gibt es in Detailfragen immer noch erhebliche Kenntnislücken. Es ist klar, dass streng an einen Lebensraum gebundene Arten mit dessen Veränderung bzw. Vernichtung unmittelbar gefährdet sind. Vielfach werden aber auch Arten, die über Jahrzehnte als häufig und in ihren Ansprüchen als unspezifisch galten, plötzlich seltener oder verschwinden aus Gebietsteilen, ohne dass es bemerkt wurde und vielfach auch ohne dass die Ursachen erklärt werden könnten.
Arten mit sehr kompliziertem Lebenszyklus wie der Dunkle und der Helle Wiesenknopf-Ameisenbläuling sind besonderen Gefährdungsfaktoren ausgesetzt. Die Raupen dieser beiden Arten sind monophag und kommen demnach ausschließlich dort vor, wo ihre Fraßpflanze, der Große Wiesenknopf, wächst.
Die Weibchen legen ihre Eier an die Blütenköpfe noch unreifer Pflanzen. Damit sich die Pflanzen entwickeln können und die Weibchen zur Eiablage geeignete Blütenköpfe vorfinden und später, damit sich die Raupen entwickeln können, ist die Mahd entsprechender Wiesen in der Zeit von Juni bis Anfang September sehr kritisch. Die Pflanzen sind gleichzeitig auch Nektarquelle und Rendezvousplatz für die Falter. Die Jungraupen fressen die Wiesenknopf-Blüten und verlassen im vierten Stadium die Pflanze. Am Boden werden sie von bestimmten Ameisen „adoptiert", das heißt in deren Nester getragen. Es müssen also auch geeignete Lebensbedingungen für die Ameisen gegeben sein. Fatale Folgen haben auch lang andauernde Überschwemmungen von Flussniederungen, wenn dadurch die Ameisenbaue zerstört werden. In den Nestern leben die Bläulingsraupen bevorzugt räuberisch von der Ameisenbrut; der Ameisenstaat kann die Verluste nur verkraften, wenn er optimal entwickelt ist. Die Wiesenknopf-Ameisenbläulinge überwintern im Ameisennest, verpuppen sich im Juni und verlassen es im Juli als Falter.
Dieses Beispiel macht deutlich, wie stark unterschiedliche Bewirtschaftungsmaßnahmen darüber entscheiden, ob der komplexe Entwicklungszyklus einer Art ablaufen kann oder nicht.

Eingriffe durch den Menschen

Trockenlegungen, Grabenvertiefungen und Bodenverbesserungen haben katastrophale Folgen für alle Schmetterlingsarten, die an feuchte Lebensräume oder gar an Moore gebunden sind. Für letztere sind auch alle

Maßnahmen schädlich, die den Charakter der überwiegend sauren Moore verändern, z. B. Waldkalkungen.
Die meisten im Wald vorkommenden Arten sind auf größere Bestandslücken (Lichtungen) angewiesen und zeigen durch den Wegfall historischer Waldnutzungsformen (z. B. Nieder- und Mittelwaldbewirtschaftung, Waldweide) sowie den Verzicht auf größere Kahlschläge im Rahmen des „naturnahen Waldbaus" starke Bestandsrückgänge.
Falterarten, deren Lebensraum magere Standorte sind und deren Fraßpflanzen dort ihren Stickstoffbedarf mit Hilfe von Wurzelbakterien decken, sind in den letzten Jahrzehnten hochgradig gefährdet. Der stetig wachsende Autoverkehr hat dazu geführt, dass in Deutschland jährlich weit mehr als 30 kg/ha Stickstoff niedergehen, wodurch stickstoffbedürftige Pflanzen sich ausbreiten und die an magere Standorte angepassten Spezialisten verdrängen. Die unfreiwillige Zusatzdüngung aus der Luft entspricht einer Menge, die früher als Volldüngung für Kartoffelkulturen ausgebracht wurde.
Vielfach gehen nährstoffarme, trockenwarme Standorte durch Nutzungsaufgabe verloren. Wacholder- und Zwergstrauchheiden verbuschen, weil die Beweidung unrentabel geworden ist. Auf Truppenübungsplätzen und in den Bergbaufolgelandschaften in Ostdeutschland verschwinden freie Bodenstellen und Pionierstadien, nachdem der militärische Betrieb bzw. die bergbauliche Nutzung eingestellt wurde, weil sich hier nun allmählich geschlossene Pflanzenbestände ausbilden.
Neben der Eutrophierung von Flächen spielt auch die Anwendung von Pflanzenschutz- und Schädlingsbekämpfungsmitteln eine Rolle beim Rückgang der Tagfalter. Insektizide schädigen die Tagfalter oder ihre Raupen direkt – durch Abdrift auch abseits der behandelten Wirtschaftsflächen. Gespritzt wird im Obst- und Weinbau, bei der Grünland- und Ackerbewirtschaftung, aber auch in der Forstwirtschaft. Unkrautvernichtungsmittel wirken indirekt, indem die Fraßpflanzen der Raupen und die Nektarquellen der Falter verloren gehen.
Nicht zuletzt gehen kontinuierlich Lebensräume durch Zersiedelung der Landschaft und Versiegelung von Flächen verloren. Der Bau neuer Wohn- und Gewerbegebiete und von Verkehrswegen hat auch indirekte Auswirkungen durch Veränderung des Mikroklimas und die Isolierung ehemals miteinander verbundener Lebensräume. Die Errichtung von Sport- und Freizeitanlagen in sensiblen Landschaftsteilen tut ein Übriges.
Weil Schmetterlinge so empfindlich und schnell auf Umweltveränderungen reagieren können, sind sie hervorragende Indikatoren für den Zustand der Landschaft. Projekte zum Schutz einzelner Tagfalter sind selten nur eindimensionale Artenschutzmaßnahmen. In der Regel profitiert von ihnen die gesamte Lebensgemeinschaft, also alle Arten mit ähnlichen Habitatansprüchen.

Tagfalter-Monitoring

Wie oben erwähnt, weiß man manchmal gar nicht genau, warum bestimmte Arten aus einem Gebiet verschwinden, oder man registriert das Verschwinden nicht sofort. Eine bundesweite, kontinuierliche Bestandsaufnahme aller Arten, das so genannte Monitoring, wie es in Großbritannien und Holland seit vielen Jahren von schmetterlingsbegeisterten Freiwilligen aus der Bevölkerung durchgeführt wird, kann auch bei uns in Deutschland eine ganz neue Wissensbasis schaffen. Mit einem Monitoring kann man flächenbezogen Landnutzungsänderungen registrieren und besser als bisher ganz konkret deren Einflüsse auf die jeweilige Population beurteilen.
Ein bundesweites Monitoring hat zum Ziel, die Bestandesentwicklungen von Tagfaltern auf einer größeren räumlichen Skala, also im

Bereich von Naturräumen, Bundesländern und für ganz Deutschland zu erfassen. Die Ergebnisse sollen Aufschluss geben über Trends und helfen zu beurteilen, ob beispielsweise negative Bestandsentwicklungen in bestimmten Jahren eher auf natürliche Fluktuationen zurückzuführen sind oder eindeutige Hinweise auf systematische Umweltveränderungen darstellen.
Initiiert durch die Aktion „Abenteuer Schmetterling“ (www.abenteuer-schmetterling.de) läuft seit 2005 ein entsprechendes Programm auf nationaler Ebene. Der Aufbau eines Netzwerks von Regional- und Länderkoordinatoren und/oder die bundesweite Datenhaltung erfolgen vom UFZ-Umweltforschungszentrum Leipzig-Halle aus (www.tagfalter-monitoring.de). Auf Landesebene existiert bereits seit 2002 ein entsprechendes Monitoring in Nordrhein-Westfalen (LEOPOLD 2004; siehe Literaturverzeichnis, Seite 248).

Erfassungsmethode

Die Methode der Linientaxierung oder Transekt-Erfassung wird schon seit Jahrzehnten in der Ornithologie und für weitere Tiergruppen eingesetzt. Die Erfassung von Tagfaltern auf diese Weise ist einfach und auch von Laien schnell zu erlernen.
In gleichmäßigem Tempo wird eine festgelegte Strecke abgeschritten und alle Schmetterlinge registriert, die links und rechts des Weges zu sehen sind. Die Begehungen sollten wöchentlich durchgeführt werden. Die Kartiersaison beginnt im April und endet mit dem September. Wenn Unsicherheiten bei der Bestimmung bestehen, empfiehlt es sich, einem Experten ein Foto oder ein Belegexemplar vorzulegen. Bei Arten mit hoher Verwechslungswahrscheinlichkeit sollten die betreffenden Exemplare einfach einem Artenkomplex zugeordnet werden.
Wichtiger Hinweis: In Deutschland ist zum Fang wild lebender Arten eine Ausnahmegenehmigung nach § 43, Abs. 8 Bundesnaturschutzgesetz erforderlich sowie ggf. eine zusätzliche Genehmigung für das Verlassen der Wege in Naturschutzgebieten. Die in der Regel gebührenpflichtigen Genehmigungen erteilen die Landschafts- bzw. Naturschutzbehörden.

Aufruf zum Mitmachen

Damit das Monitoring-System funktionieren kann, müssen sich ausreichend Freiwillige finden – bundesweit 1000 Personen sollten es sein. Angesprochen sind alle, die bereit sind, einmal pro Woche eine Stunde in ihrer Umgebung „spazieren“ zu gehen und mit ihren Meldungen zur besseren Kenntnis und zum Schutz der Tagfalter beizutragen. Auch Laien werden in kurzer Zeit lernen, die meisten Arten zu unterscheiden. Alle notwendigen Informationen zum Mitmachen können per E-Mail angefordert werden (unter schmetterling@ufz.de; siehe auch www.abenteuer-schmetterling.de).

Zur Benutzung des Buches

Die Farbtafeln (ab Seite 172) zeigen alle Falter im Vergleich und eignen sich zum schnellen Erkennen. Die Steckbriefe zu den Arten (ab Seite 26) liefern Informationen zu Bestimmungsmerkmalen, Nachweis, Biologie, Verbreitung und Schutz der Tagfalter. Für große Teile dieser Informationen wurde auf die gängigen Standardwerke zurückgegriffen (siehe Literaturverzeichnis, Seite 248). Sie seien hier als weiterführende Lektüre ans Herz gelegt.

Gliederung der Texte

Name: Deutsche wie wissenschaftliche Namen werden wie in dem Buch „Die Tagfalter

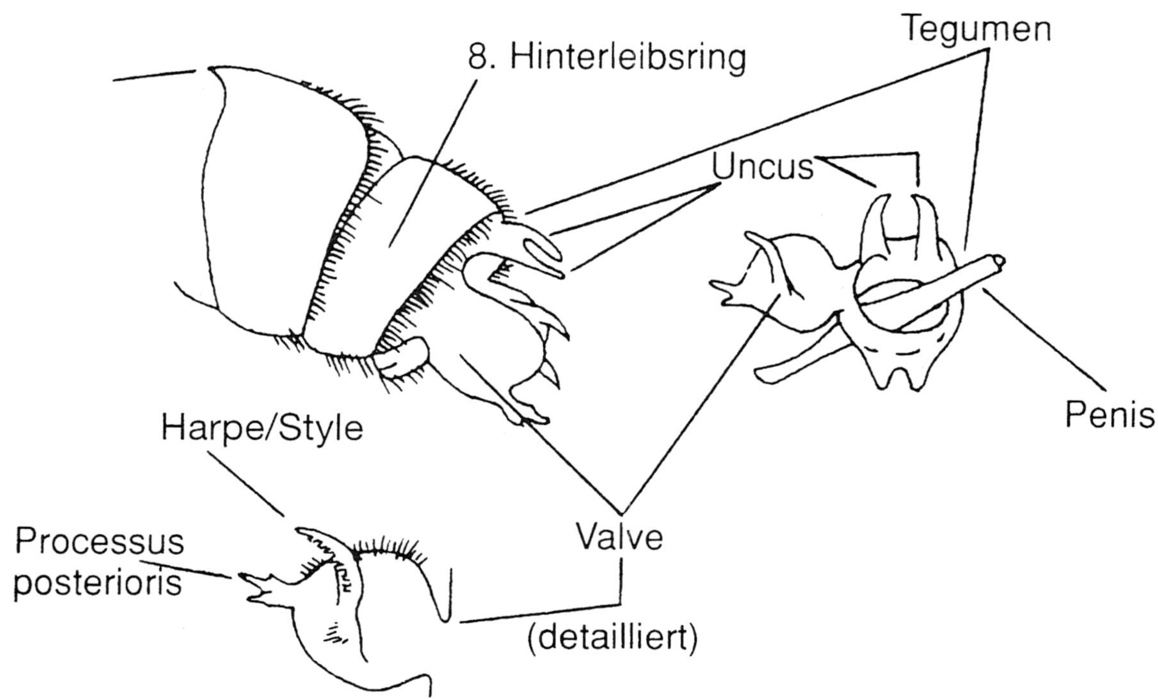
Tegumen
8. Hinterleibsring
Uncus
Penis
Harpe/Style
Valve
Processus
posterioris
(detailliert)

Hinterleibsende (Genital) eines männlichen Tagfalters am Beispiel eines Scheckenfalters.

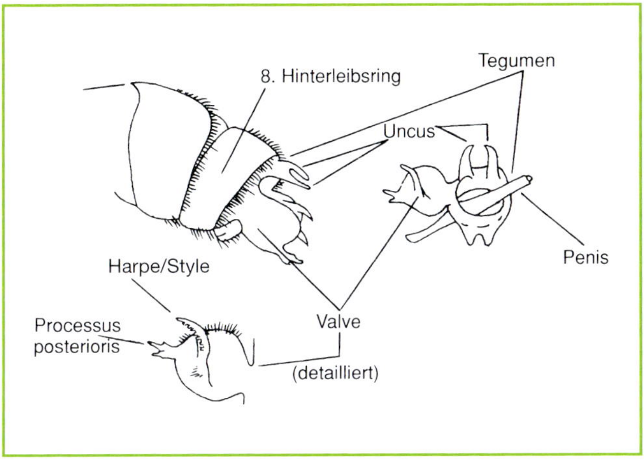

Deutschlands“ von SETTELE et al. (2000) verwendet. Einzige Ausnahme sind die *Maculinea*-Ameisenbläulinge, die hier wieder als Gattung geführt werden (siehe Seite 249). Wichtige Synonyme werden mit den entsprechenden Verweisen im Register aufgeführt (ab Seite 250).

Merkmale: Hier erfolgt die Beschreibung der wichtigsten Unterscheidungsmerkmale des Falters und meist auch von Raupe und Ei, falls diese wichtige Nachweisstadien sind. Beim Falter werden gelegentlich Fachausdrücke der Gliederung der Flügel verwendet, die auf der vorderen Umschlaginnenseite als Übersicht zusammengestellt sind.

Bei einigen Arten ist das Risiko einer Verwechslung sehr hoch; hier wird stets empfohlen, einen Experten zu befragen. In vielen Fällen kann es ausreichen, den Experten Fotos zu senden. Dabei sollte man möglichst mehrere Fotos anfertigen, da sich die Bestimmungsmerkmale sowohl auf den Ober- als auch den Unterseiten der Flügel befinden können. Für schwer bestimmbare Arten ist der männliche Genitalapparat oft ein wertvolles Unterscheidungsmerkmal. Die wesentlichen Elemente sind in der Abbildung oben dargestellt. In solchen und einigen weiteren Fällen ist zur eindeutigen Bestimmung die Entnahme von Belegexemplaren unumgänglich, wofür aber Ausnahmegenehmigungen eingeholt werden müssen. Genauere Ausführungen hierzu finden sich ebenfalls in „Die Tagfalter Deutschlands“ von SETTELE et al. (2000).

Lebensraum/Lebensweise: Hier erfolgt eine knapp gehaltene Charakterisierung der Hauptlebensräume der jeweiligen Art sowie der Nektar- (✿) und Raupenfraßpflanzen (🍃). Ebenso werden Besonderheiten der Lebensweise genannt.

Nachweis: In vielen Fällen sind für den Nachweis der Art vor allem oder zusätzlich zu den Faltern die Eier und/oder Raupen besonders geeignet. Das beste (jeweils im Text mit „1“ gekennzeichnet) bzw. die besten Nachweisstadien sind auch in den ausgewählten Fotos festgehalten. Die Angaben hierzu gehen vor allem auf den Beitrag von Gabriel Hermann in dem Buch „Die Tagfalter Deutschlands“ (Seite 124–143) zurück.

Gefährdung/Schutz: Ebenfalls basierend auf dem Buch „Die Tagfalter Deutschlands“ erfolgt eine knappe Charakterisierung entsprechender Faktoren mit Hinweisen auf Fördermöglichkeiten.

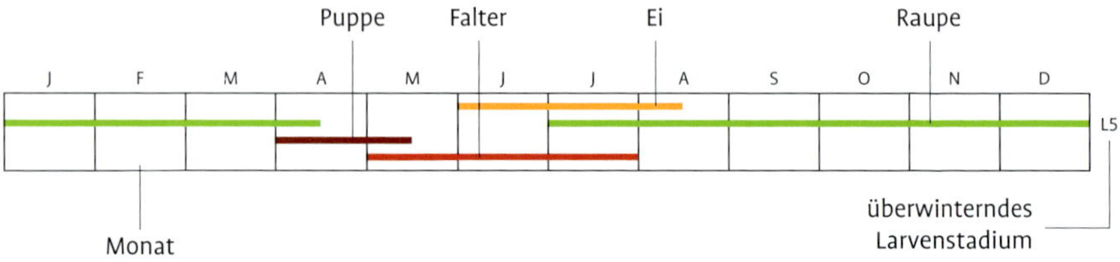

Phänogramme

Graphisch dargestellt wird die **Entwicklung**, also die jahreszeitliche Abfolge der einzelnen Entwicklungsstadien in so genannten Phänogrammen. Diese stellen in Halbmonatsschritten die einzelnen Entwicklungsstadien im Jahresverlauf dar. Oben ist jeweils das Eistadium (orange) dargestellt, darunter die Raupen (grün), dann die Puppen (braun) und schließlich die Falter (rot).
Die Phänogramme zeigen typische, das heißt durchschnittliche zeitliche Angaben. Diese können in Abhängigkeit von der geographischen Lage in Deutschland (Ebene, Gebirge; südliche oder nördliche Bundesländer) variieren. Es werden auch die „normalen" Abläufe dargestellt, die durchaus variieren können. Abweichende Abläufe werden im Text erklärt, z.B. wenn eine Art ausnahmsweise zwei (oder mehr) Generationen pro Jahr entwickelt, sie im Normalfall aber nur eine (oder zwei) durchläuft. Der Balken, der über die Wintermonate eingezeichnet ist, besagt nicht, dass man die Art auch den ganzen Winter aktiv beobachten kann, es ist damit lediglich das überwinterungsfähige Stadium markiert. Ob als Ei, Raupe, Puppe oder Falter: Tagfalter überwintern meist im Verborgenen.

Verbreitung und Rote-Liste-Einstufung

Die graphische Darstellung der **Verbreitung** erfolgt vereinfacht in einer Deutschlandkarte auf Ebene der Bundesländer. Ist die Art in dem entsprechenden Bundesland nach 1980 nachgewiesen worden und auch heute verbreitet, ist es kräftig grün hinterlegt. Ist die Art nach 1980 nachgewiesen worden, jedoch nur relativ selten anzutreffen, ist das Bundesland blassgrün gefärbt (alle Arten mit den Einstufungen 0, 1, 2, R und D in der Roten Liste).
Zudem wurden Angaben zur **Rote-Liste-Einstufung** sowie detailliertere Informationen zur Verbreitung entsprechend der Situation in den einzelnen Bundesländern in einem Block unter der Verbreitungskarte zusammengestellt. So kann man einschätzen, wie hoch die Chance ist, die entsprechende Art in dem jeweiligen Bundesland zu finden. Der Gefährdungsgrad ist ebenfalls sofort ersichtlich. Eingang gefunden haben hierbei die Listen, die bis September 2004 verfügbar waren. Sie sind im Literaturverzeichnis ab Seite 248 zu finden.

Erläuterungen zur Roten Liste
(= Angabe vor dem Schrägstrich)
0 = ausgestorben oder verschollen
1 = vom Aussterben bedroht
2 = stark gefährdet
3 = gefährdet
V = Art der Vorwarnliste
R = seltene Art mit eng begrenztem Vorkommen
D = Daten defizitär
G = Status unbekannt, Gefährdung anzunehmen
– = nicht gefährdet

Erläuterungen zur Verbreitung
(= Angabe nach dem Schrägstrich)
+ = Vorkommen nach 1980
x = Vorkommen 1945–1980
o = Vorkommen vor 1945
E = Einzelnachweis nach 1980
(E) = Einzelnachweis vor 1981

Generelle Erläuterungen
(= Angabe ohne Schrägstrich)
– = kein Vorkommen (daher auch keine Gefährdungseinstufung)
? = unsichere Meldung
(E) = Einzelnachweis vor 1981 (führte zu keiner Gefährdungseinstufung)

Beispiele
2/+ = Art ist stark gefährdet und nach 1981 nachgewiesen worden.
0/x = Art ist ausgestorben oder verschollen und im betreffenden Gebiet letztmalig zwischen 1945 und 1980 nachgewiesen worden.

Abkürzungen der Bundesländer und Deutschlands
SH = Schleswig-Holstein
HH = Hansestadt Hamburg
MV = Mecklenburg-Vorpommern
NI = Niedersachsen (inkl. Bremen)
ST = Sachsen-Anhalt
BE = Berlin
BB = Brandenburg
SN = Sachsen
TH = Thüringen
HE = Hessen
NW = Nordrhein-Westfalen
RP = Rheinland-Pfalz
SL = Saarland
BW = Baden-Württemberg
BY = Bayern
D = Deutschland

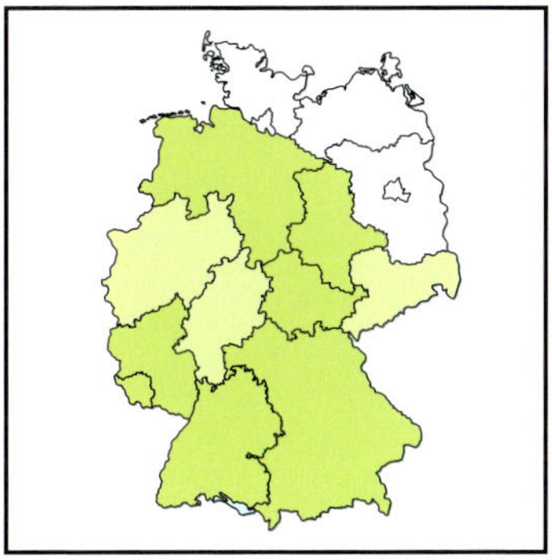

SH –	HH –	MV –	NI 3/+
ST 3/+	BE –	BB –	SN R/+
TH 3/+	HE 2/+	NW 2/+	RP 3/+
SL 3/+	BW V/+	BY 3/+	D V/+

Oben: Verbreitungskarte auf Ebene der Bundesländer. Blassgrün: Art ist nur relativ selten anzutreffen. Kräftig grün: Art ist weiter verbreitet. Weiß: Art kommt nicht vor (siehe Text).
Unten: Angaben zur Rote-Liste-Einstufung (vor dem Schrägstrich) und zum Vorkommen (hinter dem Schrägstrich) in den Bundesländern und Deutschland gesamt.

Roter Würfel-Dickkopffalter
Spialia sertorius
(HOFFMANNSEGG, 1804)

→ Tafel Seite 172

Merkmale Falter: Kleinste Würfel-Dickkopffalter-Art. Gleichmäßige Reihe von so genannten „Submarginalflecken" (Abb. Umschlaginnenseite) auf den Vorderflügeln. Hinterflügelunterseite beim Männchen kräftig rotbraun (Foto). Ei: glänzend hellgrün, halbkugelförmig und deutlich längsgerippt, feine Querrippen erkennbar. Raupe: schwarz mit gelben Streifen, rotem Nacken und silbriger Behaarung; gut an die Umgebung des Lebensraums angepasst.

Lebensraum/Lebensweise: Trockene, lückig bewachsene Standorte (Magerrasen, Steinbrüche, felsige Böschungen etc.). Im Habitat blühende Pflanzen. Kleiner Wiesenknopf. Verpuppung in einem dünnen Kokon.

Nachweis: 1) Falter ab Mai in enger Synchronisation zur Entwicklung des Kleinen Wiesenknopfes; in Wärmegebieten eine 2. Generation bis Ende September (im Diagramm nicht dargestellt). 2) Suche nach Eiern an Blütenknospen (Frühjahr). Besser auffindbar, aber nur bei Auftreten einer 2. Generation: Eier auf Blattoberseiten kümmerlicher Pflanzen im September (Foto), bevorzugt über Fels, Schotter, Streu, Rohboden usw. oder Suche nach Raupen in Blattgespinsten.

Gefährdung/Schutz: Rote Liste BRD (1998): V. – Erhaltung von trockenen Magerrasen und Pionierstandorten (Straßenböschungen, Steinbrüche); durch Überweidung und Sukzession solcher Flächen gehen die Fraßpflanzen verloren.

Besonderheiten: Falter leben bodennah und sind daher oft schwer auszumachen. Tritt nur 1 Generation auf, überwintern erwachsene Raupen (L5), bei 2 Generationen überwintern hingegen die Jungraupen (L1).

Kleiner Würfel-Dickkopffalter
Pyrgus malvae
(LINNAEUS, 1758)

→ Tafel Seite 172

Merkmale Falter: Hinterflügel-Oberseite ist arttypisch: Die Flecken sind weiß und scharf konturiert (Foto). Ei: matt hellgrün, halbkugelförmig, an den Polen stark abgeplattet und deutlich längsgerippt, feine Querrippen sind erkennbar (Foto). Raupe: grün bis braungrün im Seidengespinst in zusammengezogenem Blatt der Nahrungspflanzen lebend.

Lebensraum/Lebensweise: Breites Spektrum an Biotoptypen, in denen Rosengewächse an trockenwarmen Kleinstandorten wachsen: Kahlschläge, lückige Magerrasen und Ruderalflächen, streureiche Brachen, bultige Moorwiesen. Von besonderer Bedeutung sind freie Bodenstellen oder trockene Streu. Löwenzahn, Hornklee; auch an feuchter Erde. Verschiedene Rosengewächse wie Brombeere, Himbeere, Kriechendes Fingerkraut, Wald-Erdbeere, Hügel-Erdbeere, Kleiner Odermennig, Kleiner Wiesenknopf und Mädesüß – keine Malven, wie es der lateinische Name suggeriert!

Nachweis: 1) Falter bis Ende Juni; selten eine partielle 2. Generation im August. 2) Suche nach Eiern (Foto) an Blattunterseiten der erwähnten Rosengewächse, bevorzugt an Blättern über Streu, Rohboden, Steinen usw. oder Suche nach Raupen in Blattgespinsten (Foto: Eiablagestelle).

Gefährdung/Schutz: BArtSchV (1999): besonders geschützt, Rote Liste BRD (1998): V. – Durch relativ unspezifische Habitatansprüche und breites Spektrum nutzbarer Fraßpflanzen derzeit ungefährdet, aber zurückgehend.

SH –	HH –	MV –	NI 3/+
ST 3/+	BE –	BB –	SN R/+
TH 3/+	HE 2/+	NW 2/+	RP 3/+
SL 3/+	BW V/+	BY 3/+	D V/+

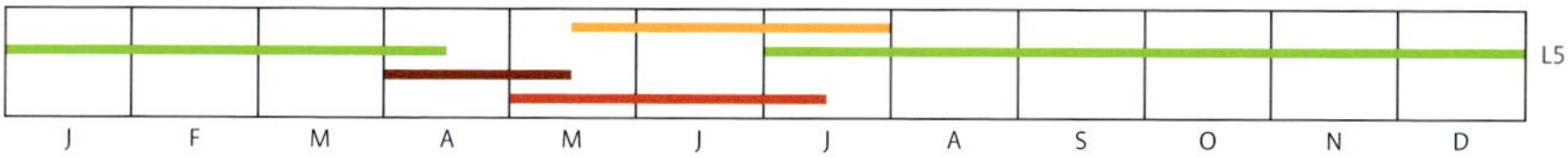

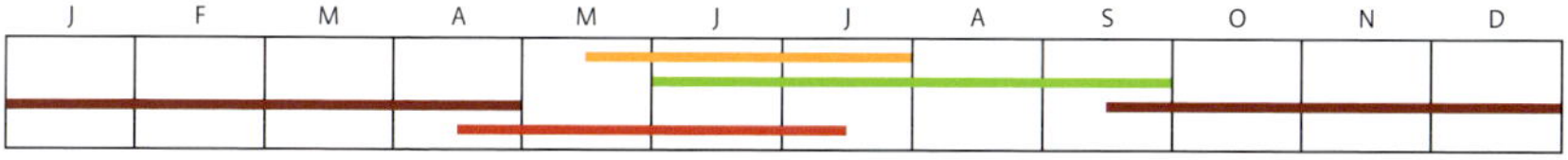

SH 2/+	HH 0/x	MV –/+	NI –/+
ST –/+	BE 1/+	BB 3/+	SN –/+
TH –/+	HE V/+	NW 2/+	RP –/+
SL V/+	BW V/+	BY –/+	D V/+

Zweibrütiger Würfel-Dickkopffalter
Pyrgus armoricanus
(OBERTHÜR, 1910)

→ Tafel Seite 172

Merkmale Falter: Zentraler Fleck auf der Mitte der Hinterflügelunterseite auffallend groß. Männchen mit schwarzem Augenfleck auf Vorderflügel. Sichere Artdiagnose nur durch Spezialisten (anhand des männlichen Genitalapparates; Abb. S. 30). Ei: halbkugelförmig, stark abgeplattet, hellgrün mit deutlichen Längsrippen, feine Querrippen erkennbar. Raupe: dunkel, kurz behaart.

Lebensraum/Lebensweise: Trocken- und Magerrasen mit kurzer Vegetation und freien Bodenstellen (Beweidung), Schwerpunktvorkommen auf militärischen Übungsplätzen. Unbekannt. Fingerkraut-Arten. Zusammengesponnene Blätter dienen sowohl der Überwinterung der Raupen als auch der Verpuppung (am Boden).

Nachweis: 1) Falter. 2) Suche nach Eiern der 2. Generation (bei der 1. Generation Verwechslungsgefahr mit *P. malvae*, S. 26) an Blattunterseiten der Fraßpflanzen (Foto), bevorzugt an Blättern über Streu, Rohboden, Steinen etc. 3) Suche nach Raupen in Blattgespinsten.

Gefährdung/Schutz: BArtSchV (1999): streng geschützt, Rote Liste BRD (1998): 1. – Gefährdet durch fehlende oder zu extensive Beweidung und durch Aufgabe militärischer Übungsplätze (gelegentliches Befahren mit schweren Fahrzeugen zur Schaffung offener Bodenstellen fördern die Art).

Besonderheiten: Falter in niedriger Dichte auf großen Flächen, sodass die Art jahrelang nicht zu beobachten sein kann. Überraschend, besonders nach Hitzesommern wie im Jahr 2003, tritt die Art im Spätherbst in einer 3. Generation auffällig in Erscheinung.

Sonnenröschen-Würfel-Dickkopffalter
Pyrgus alveus
(HÜBNER, [1803])

→ Tafel Seite 172

Merkmale Falter: Da *Pyrgus alveus* optisch kaum von *P. armoricanus* (s. o.) und weiteren *Pyrgus*-Arten zu unterscheiden ist, sollten Spezialisten bei der Artbestimmung hinzugezogen werden. Im Falle von *P. accretus* (S. 30) und *P. trebevicensis* (S. 30) sind überhaupt keine morphologischen Merkmale bekannt, die der Abtrennung gegenüber *P. alveus* dienen könnten. Zur Unterscheidung der übrigen Arten siehe Abb. S. 30. Genitale von *P. trebevicensis* und *P. accretus* stimmen weitgehend mit *P. alveus* überein. Ei: halbkugelförmig, stark abgeplattet, hellgrün mit deutlichen Längsrippen, feine Querrippen sind erkennbar. Raupe: braun mit schwarzem Kopf.

Lebensraum/Lebensweise: Trockene und warme Standorte, v. a. Kalkmagerrasen und Heiden. Acker-Witwenblume, Händelwurz. Sonnenröschen. Männchen mit ausgeprägtem Territorialverhalten und Hilltopping (S. 232).

Nachweis: 1) Falter. 2) Suche nach Eiern (Blattunterseiten; Foto: Jungraupe mit Eihülle) oder nach Raupen zwischen zusammengesponnenen Blättern von Sonnenröschen-Arten, bevorzugt in Polstern über Fels, offenem Boden oder auf Ameisenhügeln.

Gefährdung/Schutz: BArtSchV (1999): besonders geschützt, Rote Liste BRD (1998): 2. – Wie zahlreiche andere Magerrasenfalter heute in erster Linie durch Nutzungsaufgabe, Verbuschung und Wiederbewaldung der Habitate gefährdet.

SH	HH	MV	NI
–	–	–	–
ST	BE	BB	SN
0/x	–	–	–
TH	HE	NW	RP
0/o	0/x	–	1/+
SL	BW	BY	D
0/+	1/+	1/+	1/+

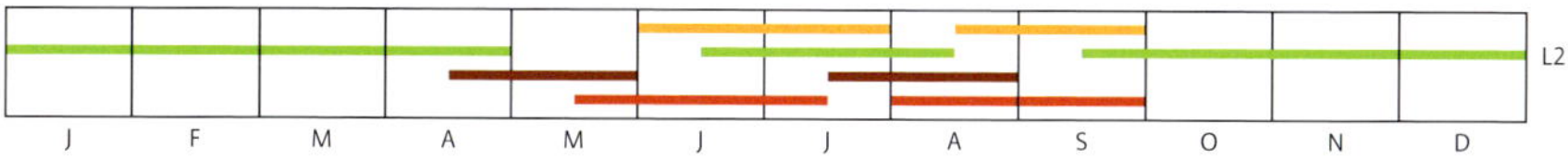

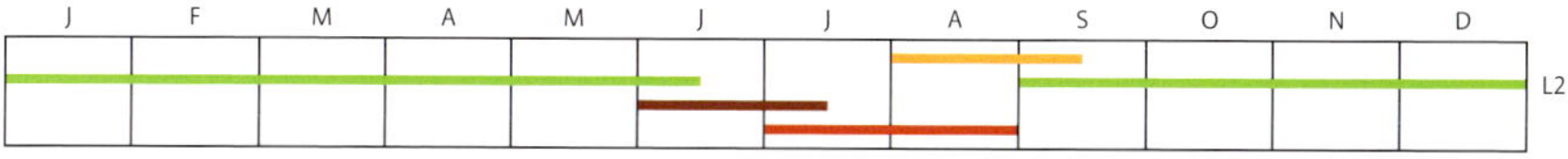

SH	HH	MV	NI
–	–	0/o	1/+
ST	BE	BB	SN
1/+	0/x	1/+	R/+
TH	HE	NW	RP
1/+	0/x	1/+	1/+
SL	BW	BY	D
0/x	3/+	3/+	2/+

Warrens Würfel-Dickkopffalter

Pyrgus trebevicensis (WARREN, 1926)

⟶ Tafel Seite 172

Merkmale Falter: Siehe bei *P. alveus* (S. 28). Diese Art ist optisch nicht von *P. alveus* und *P. accretus* (s. u.) zu trennen. Sichere Arttrennung nur durch Spezialisten (Genitalpräparation kann mit Ausnahme von *P. alveus* und *P. accretus* einer sicheren Abgrenzung gegenüber den übrigen *Pyrgus*-Arten dienen). Raupe: unbekannt.

Lebensraum/Lebensweise: Trockene, niedrigwüchsige und lückige Magerrasen. ✿ Große Braunelle. ⌀ Wahrscheinlich Sonnenröschen- und Fingerkraut-Arten.

Nachweis: Falter (Juni bis Mitte Juli, im Gegensatz zu *P. alveus* und *P. accretus*, die im Juli/August bzw. im Mai/Juni fliegen!). Eier und Raupen siehe *P. alveus* (Foto: Eiablagestelle)

Gefährdung/Schutz: BArtSchV (1999): besonders geschützt, Rote Liste BRD (1998): 2. – Die Lebensweise dieser schwer von *P. alveus* zu unterscheidenden Art ist weitgehend unbekannt. Gefährdungsfaktoren vermutlich wie bei den übrigen Arten der Gattung.

Veritys Würfel-Dickkopffalter

Pyrgus accretus VERITY, 1925

⟶ Tafel Seite 172

Merkmale Falter: Siehe bei *P. alveus* (S. 28); extrem schwer zu trennen von *P. alveus* und *P. trebevicensis* (s. o.). Sichere Artansprache nur durch Spezialisten. Raupe: unbekannt.

Lebensraum/Lebensweise: Xerotherme Standorte (Magerrasen, trockene Hänge). In Deutschland aktuell wahrscheinlich nur im Kaiserstuhl. ✿ Zur Flugzeit vorhandene Blüten, im Einzelnen aber unbekannt. ⌀ Unbekannt; vermutlich wie die anderen *Pyrgus*-Arten.

Nachweis: Falter; Flugzeit im Mai/Juni (im Gegensatz zu *P. alveus* und *P. trebevicensis*, die im Juli/August bzw. Juni/Juli fliegen!).

Gefährdung/Schutz: BArtSchV (1999): besonders geschützt, Rote Liste BRD (1998): 3.

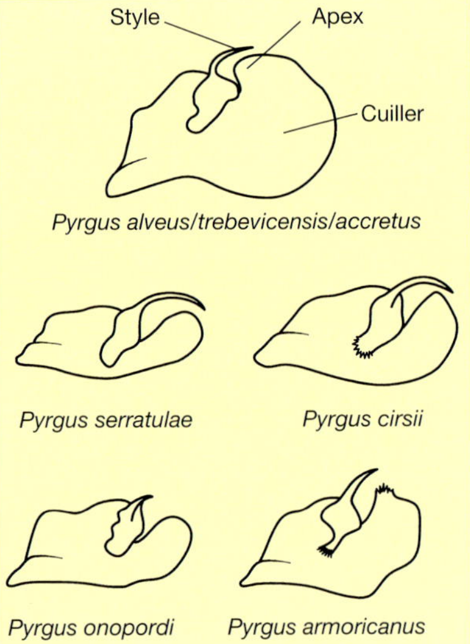

Männliche Genitalstrukturen zur *Pyrgus*-Unterscheidung

Der Cuiller von *P. alveus* ist gleichmäßig gerundet, die Style ist abgewinkelt und durchgehend dünn.

Der Cuiller von *P. serratulae* besitzt einen zungenförmigen, breit gezahnten Apex; Style lang und kräftig.

Bei *P. cirsii* Apex des Cuiller zugespitzt, Style ähnlich der von *P. serratulae*.

Der Apex von *P. armoricanus* bildet einen rechten Winkel und trägt deutliche Zähne, die Style ist fast gerade und läuft spitz zu.

SH	HH	MV	NI
–	–	–	–
ST	BE	BB	SN
1/+	–	–	–/0
TH	HE	NW	RP
1/+	0/x	–/+	–/x
SL	BW	BY	D
–	3/+	2/+	2/+

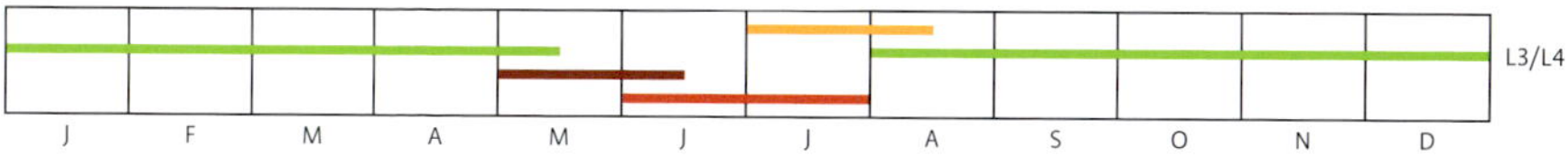

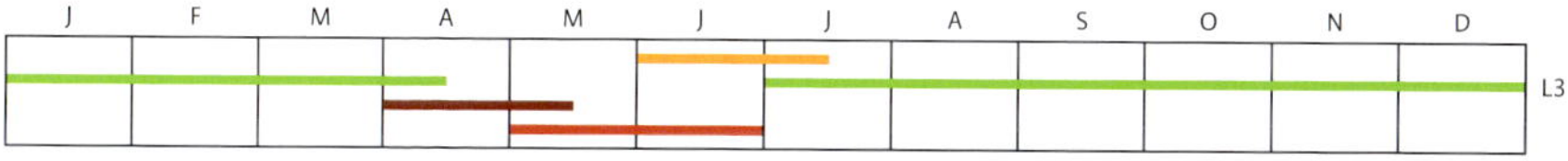

SH	HH	MV	NI
–	–	–	–
ST	BE	BB	SN
–	–	–	–
TH	HE	NW	RP
–	–	–	–
SL	BW	BY	D
–	3/+	–	3/+

Schwarzbrauner Würfel-Dickkopffalter

Pyrgus serratulae (RAMBUR, 1840)

→ Tafel Seite 172

Merkmale Falter: Unterseite olivgrün. Siehe *P. alveus* (S. 28) und Abbildung S. 30. Eindeutige Bestimmung nur durch Spezialisten (Genitalpräparation). Ei: hellgrün, halbkugelförmig, stark abgeplattet und mit sehr deutlichen Längsrippen (Fotos: Ei und typische Eiablagestelle). Raupe: zuerst grün, dann purpurrot bis schwarzbraun.

Lebensraum/Lebensweise: Lückig bewachsene, trockene Magerrasen, offenbar mit einer Präferenz für montan geprägte Regionen. Vielfach im gleichen Lebensraum wie *Chazara briseis* (S. 168). Günsel. Kriechendes Fingerkraut. Raupe lebt zwischen zusammengezogenen Blättern, später in der Moosschicht, Überwinterung im Winterkokon (zusammengesponnene Pflanzenpartikel).

Nachweis: 1) Falter. 2) Suche nach Eiern an Blattunterseiten von Fingerkräutern an lückig bewachsenen Standorten (Foto). Zur Absicherung der Artbestimmung muss die Raupe jedoch aufgezogen werden, um Verwechslungen mit verwandten Arten auszuschließen.

Gefährdung/Schutz: BArtSchV (1999): besonders geschützt, Rote Liste BRD (1998): 2. – Habitatverlust durch Nutzungsaufgabe und Aufforstung stellen heute die wesentlichen Gefährdungsfaktoren für *P. serratulae* dar.

Spätsommer-Würfel-Dickkopffalter

Pyrgus cirsii (RAMBUR, 1840)

→ Tafel Seite 172

Merkmale Falter: Unterschied zu übrigen *Pyrgus*-Arten: Flügelunterseiten rötlich braun, weiße Flecken auf Hinterflügeloberseite beinahe ebenso deutlich und hell wie auf Vorderflügeln (Foto). Eine sichere Bestimmung ist nur durch Spezialisten möglich (Genitalpräparation; S. 30). Ei: typisches, halbkugelförmiges Ei vom „*Pyrgus*-Typ" mit deutlichen Längsrippen. Raupe: graugrün.

Lebensraum/Lebensweise: Extrem trockenwarme und lückige, fast immer beweidete Magerrasen mit Massenbeständen der Wirtspflanzen. Nur noch wenige aktuellere Nachweise in Deutschland, v.a. aus Bayern und aus der Schwäbischen Alb. Zahlreich, z.B. Wiesen-Flockenblume, Dost, Tauben-Skabiose, Hornklee. Kriechendes Fingerkraut. Raupe lebt wie auch die anderen *Pyrgus*-Arten in zusammengezogenen Blättern der Fraßpflanzen. Einzige heimische *Pyrgus*-Art, die als fertig entwickeltes Räupchen in der Eischale überwintert.

Nachweis: 1) Falter. 2) Suche nach Eiern oder Raupen (Blatttüten). Nur Eier, die überwintern und aus denen erst im Frühjahr die Jungraupe schlüpft, sind solche von *P. cirsii*.

Gefährdung/Schutz: BArtSchV (1999): streng geschützt, Rote Liste BRD (1998): 1. – Gefährdet durch Sukzession nach Aufgabe der Beweidung.

Weitere Art: Letztmalig wurde 1928 in Baden-Württemberg der Ambossfleck-Würfel-Dickkopffalter *Pyrgus onopordi* (RAMBUR, 1840) nachgewiesen, mit dessen Auftreten aber nicht mehr zu rechnen ist und der daher im Tafelteil nicht abgebildet und hier nicht ausführlicher behandelt wird.

SH	HH	MV	NI
–	–	0/o	1/+
ST	BE	BB	SN
1/+	–	–	R/+
TH	HE	NW	RP
1/+	1/+	1/+	2/+
SL	BW	BY	D
1/+	2/+	3/+	2/+

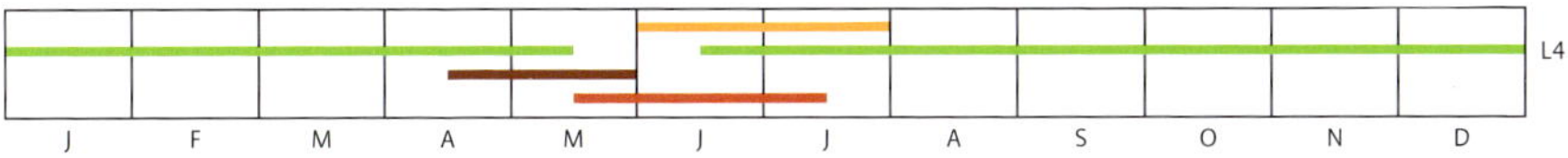

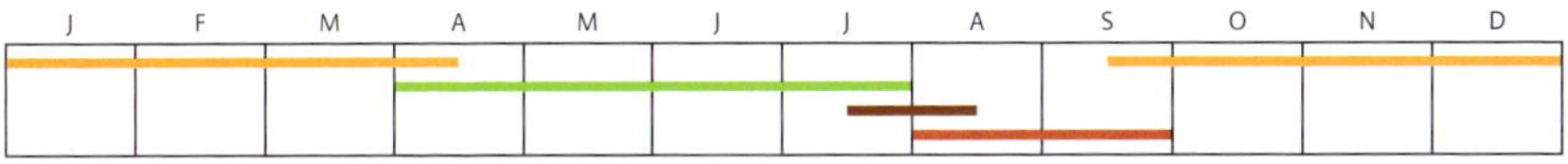

SH	HH	MV	NI
–	–	–	–
ST	BE	BB	SN
–	–	–	–
TH	HE	NW	RP
–	1/+	–	2/+
SL	BW	BY	D
–	1/+	1/+	1/+

Steppenheiden-Würfel-Dickkopffalter
Pyrgus carthami
(Hübner, 1813)

→ Tafel Seite 172

Merkmale Falter: Die hellen Flecken auf der Hinterflügelunterseite tragen graue Ringe. Eindeutige Bestimmung nur durch Spezialisten möglich. Raupe: braun mit schwarzem Kopf (Foto).

Lebensraum/Lebensweise: Die Art ist an ausgesprochen warme und trockene Standorte im Offenland mit flächigen Rohbodenanteilen gebunden, wie Trockenrasen, Steppenheiden und Kalkmagerrasen. Zur Flugzeit vorhandene blühende Pflanzen. Niedrig wachsende Fingerkraut-Arten. Um der Sommerhitze zu entgehen, lebt die Jungraupe tagsüber versteckt in den Fingerkrautrosetten. Überwinterung als fast erwachsene Raupe in einem Hibernaculum (S. 232), Verpuppung in der Streuschicht.

Nachweis: Falter (eine partielle 2. Generation ist im Diagramm nicht dargestellt, aber in BW nicht auszuschließen).

Gefährdung/Schutz: BArtSchV (1999): besonders geschützt, Rote Liste BRD (1998): 2. – Einzelfunde vom Anfang der 1980er-Jahre aus TH und BB zählen zu den letzten Nachweisen dieser Art im nord- und ostdeutschen Raum. Von der Ausweisung vieler Trockenrasengebiete als Naturschutzgebiet in der Vergangenheit konnte sie offenkundig nicht profitieren. In Baden-Württemberg aktuell ebenfalls verschollen, in Bayern stark gefährdet.

Malven-Dickkopffalter
Carcharodus alceae
(Esper, [1780])

→ Tafel Seite 173

Merkmale Falter: Flügeloberseiten stark marmoriert (Foto). Ähnlich *C. flocciferus* (S. 36). Ei: halbkugelförmig, bräunlich rot mit undeutlichen Längsrippen, die mit 5 bis 6 Noppen besetzt sind (Foto). Raupe: dunkelgrau mit schwarzem Kopf und gelbem Nackenfleck.

Lebensraum/Lebensweise: Biotope mit sonnigen Beständen von Malvengewächsen; typisch: Brachen, Säume und Ruderalflächen in offener Umgebung. Z. B. Löwenzahn, Heil-Ziest, Natternkopf, Moschus-Malve, auch an feuchten Bodenstellen. Verschiedene Malven-Arten; regional auch in Gärten an Kulturmalven und Stockrosen.

Nachweis: 1) Falter – in manchen Jahren unvollständige 3. Generation im September. 2) Suche nach Raupen zwischen zusammengesponnenen Malven-Blättern (Foto) oder Eier-Suche auf Blattoberseiten.

Gefährdung/Schutz: BArtSchV (1999): streng geschützt, Rote Liste BRD (1998): 3. – Regional gefährdet durch häufige Pflegemahd von Brachen, Dämmen, Straßenböschungen und ähnlichen Biotopen.

Besonderheiten: Falter meist nur in Einzeltieren, da vagabundierendes Verhalten.

Weitere Art: Der Ziest-Dickkopffalter *Carcharodus lavatherae* (Esper, 1783) ist auf Seite 173 abgebildet. Aufrechter Ziest. Nachweis erfolgt über den Falter, der von Anfang Juni bis Ende Juli auftritt. Die Überwinterung erfolgt als L2-Raupe. Rote Liste BRD (1998): 1. – Einzig sichere deutsche Nachweise aus dem Rheintal zwischen Lorch und St. Goarshausen.

SH –	HH –	MV 0/o	NI –
ST 0/o	BE 0/x	BB 1/+	SN –
TH 1/+	HE 0/x	NW 0/o	RP 2/+
SL 1/+	BW 2/+	BY 2/+	D 2/+

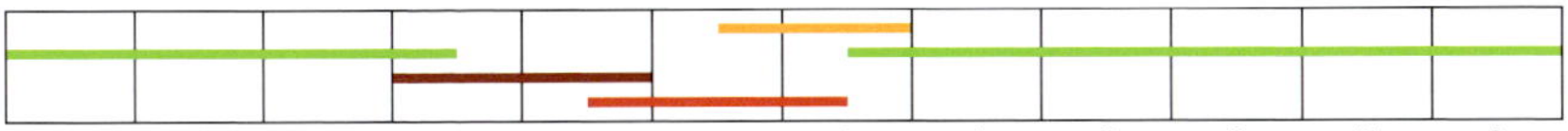

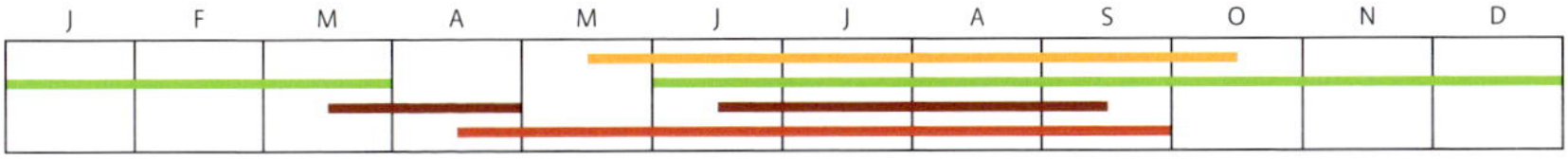

SH –	HH –	MV R/+	NI 0/+
ST 3/+	BE 1/+	BB 3/+	SN R/+
TH 2/+	HE 2/+	NW 1/+	RP 3/+
SL 3/+	BW 2/+	BY 2/+	D 3/+

Heilziest-Dickkopffalter
Carcharodus flocciferus (ZELLER, 1847)

→ Tafel Seite 173

Merkmale Falter: Verwechslungsgefahr besteht mit *C. alceae* (S. 34). Zur Unterscheidung kann der zentrale weiße Fleck auf der Hinterflügeloberseite herangezogen werden (Foto). Insgesamt nimmt die Art in der Flügelfärbung eine Mittelstellung zwischen den beiden anderen *Carcharodus*-Arten ein. Zur eindeutigen Bestimmung sollten Spezialisten hinzugezogen werden. Ei: bräunlich, halbkugelförmig mit undeutlichen Querrippen, die im oberen Teil mit 3 bis 6 Noppen besetzt sind. Raupe: ähnlich der von *P. serratulae* (S. 32), nach der Überwinterung hell.
Lebensraum/Lebensweise: Die Art ist in Deutschland weitgehend auf wechseltrockene, niedrigwüchsige Streuwiesen mit zahlreichem Vorkommen des Heil-Ziests beschränkt. Heil-Ziest, Sumpf-Kratzdistel, Wiesen-Salbei, Kuckucks-Lichtnelke, Wiesen-Flockenblume, Hornklee, Rot-Klee u. a. Heil-Ziest.
Nachweis: 1) Falter. 2) Suche nach Raupen zwischen zusammengesponnenen Blättern (Foto: erwachsene Raupe in geöffneter Blatttüte) oder Suche nach Eiern auf Blattoberseiten steriler Jungpflanzen (Foto).
Gefährdung/Schutz: BArtSchV (1999): streng geschützt, Rote Liste BRD (1998): 1. –. Schlüsselfaktor zum Schutz der Art ist die Fortsetzung oder Wiederaufnahme der traditionell einschürigen Mahd wechseltrockener Streuwiesen.

Dunkler Dickkopffalter
Erynnis tages (LINNAEUS, 1758)

→ Tafel Seite 173

Merkmale Falter: Grundfärbung der Flügelunterseiten einheitlich braun. Art ist nahezu unverwechselbar. Ei: halbkugelförmig, trägt 12 bis 13 deutliche Längsrippen (5 bis 7 davon erreichen den Pol) und feine Querrippen. Raupe: grün mit dunklem (braunem) Kopf.
Lebensraum/Lebensweise: Breites Spektrum an nicht überdüngten Offenlandbiotopen; trockene Magerrasen kalkreicher wie auch bodensaurer Standorte, regional typisch für zweimal jährlich gemähte Heuwiesen mit Hornklee (Oberrheinebene). Gelegentlich auch in Feuchtgebieten mit trockenen Magerstandorten. Hornklee, Hufeisenklee, Günsel, Löwenzahn, auch auf feuchter Erde oder Tierkadavern. Bunte Kronwicke, Gewöhnlicher Hornklee, Hufeisenklee, ausnahmsweise Sumpf-Hornklee. Verpuppung in einem Blattgespinst in der Streuschicht.
Nachweis: 1) Falter – abweichend vom Phänogramm in manchen Jahren oder Gegenden in 1 Generation Mitte Juni bis Ende Juli. 2) Suche nach Eiern auf den Blattoberseiten (Foto), bevorzugt an Jungtrieben über Rohboden, Streu, Schotter usw.
Gefährdung/Schutz: Rote Liste BRD (1998): V. – In der südlichen Hälfte des Bundesgebietes ist die Art regional noch häufig anzutreffen, während sie in den nördlichen Bundesländern in vielen Gebieten fehlt. Wichtig ist insbesondere die Fortsetzung oder Wiederaufnahme düngungsfreier Grünlandnutzung auf trockenen Standorten.

SH –	HH –	MV –	NI –
ST –	BE –	BB –	SN –
TH –	HE –/o	NW –	RP 0/x
SL –	BW 1/+	BY 2/+	D 1/+

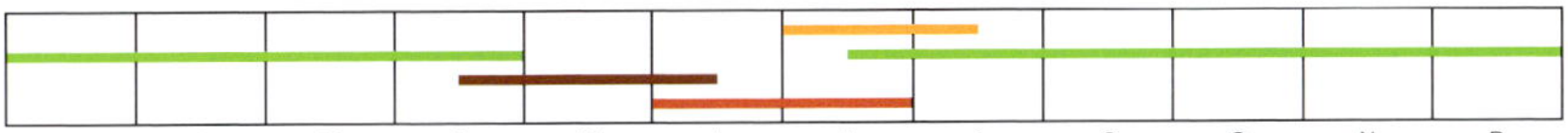

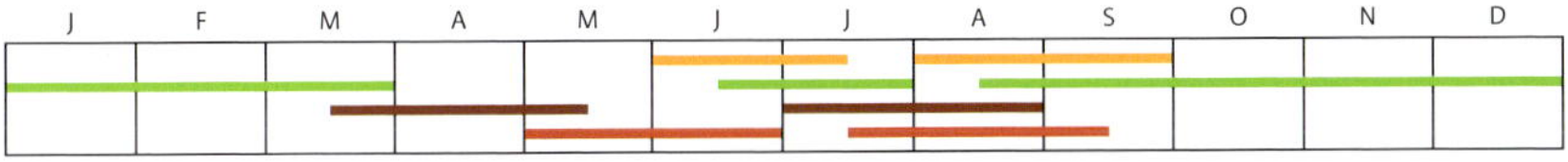

SH 1/+	HH 2/+	MV 0/o	NI V/+
ST –/+	BE –	BB 3/+	SN –/+
TH –/+	HE 2/+	NW 3/+	RP –/+
SL V/+	BW V/+	BY V/+	D V/+

Spiegelfleck-Dickkopffalter
Heteropterus morpheus (PALLAS, 1771)

→Tafel Seite 173

Merkmale Falter: Hinterflügelunterseite durch große, deutlich schwarz umringte hellgelbe Flecken unverwechselbar (Foto). Flug „hüpfend". Ei: halbkugelförmig, längsgerippt. Raupe: grün mit weißen Längsstreifen und braunem Kopf (Foto).

Lebensraum/Lebensweise: Ränder von vorwiegend feuchten Wäldern (z. B. Erlenbruchwälder); in offenen Wäldern auch im Waldesinneren. Auf offenen Niedermooren, Gewässerrändern, Feuchtwiesen sowie (vorübergehend?) hocheutrophen Standorten, sind aber auch im trockenen Grasland anzutreffen. Kratzdistel-Arten (*Cirsium* spec.), Blutweiderich, Glockenheide. Die Falter saugen auch gern an feuchten Bodenstellen. Pfeifengras und Sumpf-Reitgras. Die Eier werden einzeln oder in kleinen Gruppen abgelegt. Die halberwachsene Raupe überwintert in einer Röhre aus zusammengesponnenen Blättern (Hibernaculum, S. 232) der Fraßpflanzen. Verpuppung an den Fraßpflanzen.

Nachweis: Falter.

Gefährdung/Schutz: Rote Liste BRD (1998): V. – Die Verbreitungsschwerpunkte der Art in Mittel- und Westeuropa beschränken sich auf Nordostdeutschland und das nordwestliche Frankreich. Die Art breitet sich gegenwärtig vor allem von Nordost- nach Mitteldeutschland aus. Sie profitiert offenbar von der Eutrophierung des Grünlandes. Der Erhalt feuchter Grasstreifen, die an Wälder oder Moorgebiete grenzen, wie auch von Feuchtwiesen trägt zum Schutz des Spiegelflecks bei.

Gelbwürfeliger Dickkopffalter
Carterocephalus palaemon (PALLAS, 1771) →Tafel Seite 175

Merkmale Falter: Die hellen Bereiche auf den Flügeloberseiten sind weniger ausgedehnt als bei der nächsten Art *C. silvicolus* (S. 40), des Weiteren sind sie orangebraun und nicht goldgelb (Foto). Ei: halbkugelförmig, gelblich. Raupe: zunächst grün mit dünnen Längsstreifen, Kopf und letztes Abdominalsegment oben schwarz, nach der Überwinterung strohgelb mit braunen Streifen.

Lebensraum/Lebensweise: Saumbereiche von Wäldern; auf Schneisen, Lichtungen, Kahlschlägen. Trockene Bereiche ebenso wie feuchte, hier unter anderem auf Hochmooren. Günsel, Margeriten, Wald-Storchschnabel, gern auch an feuchten Erdstellen sowie Pferdekot. Verschiedene Gras-Arten: Fieder-Zwenke, Gemeines Knäuelgras, Pfeifengras, Rohr-Pfeifengras, Wolliges Honiggras, Land-Reitgras, Wiesen-Lieschgras und Wiesen-Fuchsschwanz. Die Eier werden einzeln an Gräser abgelegt. Die Raupe baut mittels Spinnfäden eine Blattröhre (Foto), die nur zur Nahrungsaufnahme verlassen wird. Typisches Fraßbild (Grasblätter werden vom Rand her bis auf die Mittelrippe befressen). Überwinterung ebenfalls in Blattröhre.

Nachweis: Falter.

Gefährdung/Schutz: Rote Liste BRD (1998): V. – Die Erhaltung bzw. Gestaltung breit gestaffelter, naturnaher Waldränder, aber auch die Offenhaltung kleiner Flächen innerhalb der Wälder sind als bestandssichernde Maßnahmen zum Schutz von *C. palaemon* anzusehen. Wichtig ist die Einbeziehung des unmittelbar angrenzenden Offenlandes, d. h. der Verzicht auf häufiges Mähen des Grases.

SH V/+	HH 2/+	MV –/+	NI 3/+
ST –/+	BE 2/+	BB 3/+	SN –/+
TH –/E	HE –	NW 1/+	RP –
SL –	BW –	BY –	D V/+

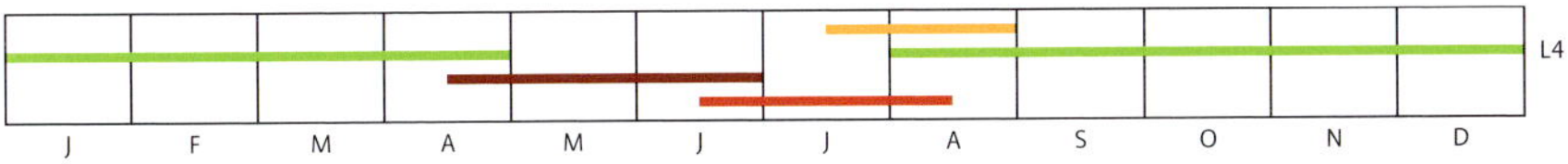

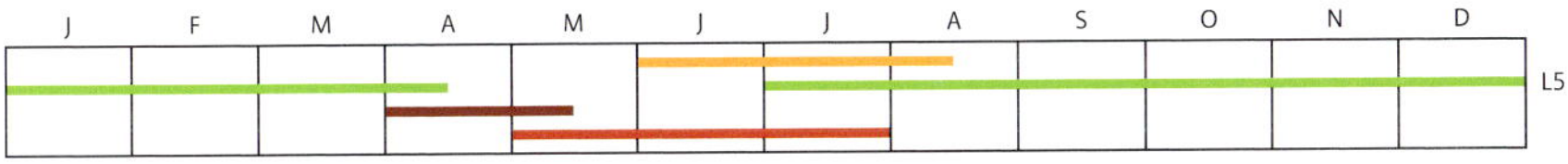

SH 0/+	HH –	MV R/+	NI –/+
ST –/+	BE –	BB V/+	SN –/+
TH –/+	HE V/+	NW 3/+	RP V/+
SL 3/+	BW –/+	BY –/+	D V/+

Gold-Dickkopffalter
Carterocephalus silvicolus (MEIGEN, 1829)

→ Tafel Seite 175

Merkmale Falter: Die hellen Bereiche auf den Flügeloberseiten sind weiter ausgedehnt als bei der verwandten Art *C. palaemon* (S. 38). Sie sind goldgelb gefärbt und nicht orangebraun wie bei *C. palaemon*. Raupe: grasgrün mit blassen Längsstreifen.

Lebensraum/Lebensweise: Feuchte Saumbereiche von Nadel- und Erlenbruchwäldern. Offene Stellen in feuchten Wäldern. In NI fliegt die Art auf Waldschneisen und an Grabenrandböschungen, oft vergesellschaftet mit der Schwesterart *C. palaemon*. Boreal-kontinentale Art. Ehrenpreis-Arten. Wald-Reitgras und Wald-Flattergras. Die ausgewachsene Raupe überwintert in einem Hibernaculum (zur Tüte zusammengesponnenes dürres Blatt) erhöht in der Krautschicht.

Nachweis: Falter.

Gefährdung/Schutz: Rote Liste BRD (1998): 2. – Das deutsche Verbreitungsgebiet der Art beschränkt sich auf einige Vorkommen in Nord- und Ostdeutschland. Offenbar stellen atlantisch geprägte Klimabereiche eine Ausbreitungsgrenze dar. Auch hier gilt, die Gräser entlang von Waldwegen, -schneisen und -lichtungen nur selten zu mähen.

Besonderheiten: Die Männchen zeigen ausgeprägtes Revierverhalten und attackieren vorbeifliegende Artgenossen.

Mattscheckiger Braun-Dickkopffalter
Thymelicus acteon (ROTTEMBURG, 1775)

→ Tafel Seite 174

Merkmale Falter: *T. acteon* ist leicht mit den beiden anderen bei uns heimischen *Thymelicus*-Arten zu verwechseln. Die Flügeloberseite ist jedoch dunkler braun, zusätzlich sind auf der Vorderfügeloberseite gelbliche Flecken zu erkennen (Foto: Männchen). Ei: milchweiß, für alle Arten der Gattung *Thymelicus* typische längsovale Form, ca. 1 mm lang, starker Perlmuttglanz und nahezu keine Oberfächenstruktur (Foto: Ei an dürrem Blatt der Fiederzwenke). Raupe: hellgrün, glatt mit dunklerem Rückenstreifen.

Lebensraum/Lebensweise: Art des trockenwarmen Graslandes und der Säume; Trocken- und Kalkmagerrasen mit Vegetationslücken ebenso wie auch dichter und höher bewachsene Bereiche. Typisch auch für aufgelassene Kiesgruben und Bergbaufolgelandschaften sowie trockene Waldlichtungen und Heideflächen. Gern an violetten Blüten, z. B. Acker-Witwenblume, Tauben-Skabiose, Heil-Ziest. Verschiedene Gras-Arten, z. B. Fieder-Zwenke und Kriechende Quecke. Eiablage an Blattscheiden dürrer Gräser. Die Jungraupe bildet einen Kokon, in dem sie überwintert. Verpuppung zwischen zusammengesponnenen Blättern.

Nachweis: Falter.

Gefährdung/Schutz: Rote Liste BRD (1998): 3. – *T. acteon* ist in unserem Faunengebiet viel seltener als die beiden Schwesterarten, selbst wenn man davon ausgeht, dass er zwischen den zahlreicher und bereits früher fliegenden *T. sylvestris* (S. 42) und *T. lineola* (S. 42) häufig übersehen wurde. Die Art profitiert in Wiesengebieten von Säumen und Brachen.

SH 1/+	HH 1/+	MV 3/+	NI 1/+
ST 1/+	BE 1/+	BB 1/+	SN (E)
TH –	HE 0/(E)	NW –	RP –
SL –	BW –	BY –	D 2/+

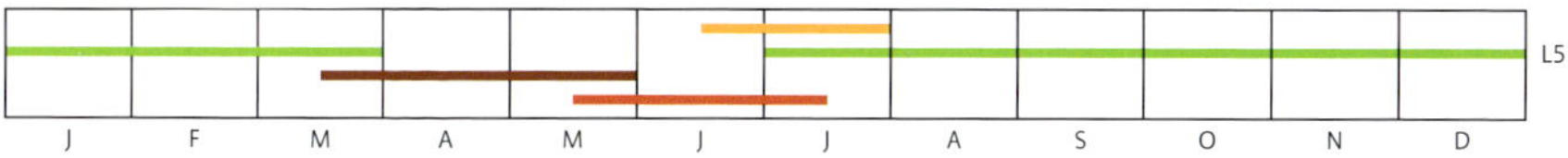

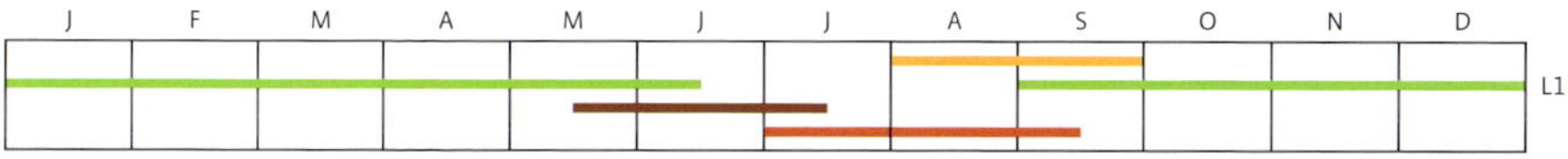

SH –	HH –	MV 1/+	NI 3/+
ST –/+	BE 0/x	BB 2/+	SN 3/+
TH 3/+	HE D/+	NW 3/+	RP 2/+
SL 3/+	BW 3/+	BY 3/+	D 3/+

Schwarzkolbiger Braun-Dickkopffalter
Thymelicus lineola
(OCHSENHEIMER, 1806)

→ Tafel Seite 174

Merkmale Falter: Unterseiten (!) der Fühlerkolbenspitzen sind schwarz (Foto). Der Duftschuppenfleck des Männchens ist sehr dünn und daher nicht auffallend und verläuft gerade. Weibchen ohne Duftschuppenfleck (kleines Foto). Ei: *Thymelicus*-typische, längsovale Form, ca. 1 mm lang, gelblich. Raupe: grün mit weißlichen Längsstreifen (Foto).
Lebensraum/Lebensweise: Art mit Habitatpräferenz für das trocken-warme Offenland; bevorzugt werden geschützte Stellen wie Saumbiotope, Wegränder, Bahndämme, Ruderalflächen. Violette/violettrote und gelbe Blüten werden bevorzugt, z. B. Sommerflieder, Acker-Kratzdistel, Sumpf-Kratzdistel, Acker-Witwenblume, Heide-Nelke, Sandköpfchen, Hornklee, Teufelsabbiss, Blutweiderich, Greiskraut, Brombeere usw. Falter saugt gern an feuchten Erdstellen. Hochproduktive Gras-Arten, hauptsächlich Land-Reitgras und Kriechende Quecke. Eier werden an Blattscheiden der Gräser gelegt, wo sie überwintern. Die Raupe verpuppt sich an Grashalmen.
Nachweis: Falter.
Gefährdung/Schutz: Rote Liste BRD (1998): nicht gefährdet. – Eine Gefährdung dieser weit verbreiten Art ist zurzeit im Bundesgebiet nicht erkennbar.

Braunkolbiger Braun-Dickkopffalter
Thymelicus sylvestris
(PODA, 1761)

→ Tafel Seite 174

Merkmale Falter: Unterseiten (!) der Fühlerkolbenspitzen (großes Foto) sind braunorange. Der Duftschuppenfleck des Männchens (kleines Foto) ist gut ausgebildet und deutlich sichtbar, leicht gekrümmt. Ei: oval, gelblich. Raupe: grün, schlank mit weißen Längsstreifen.
Lebensraum/Lebensweise: Breites Spektrum verschiedener Habitate, vor allem Saumbiotope; vom Offenland bis hin zu lichten Wäldern, in trockenen ebenso wie in eher feuchten Bereichen. Viele verschiedene Nektarpflanzen, wobei violette Blüten offenbar deutlich gegenüber gelben bevorzugt werden. Sie müssen aber in der Sonne stehen, z. B. Vogel-Wicke, Acker-Kratzdistel, Sandköpfchen, Sand-Thymian, Wiesen-Flockenblume, Schwarze Flockenblume, Heil-Ziest, Hornklee, Brombeere usw. Gräser, z. B. Straußgras, Knäuelgras, Rispengras. Eiablage in Gruppen in die Blattscheiden dürrer Gräser. Überwinterung der Jungraupen in einem Kokon.
Nachweis: Falter.
Gefährdung/Schutz: Rote Liste BRD (1998): nicht gefährdet. – Weit verbreitete Art, eine Gefährdung ist zurzeit im Bundesgebiet nicht erkennbar.

SH −/+	HH 2/+	MV −/+	NI V/+
ST −/+	BE −/+	BB −/+	SN −/+
TH −/+	HE −/+	NW −/+	RP −/+
SL −/+	BW −/+	BY −/+	D −/+

SH −/+	HH −/+	MV −/+	NI −/+
ST −/+	BE 3/+	BB −/+	SN −/+
TH −/+	HE −/+	NW −/+	RP −/+
SL −/+	BW −/+	BY −/+	D −/+

Komma-Dickkopffalter
Hesperia comma
(LINNAEUS, 1758)

→ Tafel Seite 175

Merkmale Falter: Ähnlich der folgenden Art *Ochlodes sylvanus*. Die Flecken auf der Hinterflügelunterseite sind jedoch scharf umgrenzt silbrig weiß und nicht mattgelb (Foto). Ei: relativ groß (Durchmesser ca. 1 mm), weißlich, halbkugelförmig. Die Basisfläche ist nahezu eben, der obere Pol leicht eingedrückt. Raupe: schwarz mit glänzendem Kopf.

Lebensraum/Lebensweise: Kurzrasiges, lückiges und trocken-mageres Grasland, insbesondere Kalkmagerrasen, Borstgrasrasen, Silikatmagerrasen, Silbergrasfluren, regional auch Schafschwingel-Thymian-Rasen in entwässerten Moorgebieten oder magere, trockene Waldlichtungen. Distel- und Kratzdistel-Arten, Acker-Witwenblume, Sandköpfchen, Heide-Nelke, Flockenblumen. Ausschließlich Magergräser, insbesondere Schaf-Schwingel, Borstgras, Silbergras. Verpuppung in der Streuschicht.

Nachweis: 1) Suche nach Eiern in kümmerlichen, meist sterilen Horsten der erwähnten Gräser an kurzrasigen Stellen (Foto) oder über offenem Boden. 2) Falter.

Gefährdung/Schutz: Rote Liste BRD (1998): 3. – Gefährdet v. a. durch nachlassende Beweidung und Aufgabe sonstiger extensiver Landnutzungen. Bereits bei geringfügiger Verfilzung der Vegetation geht das Larvalhabitat verloren und die Art verschwindet. Die Situation des Komma-Dickkopffalters wird vielerorts besser eingeschätzt als sie tatsächlich ist, da er leicht mit dem häufigeren *Ochlodes sylvanus* verwechselt wurde und wird.

Rostfarbiger Dickkopffalter
Ochlodes sylvanus
(ESPER, [1778])

→ Tafel Seite 174

Merkmale Falter: Ähnlich der vorhergehenden Art *Hesperia comma*. Die Flecken auf der Hinterflügelunterseite sind jedoch weniger scharf umgrenzt, mattgelb und nicht silbrig weiß (großes Foto). Ei: halbkugelförmig, weißlich. Raupe: graugrün mit braunem Kopf.

Lebensraum/Lebensweise: Weit verbreitet; in trockenen ebenso wie in feuchten Bereichen des Graslandes, an Waldsäumen, Böschungen und auf Brachen. Acker-Kratzdistel, Glockenheide, Acker-Witwenblume, Schwarze Flockenblume, Brombeere, Natternkopf, Greiskraut, Rundblättrige Glockenblume, Teufelsabbiss, Heil-Ziest usw. Verschiedene (produktive) Gras-Arten: Fieder-Zwenke, Wiesen-Knäuelgras, Rotes Straußgras, Land-Reitgras und Wiesen-Lieschgras. Eiablage einzeln auf Blattoberseiten. Die Raupe versteckt sich in einem zur Röhre zusammengesponnenen Blatt. Im dritten oder vierten Raupenstadium überwintert sie in dieser Röhre. Zur Verpuppung werden mehrere Halme zusammengesponnen und ein mit Wachs ausgekleideter Kokon gebildet.

Nachweis: Falter.

Gefährdung/Schutz: Rote Liste BRD (1998): nicht gefährdet. – Aufgrund des breiten Spektrums an besiedelbaren Biotopen und nutzbaren Raupenfraßpflanzen scheint die Art in der Bundesrepublik Deutschland nicht akut gefährdet zu sein.

SH 2/+	HH 1/+	MV 2/+	NI V/+
ST V/+	BE 1/+	BB 2/+	SN 2/+
TH 3/+	HE 2/+	NW 2/+	RP 2/+
SL 2/+	BW 3/+	BY 3/+	D 3/+

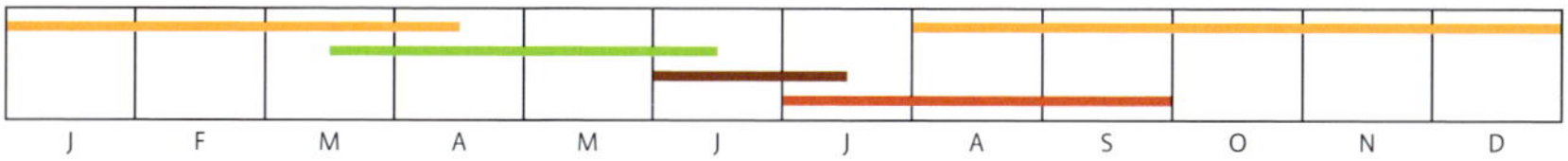

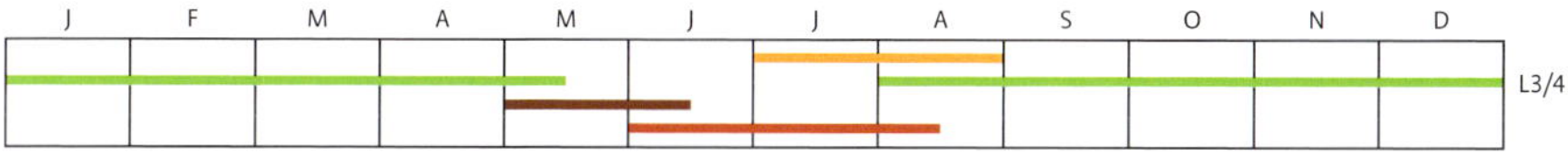

SH –/+	HH –/+	MV –/+	NI –/+
ST –/+	BE –/+	BB –/+	SN –/+
TH –/+	HE –/+	NW –/+	RP –/+
SL –/+	BW –/+	BY –/+	D –/+

Apollofalter

Parnassius apollo
(LINNAEUS, 1758)
→ Tafel Seite 176

Merkmale Falter: Unverwechselbarer, großer Falter mit roten Augenflecken auf den Hinterflügeln (*P. mnemosyne*, s. u.: schwarze Flecken), diese meist weiß gekernt. Begattete Weibchen mit Begattungstasche. Ei: rundlich, abgeplattet, weiß mit körniger Oberflächenstruktur. Raupe: schwarz mit orange bis roten Längs-Punktreihen.

Lebensraum/Lebensweise: Besonnte, felsige, blumenreiche Hänge mit kurzer Vegetation und Vorkommen der Fraßpflanze. Ersatzhabitate: Straßen- und Bahnböschungen aus Natursteinen und Abraumhalden in Steinbrüchen, Weinbergsmauern (Mosel). Korbblütler, z. B. Disteln, Flockenblumen, Schafgarben, Fetthennen. Weiße Fetthenne. Eiablage entweder an die Wirtspflanze selbst oder an Gesteinsschotter, trockenes Pflanzenmaterial u. Ä. In deren Nähe Verpuppung am Boden unter zusammengewobenem Streumaterial.

Nachweis: 1) Falter (nur bei Sonnenschein aktiv). 2) Suche nach erwachsenen Raupen an/um die Fraßpflanzen (Foto) oder Suche nach Eiern (Foto).

Gefährdung/Schutz: BArtSchV (1999): streng geschützt, Rote Liste BRD (1998): 1, FFH-Richtlinie Anhang IV. – Gefährdung durch Pestizideinsatz, Verbuschung von Grenzertragsflächen in Hanglagen. Fragmentierung der Landschaft führt zu Verinselung und genetischer Isolation. Management zum Schutz: Unterbindung der Humusbildung und Freihalten der Felsen von höherer Vegetation.

Besonderheiten: Vorkommen in Deutschland derzeit nur an einigen Standorten in RP, BW, BY.

Schwarzer Apollofalter

Parnassius mnemosyne
(LINNAEUS, 1758)
→ Tafel Seite 176

Merkmale Falter: In Größe, Transparenz der Flügelspitzen und Aderzeichnung *Aporia crataegi* (S. 58) ähnlich. Durch die schwarzen Punkte auf beiden Flügelpaaren eindeutig von diesem zu unterscheiden. Ei: rundlich, weiß mit körniger Oberflächenstruktur. Raupe: dunkelbraun bis schwarz mit orangen Fleckenreihen (Foto).

Lebensraum/Lebensweise: Raupenentwicklung nur an ausreichend besonnten Beständen der Fraßpflanzen in Randzonen lichter Laub- und Laubmischwälder oder auf Lichtungen. Alle zur Flugzeit blühenden Nektar spendenden Blumen. Für die Falter sind blumenreiche Nektarhabitate erforderlich, die von den Raupenhabitaten häufig räumlich getrennt (z. B. Waldrand/Waldwiese), jedoch stets in deren unmittelbarer Umgebung liegen. Lerchensporn-Arten (regional unterschiedlich). Die Eier werden in der Nähe der Fraßpflanzen an dürres Material abgelegt, wo sie überwintern.

Nachweis: Falter bei Sonnenschein.

Gefährdung/Schutz: BArtSchV (1999): streng geschützt, Rote Liste BRD (1998): 1, FFH-Richtlinie Anhang IV. – Gefährdung durch fehlende Waldnutzung (Kahlschlag, Nieder- und Mittelwaldnutzung) und Aufforstung von artenreichem Grünland in Waldnähe (Nektarhabitate).

Besonderheiten: Während der Flugzeit sind die Raupenhabitate nicht mehr zu erkennen, da die oberirdischen Teile der Fraßpflanzen bis Juni abgestorben sind. Zur Planung von Schutzmaßnahmen sind Begehungen zur Blütezeit von Lerchensporn unerlässlich, da nur dann die Wuchsorte der potenziellen Ablagepflanzen sichtbar sind.

SH –	HH –	MV –	NI –
ST –	BE –	BB –	SN (E)
TH 0/x	HE –	NW –	RP 1/+
SL –	BW 1/+	BY 2/+	D 1/+

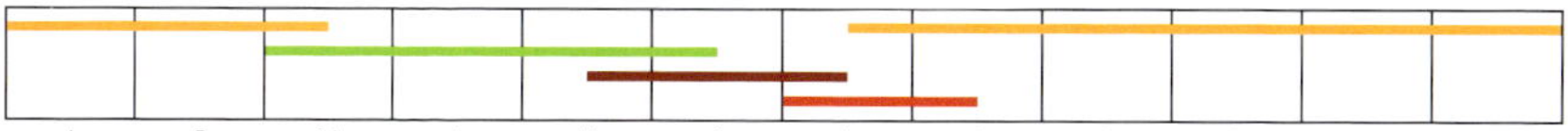

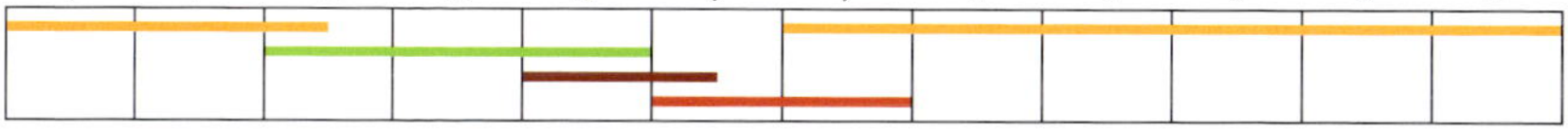

SH –	HH –	MV –	NI 1/+
ST 1/+	BE –	BB –	SN –
TH 1/+	HE 1/+	NW –	RP –
SL –	BW 1/+	BY 2/+	D 1/+

Schwalbenschwanz
Papilio machaon
LINNAEUS, 1758
→ Tafel Seite 186

Merkmale Falter: Großer, gut fliegender Falter; charakteristische gelb-schwarze Flügelzeichnung und schwanzförmiger Fortsatz der Hinterflügel (Name!). Ei: kugelrund, glatt; frisch abgelegt gelblich grün, später bräunlich und kurz vor dem Schlüpfen der Jungraupe tintenblau. Raupe: zuerst (L1, L2) schwarz mit hellem Fleck (S. 8), später grün mit schwarzen, rot punktierten Querstreifen (Foto).

Lebensraum/Lebensweise: Magerrasen unterschiedlichster Typen, Brach- und Ruderalflächen sowie extensiv genutzte Mähwiesen. Auch andere Biotope mit Doldengewächsen, wie Waldlichtungen, Steinbrüche, Kiesgruben, Böschungen, Gemüsegärten. Besonders violette Blumen (Rot-Klee, Sommerflieder, Flockenblumen usw.). Doldengewächse, z. B. Kleine Pimpinelle, Wilde Möhre, Fenchel, Wiesen-Kümmel, Petersilie, Gartenmöhre und Dill.

Nachweis: 1) Falter (mitunter 3 Generationen). 2) Suche nach Eiern und Raupen (Foto) bevorzugt an Jungpflanzen von Doldengewächsen über Rohboden oder Schotter bzw. an Störstellen usw. (Spätsommer: v. a. an Bibernell in Magerrasen oder Kulturpflanzen in Gemüsegärten).

Gefährdung/Schutz: BArtSchV (1999): besonders geschützt, Rote Liste BRD (1998): V. – Hauptgefährdungsursachen sind Überdüngung und intensive Beweidung des Grünlandes, unnötig häufige Mahd von Wegrändern, Bahndämmen und Böschungen sowie Anwendung von Pflanzenschutzmitteln.

Besonderheiten: Raupe zeigt bei Störung auffällige Nackengabel (Osmaterium). Hilltopping (S. 232) auf kahlen Hügelkuppen.

Segelfalter
Iphiclides podalirius
(LINNAEUS, 1758)
→ Tafel Seite 186

Merkmale Falter: *Papilio machaon* (s. o.) nicht unähnlich, jedoch beim Sitzen längs über die Flügel laufende, unterschiedlich weit reichende dunkle Binden. Ei sowie Entwicklung siehe Einleitung (S. 11ff.). Raupe: L1 schwarz, später walzig-dick, grün gefärbt mit gelben Streifen und braunen Flecken.

Lebensraum/Lebensweise: Extrem wärmebedürftige Art. Heiße, felsige Hänge, Blockschutthalden, Steinriegel, Bahndämme, Trockenrasen, auch auf trockenwarmen Waldlichtungen; Kiefernheidegebiete und Bergbaufolgelandschaften in der Lausitz. Verschiedene, meist helle Blüten (Pflaume, Holunder, Raps, Liguster), aber auch violette wie Wiesen-Salbei und Sommerflieder. Verschiedene Rosengewächse, vor allem Schlehe, Felsen-Kirsche, Späte Traubenkirsche, Eberesche; auch an Kulturobstsorten.

Nachweis: Kurz nach der Flugzeit Suche nach schwarzen L1-Raupen auf Blattoberseiten an trocken-heißen Standorten (Foto). In warmen Regionen abweichend vom Diagramm im Juli/August eine (manchmal nur partielle) zweite Generation.

Gefährdung/Schutz: BArtSchV (1999): besonders geschützt, Rote Liste BRD (1998): 2. – Gefährdet v. a. durch das Zuwachsen trockenheißer, offener Standorte. Die Art profitiert von Entbuschung in mehrjährigen Abständen, da hierdurch geeignete Larvalhabitate neu geschaffen werden (Stockausschläge). Nur das großflächige Abholzen aller in einem Gebiet geeigneten Ablagebüsche sollte unterbleiben.

Besonderheiten: Auch bei dieser Art wurde Hilltopping (S. 232) beobachtet, allerdings wählen die Falter Kuppen, die nicht völlig kahl, sondern mit Gebüsch bewachsen sind.

SH G/+	HH 2/+	MV 3/+	NI 2/+
ST –/+	BE 3/+	BB V/+	SN –/+
TH –/+	HE V/+	NW 3/+	RP 3/+
SL V/+	BW V/+	BY –/+	D V/+

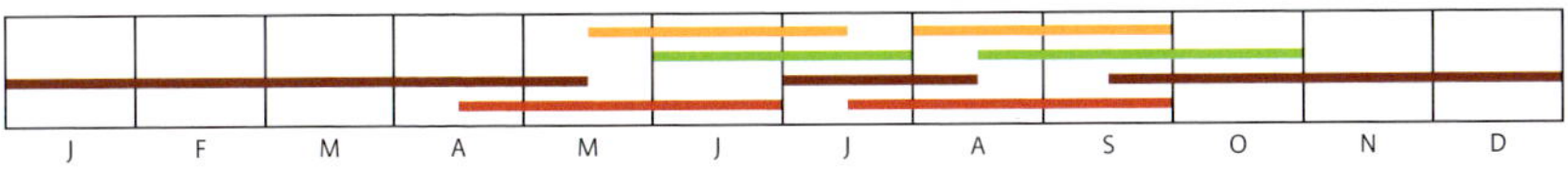

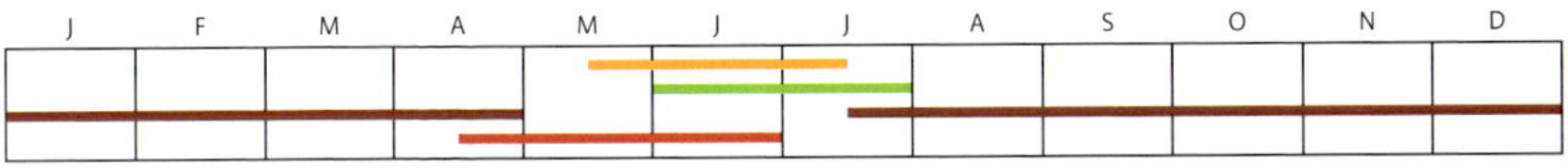

SH –	HH –	MV –/E	NI 0/x
ST 2/+	BE –/x	BB 2/+	SN 2/+
TH 1/+	HE 1/+	NW 1/+	RP 1/+
SL 1/+	BW 2/+	BY 2/+	D 2/+

Leguminosen-Weißling
Leptidea sinapis
(LINNAEUS, 1758)

⟶ Tafel Seite 178

Merkmale Falter: Kleiner Weißling mit rundem, grauschwarzem (beim Weibchen hellgrauem oder fehlendem) Fleck an der Spitze der Vorderflügeloberseite (Apikalfleck); äußerlich annähernd identisch mit dem erst 1989 beschriebenen und auch für Deutschland nachgewiesenen *L. reali* (s. u.). Genaue Artdiagnose ist nur durch Spezialisten möglich. Apikalfleck weiß umrandet. Bei der Frühjahrsgeneration der Männchen ist er konvex geformt. Ei: spindelförmig, frisch gelegt weiß, später rötlich; feine Längs- und Querrippen (Foto). Raupe: hellgrün, auf beiden Körperseiten je ein heller, gelbgrüner Längsstreifen, auf Rücken dunkler grüner Streifen mit gelben Rändern (Foto rechte Seite unten).

Lebensraum/Lebensweise: Allgemein für die beiden Arten *L. sinapis* und *L. reali*: Saumbiotope, Ränder von Wegen, Lichtungen und Schlagfluren in Wäldern, aber auch nicht überdüngte Wiesen und höherwüchsige bis verbuschende Magerrasen. Wiesen-Platterbse, Berg-Platterbse, Gewöhnlicher Hornklee, Vogel-Wicke, Rauhaarige Gänsekresse, Kugelblumen. Schmetterlingsblütler in nicht zu nährstoffreichem Grünland. Gewöhnlicher Hornklee (Foto) und Vogel-Wicke scheinen eher *L. sinapis* als Eiablagepflanze zu dienen, während *L. reali* eher Wiesen-Platterbse und Berg-Platterbse bevorzugt.
Nachweis: Falter (bei günstigem Klima auch unvollständige 3. Generation möglich).
Gefährdung/Schutz: Rote Liste BRD (1998): V. – Düngung und Förderung hochwachsender Gras-Arten in Wiesen führen vielerorts zum Verlust der Raupenhabitate und Nektarquellen. Extensivierung der Landwirtschaft förderlich (z. B. geringerer Gülle-Eintrag).

Reals Schmalflügel-Weißling
Leptidea reali
REISSINGER, 1989

⟶ Tafel Seite 178

Merkmale Falter: Sichere Unterscheidung von *L. sinapis* (s. o.) nur durch Spezialisten (vgl. Abb. rechts). Ei und Raupe: soweit bisher bekannt identisch mit *L. sinapis* (s. o.).
Lebensraum/Lebensweise: siehe *L. sinapis*.
Nachweis: siehe *L. sinapis*.
Gefährdung/Schutz: siehe *L. sinapis*. Für Berlin und Brandenburg wird gemeldet, dass *L. reali* seit den 1970er-Jahren die dominierende Art sei und *L. sinapis* verdrängt. Die Verbreitung in den deutschen Bundesländern ist noch ungenügend bekannt, weshalb bei den Verbreitungsangaben noch große Lücken bestehen.

Abb. rechts: Merkmale zur Unterscheidung von *Leptidea sinapis* und *L. reali*: Oben Genitalapparat und unten Ventralplatten der Männchen (vgl. SETTELE et al. 2000, S. 248). Aedoeagus und Saccus von *reali* sind deutlich länger ausgebildet als bei *sinapis*. Bei den Männchen muss in Zweifelsfällen die Form der Ventralplatten mit einbezogen werden. Bei den Weibchen ist als eindeutiges Merkmal der Ductus bursae (nicht abgebildet) von *L. reali* mindestens um 1/3 länger bis fast doppelt so lang wie bei *L. sinapis*.

SH 0/x	HH 0/x	MV 1/+	NI 2/+
ST –/+	BE 1/+	BB V/+	SN 3/+
TH –/+	HE V/+	NW 1/+	RP 3/+
SL –/+	BW –/+	BY D/+	D V/+

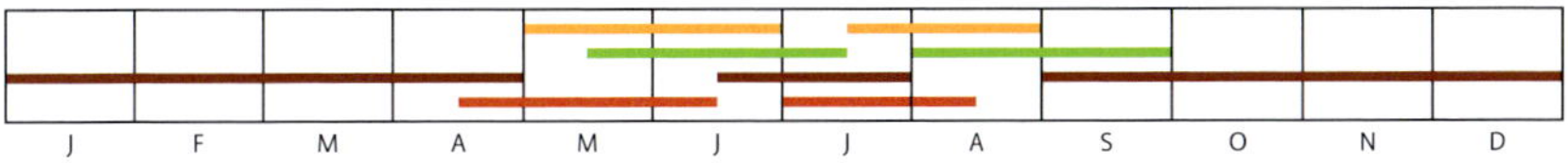

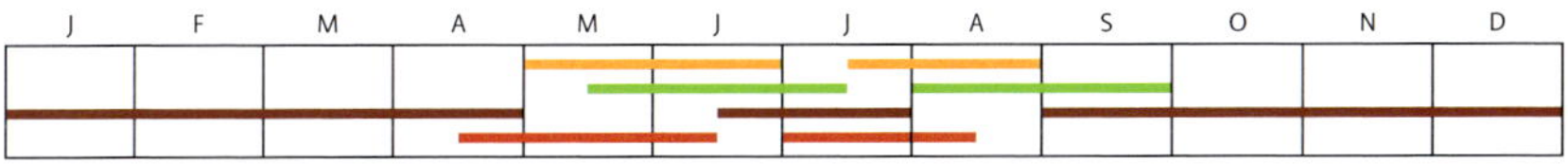

SH	HH	MV	NI
ST	BE –/+	BB –/+	SN –/+
TH –/+	HE D/+	NW	RP
SL –/+	BW –/+	BY D/+	D V/+

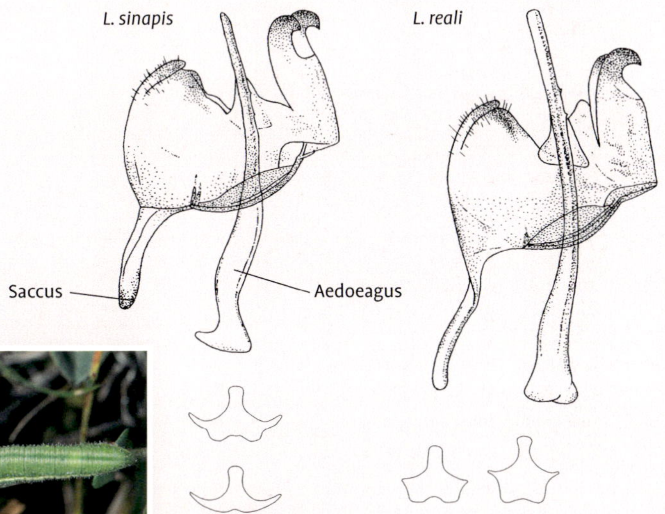

Hochmoor-Gelbling
Colias palaeno
(LINNAEUS, 1761)
→ Tafel Seite 183

Merkmale Falter: Die Kombination von Färbung (Männchen schwefelgelb, Weibchen blassgelb) und Zeichnung (Vorderflügelrand oberseits durchgehend schwarz) unterscheidet die Art eindeutig von den übrigen Arten der Gattung. Ei: spindelförmig; frisch gelegt gelbgrün (Foto), später rötlich, mit feinen Längs- und Querrippen. Raupe: grün mit gelblich weißer Seitenlinie (Foto).

Lebensraum/Lebensweise: Moorgebiete mit besonnten Beständen der Fraßpflanze und Nektarquellen in erreichbarer Entfernung. Gestörte, d. h. eutrophierte und/oder austrocknende Moorstandorte, bieten nur vorübergehend besonders günstige Bedingungen, solange noch ausreichend besonnte Rauschbeerensträucher vorhanden sind und gleichzeitig schon durch die geänderten Standortbedingungen ein verbessertes Angebot an Nektarpflanzen. besteht. Arnika, Disteln, Kratzdisteln. Rauschbeere.

Nachweis: 1) Falter. 2) Suche nach Eiern (Foto) oder Jungraupen (Foto mit Fraßbild) auf Blattoberseiten meist kümmerlicher oder randständiger, gut besonnter Bestände der Rauschbeere.

Gefährdung/Schutz: BArtSchV (1999): besonders geschützt, Rote Liste BRD (1998): 2. – Die Schutzwürdigkeit und auch die Schutzbedürftigkeit von Hochmooren als gefährdete, einzigartige Lebensräume ist längst unbestritten. Die verbliebenen, noch mehr oder weniger intakten, offenen Hochmoore sind möglicherweise aber auch durch Eutrophierung aus der Luft der Gefahr einer allmählichen Bewaldung ausgesetzt.

Östlicher Gelbling
Colias erate
(ESPER, 1805)
→ Tafel Seite 183

Merkmale Falter: Gegenüber *C. crocea* (S. 56, 182) und *C. myrmidone* (S. 56): beim Männchen kein Duftschuppenfleck auf den Oberseiten der Hinterflügel, beim Weibchen Marginalbinde auf den Oberseiten der Hinterflügel unterbrochen. Männchen mit breitem schwarzem Flügelrand und in der Regel zitronengelber Färbung der Oberseiten. Zur Absicherung der Artbestimmung sollten Spezialisten konsultiert werden. Raupe: grün, wie *C. hyale* (S. 54) oder *C. crocea* (S. 56).

Lebensraum/Lebensweise: In Deutschland wurden die Falter bisher auf Klee- und Luzernefeldern gefunden, als Wanderfalter kann die Art jedoch auch in anderen Offenlandbiotopen auftreten. Bislang in Deutschland nur Futter-Luzerne bekannt. Futter-Luzerne. Bislang in Deutschland keine erfolgreiche Überwinterung nachgewiesen.

Nachweis: Die bisherigen Nachweise in Deutschland erfolgten ausnahmslos anhand von Faltern der 2. Generation. Ob sich als ergänzende Nachweismethode auch die gezielte Suche nach Eiern oder Jungraupen eignet und ob die Präimaginalstadien von jenen verwandter Arten (*C. hyale*, *C. crocea*) sicher zu unterscheiden sind, wurde wohl bislang nicht näher untersucht.

Gefährdung/Schutz: Rote Liste BRD (1998): nicht gefährdet. – *C. erate* ist eine Wanderart, deren Entwicklungsschwerpunkt außerhalb unseres Faunengebietes in Südosteuropa liegt, weshalb hier keine näheren Angaben gemacht werden können.

Besonderheiten: Erstnachweis 1995, seit 2000 regelmäßig, bisher nur in Sachsen, Brandenburg und Bayern.

SH	HH	MV	NI
–	–	0/o	0/o
ST	BE	BB	SN
–	–	0/x	1/+
TH	HE	NW	RP
0/o	R/+	0/x	0/o
SL	BW	BY	D
–	2/+	2/+	2/+

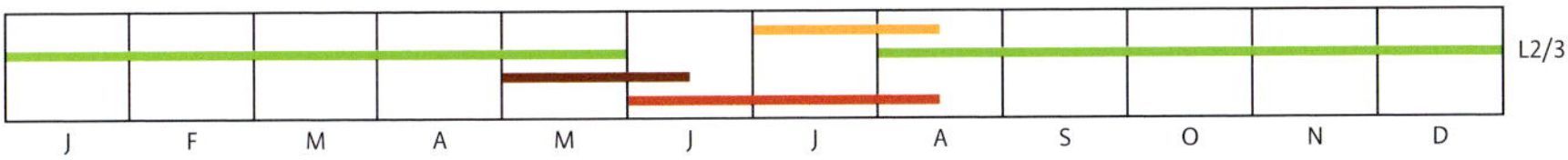

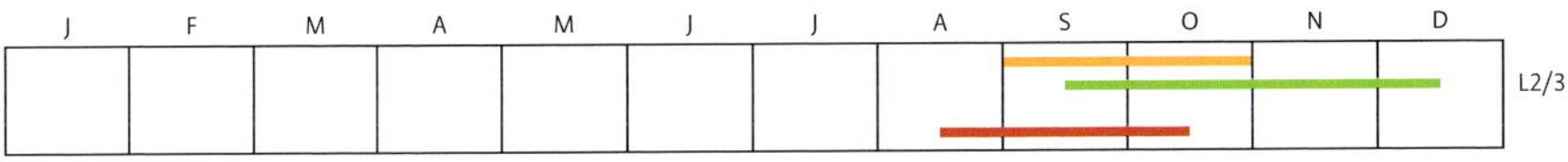

SH	HH	MV	NI
–	–	–	–
ST	BE	BB	SN
–	–	–/+	–/+
TH	HE	NW	RP
–	–	–	–
SL	BW	BY	D
–	–	–/+	–/+

Weißklee-Gelbling

Colias hyale

(LINNAEUS, 1758)

→ Tafel Seite 181

Merkmale Falter: Männchen oberseits blass- bis zitronengelb, Weibchen gelblich weiß. An Vorderflügelspitze und Flügelrand schwärzliche Zeichnungselemente. Außenseite in beiden Geschlechtern gelb bis grünlich gelb. Lässt sich äußerlich oft nicht eindeutig von *C. alfacariensis* (s. u.) unterscheiden, der aber vor allem in bestimmten Naturräumen Süd- und Ostdeutschlands vorkommt (diese aber alle innerhalb des Verbreitungsgebietes von *C. hyale*). Wenn eine sichere Artansprache nicht möglich ist, sollte vom „*C.-hyale-alfacariensis*-Komplex" gesprochen werden. Ei: spindelförmig; frisch gelegt weiß, später orange; mit feinen Längs- und Querrippen. Raupe: grün mit heller Seitenlinie (dadurch ab L2 eindeutig von *C. alfacariensis* unterscheidbar; vgl. Fotos rechts oben und unten).

Lebensraum/Lebensweise: Nutzt ein breites Spektrum von Offenlandbiotopen: Mähwiesen, Viehweiden, Brachen, Magerrasen; großer Raumbedarf. Z. B. Klee-Arten, Witwenblume, Teufelsabbiss. Luzerne, Hopfenklee, Weiß-Klee, Rot-Klee, Gewöhnlicher Hornklee, Bunte Kronwicke, Hufeisenklee, Vogel-Wicke, Rauhaarige und Viersamige Wicke.

Nachweis: 1) Falter. 2) Suche nach Eiern auf Blattoberseiten (Foto), vor allem in frisch gemähten/beweideten Flächen und an Störstellen. Raupenaufzucht nach Eifund/Eiablage gewährleistet die zweifelsfreie Artbestimmung.

Gefährdung/Schutz: BArtSchV (1999): besonders geschützt, Rote Liste BRD (1998): nicht gefährdet. – Regional durch intensive Grünlandnutzung rückläufig.

Hufeisenklee-Gelbling

Colias alfacariensis

RIBBE, 1905

→ Tafel Seite 181

Merkmale Falter: Siehe *C. hyale* (s. o.). Ei: im Vergleich zu *C. hyale* etwas länglicher; kurz nach Eiablage weißlich, später rötlich und kurz vor dem Schlüpfen der Jungraupe bräunlich; feine Längsrippen (ca. 22) erkennbar. Raupe: grün mit gelben Längsstreifen und schwarzen Flecken (daher ab der L2 eindeutig von *C. hyale* unterscheidbar; Foto).

Lebensraum/Lebensweise: Die Präferenzen dieser Art sind gegenüber *C. hyale* zu wärmeren, trockeneren Biotopen hin verschoben. Dies sind in erster Linie Mager-, Trocken- und Steppenrasen sowie Weinbergsbrachen, auf denen die Fraßpflanzen der Raupen wachsen. Tauben-Skabiose, Stängellose Distel. Ausschließlich Hufeisenklee und Bunte Kronwicke.

Nachweis: 1) Falter. 2) Suche nach Eiern (werden wie bei allen Gelblingen nur auf der Blattoberseite abgelegt) und Jungraupen zwischen Juli und Oktober an offenen Bodenstellen, über Fels oder Geröll. Nur Raupenaufzucht nach Eifund/Eiablage gewährleistet die zweifelsfreie Artbestimmung. Eifunde an Hufeisenklee oder Bunter Kronwicke sind allein noch kein sicherer Artnachweis, da auch *C. crocea* (S. 56) und *C. hyale* (s. o.) an diesen Pflanzen ablegen.

Gefährdung/Schutz: BArtSchV (1999): besonders geschützt, Rote Liste BRD (1998): V. – Diese Art ist auf den Schutz von Kalkmagerrasen und Pionierstandorten auf Kalk angewiesen. Sowohl Verbuschung als auch Düngung entziehen ihr die Lebensgrundlage.

SH −/+	HH −/+	MV −/+	NI V/+
ST −/+	BE −/+	BB −/+	SN −/+
TH 3/+	HE 3/+	NW 3/+	RP −/+
SL V/+	BW V/+	BY −/+	D −/+

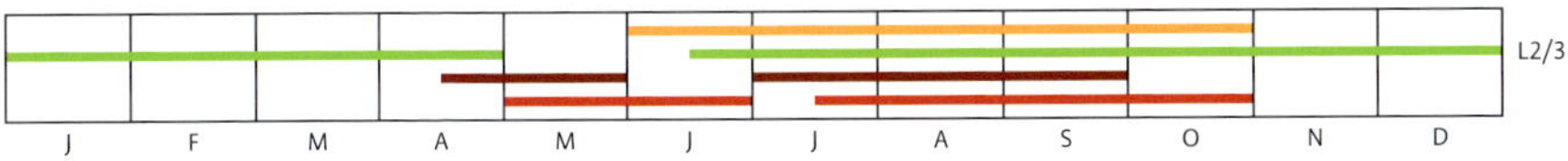

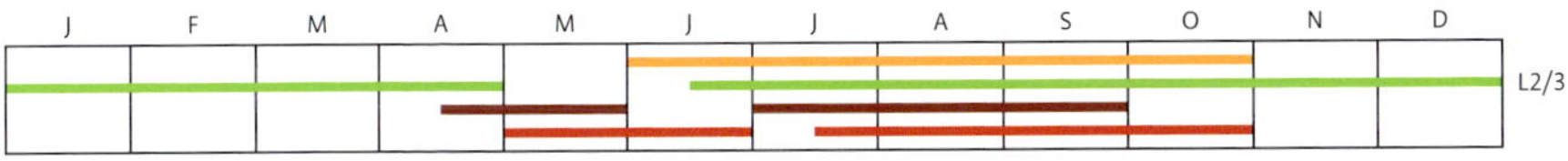

SH −	HH −	MV ?	NI 1/+
ST 3/+	BE −	BB D/+	SN R/+
TH −/+	HE D/+	NW 2/+	RP 3/+
SL D/+	BW V/+	BY V/+	D V/+

Wander-Gelbling
Colias crocea
(FOURCROY, 1785)
→ Tafel Seite 182

Merkmale Falter: *C. crocea* ist morphologisch schwer von der Schwesterart *C. myrmidone* (s. u.) zu trennen. Die schwarze Randbinde auf den Vorderflügeln von *C. crocea* ist von feinen gelben Adern durchquert, die bei *C. myrmidone* fehlen. Bei den Weibchen beider Arten ist diese Binde von gelben Flecken unterbrochen, während sie bei den Männchen durchgängig ist. Da *C. myrmidone* in Deutschland nur eng begrenzt vorkommt, sollte die Bestimmung i. d. R. eindeutig sein. Ei: spindelförmig schlank; frisch gelegt gelblich, später rötlich; mit feinen Längsrippen. Raupe: grün (Foto), ähnlich *C. hyale* (S. 54) und *C. erate* (S. 52).

Lebensraum/Lebensweise: Offenland. Äcker und Wiesen mit verschiedenen Klee-Arten und Luzerne. Viele verschiedene Blüten. Verschiedene Schmetterlingsblütler (z. B. Gewöhnlicher Hornklee, Luzerne-Arten, Bunte Kronwicke, Hufeisenklee).

Nachweis: Falter (im Spätsommer und Frühherbst auf Rotklee- oder Luzerneäckern sowie in sonstigen blumenreichen Offenlandbiotopen). Eier sind nur durch erfahrene Schmetterlingskundler auffindbar. Raupenaufzucht nach Eifund/Eiablage gewährleistet die zweifelsfreie Unterscheidung von *Colias hyale*-Eiern (S. 54).

Gefährdung/Schutz: Rote Liste BRD (1998): nicht gefährdet. – *C. crocea* ist eine Wanderart, deren Entwicklungsschwerpunkt außerhalb unseres Faunengebietes liegt.

Besonderheiten: Die Art galt bisher in Deutschland als nicht bodenständig (Wanderfalter); in den letzten Jahren sind aber erfolgreiche Überwinterungen von Raupen nachgewiesen worden.

Regensburger Gelbling
Colias myrmidone
(ESPER, 1780)
→ Tafel Seite 182

Merkmale Falter: Siehe *C. crocea* (oben). Ei: spindelförmig. Raupe: grün mit hell gelblichem Seitenstreifen.

Lebensraum/Lebensweise: Die Art ist streng an das Vorkommen seiner einzigen Raupenfraßpflanze gebunden. Bei den in Deutschland bekannt gewordenen Lebensräumen (Oberpfalz) handelte es sich um felsdurchsetzte Trespen-Trockenrasen südwestexponierter Flusstal-Hänge und magere Kiefernwald-Kahlschläge. Wiesen-Salbei, Knautie, Dost, Flockenblume, Skabiose. Regensburger Geißklee.

Nachweis: Um *C. myrmidone* nachzuweisen, müssen Wuchsorte der Raupenfraßpflanzen zur Flugzeit der 2. Generation gezielt nach Faltern abgesucht werden. Ei (Foto) und Jungraupe sind durch erfahrene Tagfalter-Bearbeiter ebenfalls gut nachweisbar. Man sucht hierzu die Blattoberseiten besonders heiß stehender Geißklee-Pflanzen ab (z. B. Triebe über Fels, offenem Boden oder trockener Nadelstreu). Raupenaufzucht nach Eifund/Eiablage gewährleistet die zweifelsfreie Unterscheidung von den anderen *Colias*-Arten.

Gefährdung/Schutz: BArtSchV (1999): streng geschützt, Rote Liste BRD (1998): 1. FFH-Anhang II + IV. – Gegenwärtig gilt die Art in Deutschland als verschollen. Gemäß neuer Fassung der RL von Bayern (2004) wird die Art als ausgestorben (Kategorie 0) geführt. Anders als z. B. *C. hyale* (S. 54) und *C. crocea* (s. o.) ist die Art sehr standorttreu und nicht in der Lage, binnen kurzer Frist neue Habitate zu besetzen.

SH	HH	MV	NI
–/+	–/+	–/+	–/+
ST	BE	BB	SN
–/+	–/+	–/+	–/+
TH	HE	NW	RP
–/+	–/+	–/+	3/+
SL	BW	BY	D
–/+	–/+	–/+	–/+

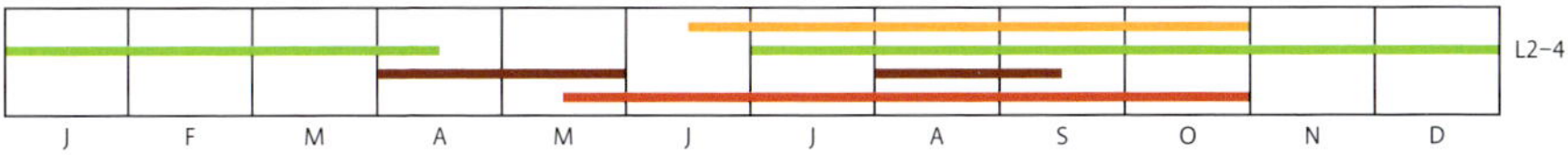

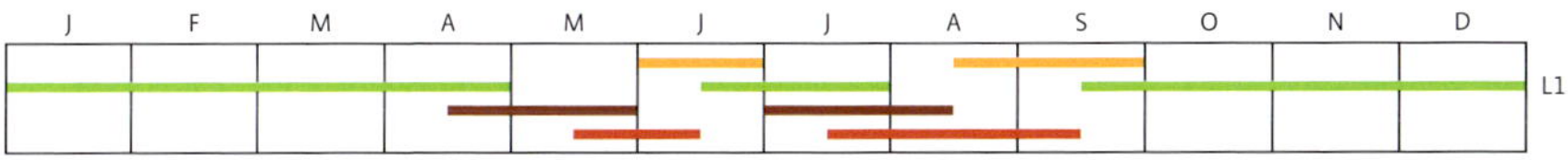

SH	HH	MV	NI
–	–	–	–
ST	BE	BB	SN
(E)	(E)	–	(E)
TH	HE	NW	RP
–	–	–	–
SL	BW	BY	D
–	–	0/+	1/+

Zitronenfalter

Gonepteryx rhamni
(LINNAEUS, 1758)
→ Tafel Seite 180

Merkmale Falter: Unverwechselbar durch den typischen Flügelschnitt; Männchen kräftig gelb, Weibchen grünlich weiß. In Ruhestellung Flügel stets geschlossen. Ei: grünlich gelb, spindelförmig und deutlich längsgerippt; verfärbt sich während der Entwicklung rötlich. Raupe: grün, porzellanartig glänzend, im Alter an den Seiten helle Streifen.

Lebensraum/Lebensweise: Der Zitronenfalter nutzt als Raupenhabitat fast alle Wuchsorte seiner beiden Fraßpflanzen. Dementsprechend vermag sich die Art in einer Vielzahl gehölzgeprägter Lebensräume zu reproduzieren. Die Falter fliegen gern entlang der Waldwege und, solange die Bäume unbelaubt sind, auch im Waldesinneren. Seidelbast, Lerchensporn, Blutweiderich, Kohldistel u. a. Je nach Nektarangebot findet man die Falter in verschiedenen Offenlandbiotopen, wie Wiesen, Ruderalflächen, Garten- und Parkanlagen. Faulbaum und Gewöhnlicher Kreuzdorn.

Nachweis: Zitronenfalter sind auffällig. Sie sind bei sonnigem Wetter sowie bei mittlerer bis hoher Populationsdichte gut im Falterstadium zu kartieren. An bedeckten oder regnerischen Tagen sowie bei geringer Populationsdichte ist dagegen die Suche nach Eiern und Raupen wesentlich effizienter. Die Eier findet man zwischen April und Juni an den Blattknospen oder auf Blattunterseiten der Nahrungspflanzen (Foto: Eier an Faulbaum), die Raupen dagegen anhand ihres Fraßbildes (anfangs Löcher, später Randfraß) auf den Blattoberseiten.

Gefährdung/Schutz: Rote Liste BRD (1998): nicht gefährdet. – *G. rhamni* ist in Deutschland derzeit nicht gefährdet.

Baum-Weißling

Aporia crataegi
(LINNAEUS, 1758)
→ Tafel Seite 176

Merkmale Falter: Große Weißlings-Art ohne Fleckenzeichnung, aber mit schwarzen Flügeladern. Weibchen mit transparenteren Vorderflügeln (Foto: Paarung). Ei: gelb, kegelförmig und deutlich längsgerippt. Raupe: gesellig im Gespinst, nach der Überwinterung vereinzeln sich die bunten Raupen oder bleiben in kleinen Gruppen zusammen.

Lebensraum/Lebensweise: Gebüsch- und Saumgesellschaften im Offenland bis an die Waldränder. Waldschneisen, Schlagfluren, Hecken, Böschungen an Straßenrändern und Bahndämmen, auch Ruderalflächen und Gartenanlagen im Siedlungsbereich. Deutliche Bevorzugung violetter Blüten, z. B. Wald-Storchschnabel, Wiesen-Knöterich, Kuckucks-Lichtnelke, Acker-Witwenblume, Sumpf-Kratzdistel, Kohldistel u. a. Verholzte Rosengewächse, z. B. Weißdorn, Eberesche, Kirsch- und Pflaumen-Arten. Die Verpuppung findet an Ästen der Wirtspflanze statt; die Gürtelpuppen wurden aber auch schon an einem Begrenzungspfosten aus Beton gefunden.

Nachweis: 1) Falter. 2) Suche nach Eigelegen oder Jungraupengespinsten (diese sind anhand der weißlichen Gespinstfäden auch im Winter an unbelaubten Büschen gut nachweisbar; Foto: Wintergespinst an Weißdorn).

Gefährdung/Schutz: Rote Liste BRD (1998): V. – Lokal wurde die Art in der Vergangenheit durch Insektizideinsatz gegen den Goldafter beeinträchtigt, einen mitunter „schädlichen" Nachtfalter, der teilweise in den gleichen Lebensräumen auftritt.

SH –/+	HH –/+	MV –/+	NI –/+
ST –/+	BE –/+	BB –/+	SN –/+
TH –/+	HE –/+	NW –/+	RP –/+
SL –/+	BW –/+	BY –/+	D –/+

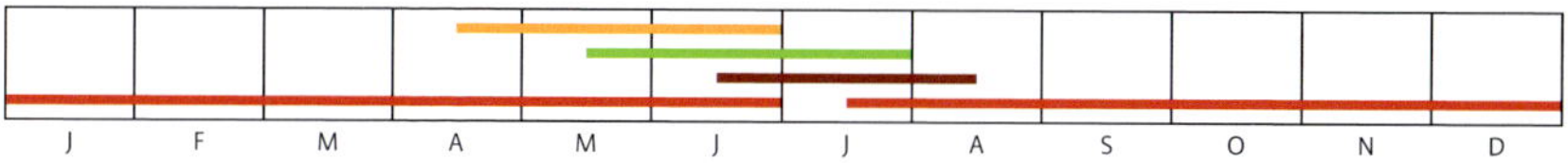

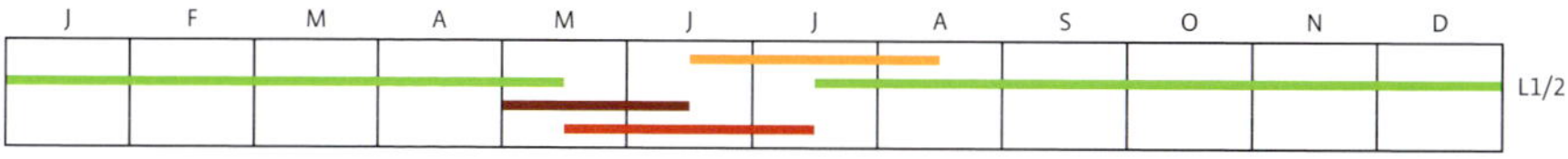

SH 0/+	HH 0/x	MV R/+	NI 3/+
ST –/+	BE –/+	BB –/+	SN –/+
TH 3/+	HE 3/+	NW 2/+	RP 3/+
SL V/+	BW V/+	BY 3/+	D V/+

Großer Kohl-Weißling

Pieris brassicae
(LINNAEUS, 1758)
→ Tafel Seite 177

Merkmale Falter: Außen auf der Vorderflügeloberseite zieht sich die schwarze Randzeichnung bis zur Flügelmitte hin. Männchen ohne, Weibchen (Foto) mit 2 schwarzen Punkten auf den Vorderflügeln. Ei: kegelförmig, gelblich, mit feinen Längsrippen, in Gelegen an Blattunterseiten. Raupe: gelb genetzt auf grünem Grund (Foto).

Lebensraum/Lebensweise: Alle Offenlandbiotope, besonders Kohlfelder, Gärten und Ruderalflächen; auch Küstenlinien. Auf Nektarsuche auch an Waldrändern und Böschungen. Breites Spektrum an violetten Blütenpflanzen. Gesellig an Kohl-Arten, Kapuzinerkresse, an der Küste auch an Meerkohl. Überwinterung als Gürtelpuppe, häufig an Mauern und Wänden.

Nachweis: Falter (3 Generationen von Mai bis September; in der 2. Generation sind mitunter gerichtete Massenwanderungen zu beobachten). Eispiegel und Raupen sind in Jahren mit Massenvermehrung an ihren Fraßpflanzen gut nachzuweisen.

Gefährdung/Schutz: Rote Liste BRD (1998): nicht gefährdet. – *P. brassicae* ist ein Kulturfolger, dessen Verbreitungsschwerpunkt sich ursprünglich auf die europäischen Küstengebiete beschränkte. Durch den Feldanbau von Kohl und die Öffnung der Landschaft im Zuge der agrarischen Nutzung wurde es ihm möglich, sich über den gesamten Kontinent auszubreiten. In den letzten Jahren ist die Bestandsentwicklung rückläufig, sodass die Schädigung von Feldkulturen nur noch selten vorkommt, was sicherlich auf den Einsatz von Pestiziden zurückzuführen ist. Eine Gefährdung ist zurzeit nicht gegeben.

Kleiner Kohl-Weißling

Pieris rapae
(LINNAEUS, 1758)
→ Tafel Seite 178

Merkmale Falter: Siehe *P. napi* (S. 62). Ei: kegelförmig, gelblich, mit feinen Längsrippen (Foto). Raupe: grün, an der Seite zwischen den Stigmen gelbe Punkte, mit gelben (deutlichen) Längsstreifen auf dem Rücken (Unterschied zu *P. napi*, S. 62).

Lebensraum/Lebensweise: Kohl- und Rapsfelder, Gärten, Brachland, Wegränder und Böschungen. Der Falter ist sehr mobil, sodass er auch fernab der Larvalhabitate auf Nektarsuche gefunden werden kann, z. B. auf Schlagfluren und Lichtungen in Wäldern und in Feuchtgebieten. Deutliche Präferenz von violetten Blüten, jedoch geringer als bei *P. brassicae* (s. o.), z. B. Sommerflieder, Acker-Kratzdistel, Kohldistel, Dost, Teufelsabbiss, Rot-Klee u. a. Kohl-Arten. Die Eier werden meist einzeln oder in kleinen Gruppen an die Blätter gelegt. Überwinterung als Gürtelpuppe.

Nachweis: 1) Falter (fliegen von April bis Anfang Oktober; in der 2. Generation sind mitunter gerichtete Massenwanderungen, oft mit den anderen *Pieris*-Arten gemischt, zu beobachten). 2) Die grünen Raupen (Foto) sind einzeln auf ihren Fraßpflanzen zu finden.

Gefährdung/Schutz: Rote Liste BRD (1998): nicht gefährdet. – *P. rapae* ist ein Kulturfolger. Durch den Feldanbau von Kohl und die Öffnung der Landschaft im Zuge der agrarischen Nutzung wurde ihm größere Verbreitung möglich. Einsatz von Pestiziden in der Feldwirtschaft und im Gartenbau dezimiert jährlich den Bestand. Eine Gefährdung ist zurzeit nicht absehbar.

SH −/+	HH −/+	MV −/+	NI −/+
ST −/+	BE −/+	BB −/+	SN −/+
TH −/+	HE −/+	NW −/+	RP −/+
SL V/+	BW −/+	BY −/+	D −/+

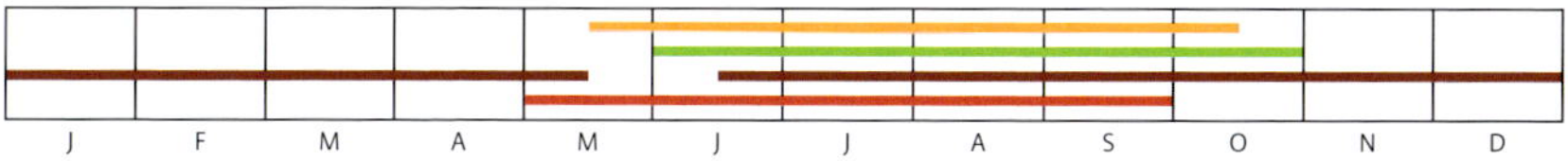

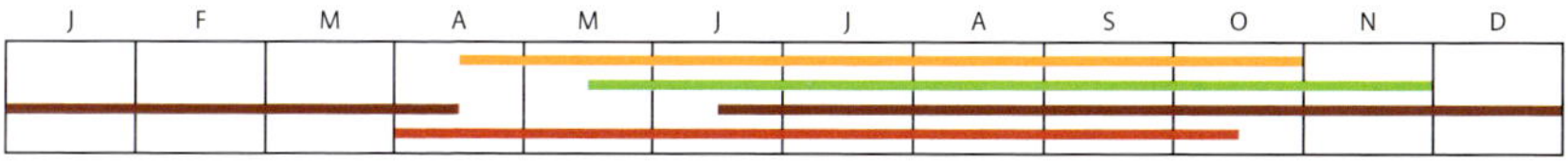

SH −/+	HH −/+	MV −/+	NI −/+
ST −/+	BE −/+	BB −/+	SN −/+
TH −/+	HE −/+	NW −/+	RP −/+
SL −/+	BW −/+	BY −/+	D −/+

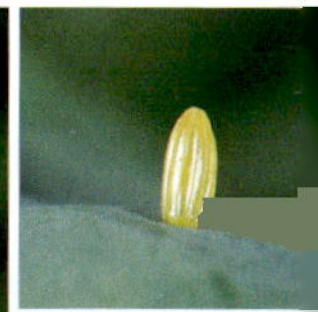

Grünader-Weißling

Pieris napi
(LINNAEUS, 1758)
→Tafel Seite 178

Merkmale Falter: Unterseite der Hinterflügel (Foto) im Gegensatz zu *P. rapae* (S. 60) mit breiter dunkler Adernzeichnung, die aber mit steigender Generationenzahl blasser wird. Schwarze Zeichnung auf der Spitze der Vorderflügel bis zur vierten Längsader reichend. Männchen mit einem, Weibchen mit 2 dunklen Flecken auf der Vorderflügeloberseite. Ei: weißlich, flaschenförmig, längsgerippt. Raupe: grün, an der Seite zwischen den Stigmen gelbe Punkte, mit undeutlichem Längsstreifen auf dem Rücken (Unterschied zu *P. rapae* S. 60; Foto).

Lebensraum/Lebensweise: Saumbiotope, Wegränder, Lichtungen und Böschungen, aber auch Felder, Wiesen und Gärten. Die Präferenzen des Grünader-Weißlings sind im Vergleich zu denen der beiden anderen *Pieris*-Arten deutlich zugunsten von feuchteren, stärker beschatteten Biotopen verschoben. Diese Art ist also kein Kulturfolger im engeren Sinne (das heißt auch kein Schädling; der früher verwendete deutsche Name „Raps-Weißling" ist irreführend). Breites Blütenspektrum, bevorzugt Blutweiderich. Wild wachsende Kreuzblütler.

Nachweis: Falter (April bis September; in der 2. Generation sind mitunter gerichtete Massenwanderungen, oft mit den anderen *Pieris*-Arten gemischt, zu beobachten).

Gefährdung/Schutz: Rote Liste BRD (1998): nicht gefährdet. – Intensive Pflege von Banketten und Böschungen an Verkehrswegen, Zerstörung von Feldwegen und deren Säume, Beseitigung/Mahd blütenreicher Waldweg-/Ufersäume führen zur ständigen Reduzierung der Populationen, dennoch ist eine Gefährdung derzeit nicht absehbar.

Reseda-Weißling

Pontia edusa
(FABRICIUS, 1777)/*daplidice* (LINNAEUS, 1758)
→Tafel Seite 179

Vorbemerkung: Die bisher bekannten Merkmale zur Unterscheidung der beiden Arten sind nicht eindeutig. Es wird empfohlen, vom „*edusa/daplidice*-Komplex" zu sprechen. Nach derzeitigem Stand ist *P. edusa* die Art mit der größeren europäischen Verbreitung und einer permanenten Flächendynamik, während *P. daplidice* als eher stationäre Art im westlichen Mittelmeergebiet vorkommt.

Merkmale Falter: Die graugrünen Flecken auf der Hinterflügelunterseite sind nicht so stark aufgelöst wie beim Aurorafalter (S. 64), mit dessen Weibchen eine Verwechslung möglich wäre. Ei: orange, spindelförmig, längsgerippt. Raupe: als Jungraupe grün, später dunkel graublau mit gelben Streifen, der Raupe von *P. brassicae* (S. 60) nicht unähnlich, aber einzeln lebend.

Lebensraum/Lebensweise: Offenlandbiotope wie Magerrasen, trockene Brachen, Tagebaurekultivierungsflächen und besonnte Waldschneisen. Freie Bodenstellen mit Kies oder Sand werden gern aufgesucht. Wanderfalter Bevorzugung violetter Blüten. Wild wachsende Kreuzblütler, z. B. Virginische Kresse, Nacktstängeliger Bauernsenf, Resede, Besenrauke (im Osten).

Nachweis: 1) Falter. 2) Suche nach Raupen, die vor allem im Hochsommer in Blüten-/Fruchtständen der erwähnten Fraßpflanzen einfach nachweisbar sind (Foto).

Gefährdung/Schutz: Rote Liste BRD (1998): nicht gefährdet. – Neuerdings ist der „Reseda-Weißling" wieder in vielen Regionen Deutschlands vertreten, in denen er jahrzehntelang gefehlt hat oder nie gefunden worden war.

SH –/+	HH –/+	MV –/+	NI –/+
ST –/+	BE –/+	BB –/+	SN –/+
TH –/+	HE –/+	NW –/+	RP –/+
SL –/+	BW –/+	BY –/+	D –/+

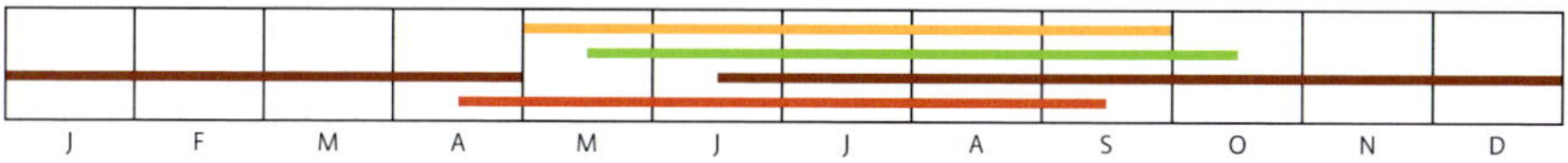

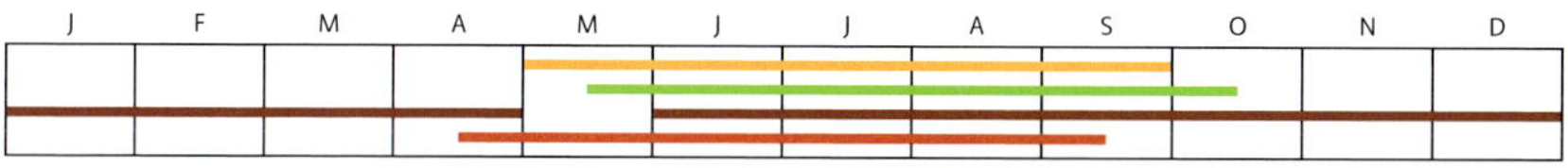

SH –/+	HH 0/x	MV R/+	NI 3/+
ST –/+	BE –/+	BB –/+	SN –/+
TH 3/+	HE D/+	NW –/+	RP 3/+
SL –/+	BW –/E	BY –/+	D –/+

Aurorafalter
Anthocharis cardamines
(LINNAEUS, 1758)
→ Tafel Seite 179

Merkmale Falter: Männchen mit orangefarbener Vorderflügelhälfte, Weibchen mit schwarzer Vorderflügelspitze. Unterseite der Hinterflügel mit grüngelben Sprenkeln (vgl. Foto und *P. edusa/daplidice*, S. 62). Ei: spindelförmig, vergleichsweise dick und im Längsschnitt oval; frisch gelegt weiß, später rötlich (Foto). Raupe: oberseits bläulich grün, unterseits dunkelgrün und seitlich sehr aufgehellt (Foto).

Lebensraum/Lebensweise: Typischer Bewohner von Saumbiotopen: Wegränder in Nadel- und Laubwäldern, Auwälder, Lichtungen und Kahlschläge sowie Feldhecken und Gebüschfluren, aber auch Störstellen in Magerrasen, z. B. mit Vorkommen des Stängelumfassenden Hellerkrauts. Vorzugsweise wohl an Wiesen-Schaumkraut und Knoblauchsrauke, aber auch z. B. an Bitterem Schaumkraut, Nachtviole, Berg-Platterbse, Zaunwicke, Echter Sternmiere, Roter Lichtnelke oder Weißdorn. Blüten und Fruchtstände von wild wachsenden Kreuzblütlern, z. B. Rauhaarige Gänsekresse, Knoblauchsrauke, Wiesen-Schaumkraut usw. Gürtelpuppe überwintert an Pflanzenstängeln.

Nachweis: 1) Eier und Raupen auf Fraßpflanzen (Fotos: Ei an Wiesenschaumkraut, Raupe an Knoblauchsrauke). 2) Falter (männliche Falter im Frühjahr recht auffällig).

Gefährdung/Schutz: Rote Liste BRD (1998): nicht gefährdet. – Die Art ist nirgends ernsthaft gefährdet.

Großer Feuerfalter
Lycaena dispar
(HAWORTH, 1803)
→ Tafel Seite 184

Merkmale Falter: Große Bläulings-Art; in unserem Faunengebiet kommt die Unterart *rutila* vor. Auf dem Vorderflügel weist das Männchen (im Gegensatz zu *L. virgaureae*, S. 66) einen dunklen Punkt auf (Foto). Hinterflügelunterseiten bei beiden Geschlechtern blaugrau. Ei: weiß, charakteristisches Aussehen („tortenartig"; siehe Foto, linkes Ei mit soeben schlüpfender L1). Raupe: grün.

Lebensraum/Lebensweise: In Nord- und Ostdeutschland Feuchtwiesen, Graben- und Gewässerränder, Niedermoore vorzugsweise mit Seggen- und Röhrichtbeständen. In Süddeutschland dagegen regelmäßig auch in eutrophierten Acker- und Wiesenbrachen sowie in anderen, sporadisch gestörten und nährstoffreichen Offenlandbiotopen (Baubrachen, Holzrückeplätze, Ufer von Regenrückhaltebecken, Ruderalfluren, Straßenböschungen etc.). Die Falter sind mobil und können auch weitab von (und in völlig anderen Lebensräumen als) den Raupenhabitaten gefunden werden. Vielzahl verschiedener zur Flugzeit blühender Pflanzen. Breitblättrige, nicht saure Ampfer-Arten: Stumpfblättriger, Krauser und Fluss-Ampfer.

Nachweis: Suche nach Eiern auf Blattoberseiten (Foto) der genannten Ampfer-Arten am Ende der Flugzeit der jeweiligen Generation (in NO-Deutschland mitunter nur 1 Generation).

Gefährdung/Schutz: BArtSchV (1999): streng geschützt, Rote Liste BRD (1998): 2, FFH-Richtlinie, Anhang II + IV. – Gegenwärtig expansive Art. Zum Schutz v. a. der Vorkommen in Nord- und Nordostdeutschland Drainage von Nasswiesen stoppen sowie extensive Pflege von Gräben und Grabenrändern.

SH V/+	HH 3/+	MV –/+	NI –/+
ST –/+	BE –/+	BB –/+	SN –/+
TH –/+	HE –/+	NW –/+	RP –/+
SL –/+	BW –/+	BY –/+	D –/+

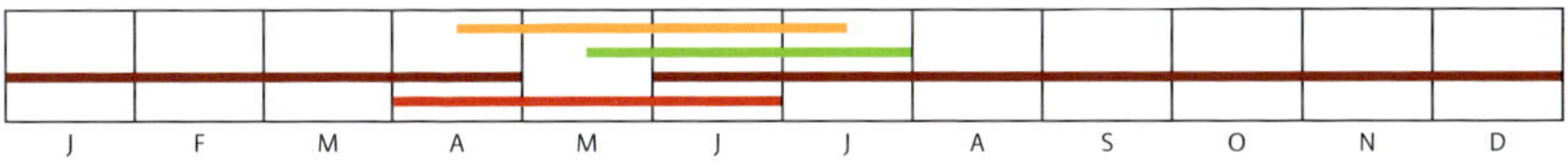

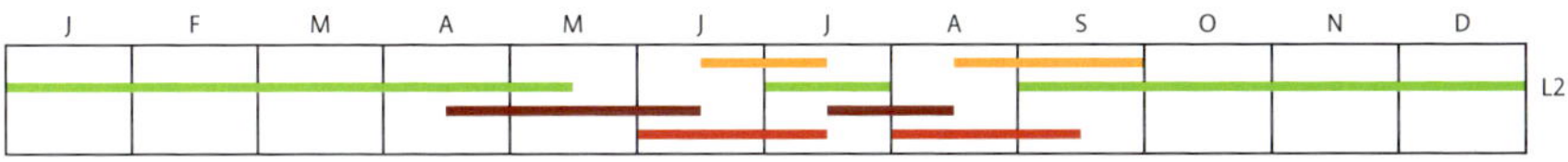

SH –	HH –	MV 2/+	NI 1/+
ST 1/+	BE 1/+	BB 2/+	SN R/+
TH –	HE 1/+	NW 0/o	RP 1/+
SL 3/+	BW 2/+	BY –/E	D 2/+

Dukaten-Feuerfalter

Lycaena virgaureae
(LINNAEUS, 1758)
→ Tafel Seite 184

Merkmale Falter: Beide Geschlechter besitzen einige zu einem Streifen zusammengesetzte weiße Flecken auf der Hinterflügelunterseite. Ei: vergleichsweise groß mit grobwabiger Oberflächenstruktur. Raupe: grün, in der Farbe der Fraßpflanzen.
Lebensraum/Lebensweise: Wald-Offenland-Übergangsbereiche: Waldwiesen, Lichtungen, Schlagfluren, Waldwege, Schneisen und Waldränder; in einigen Landesteilen auch meist bodensaure Magerrasen. Sommerflieder, Jakobs-Greiskraut, Wald-Greiskraut, Schwarze Flockenblume, Gemeiner Rainfarn, Acker-Kratzdistel, Brombeere, Gemeine Schafgarbe, Dost, Hornklee, Nickende Distel u. a. Ampfer-Arten (vor allem Sauerampfer). I. d. R. überwintert die fertig entwickelte Jungraupe im Ei (Foto). Verpuppung in Bodennähe an der Wirtspflanze.
Nachweis: Falter.
Gefährdung/Schutz: BArtSchV (1999): besonders geschützt, Rote Liste BRD (1998): 3. – Pflegemaßnahmen, die auf die Erhaltung von *L. virgaureae* ausgerichtet sein sollen, müssen der Erhaltung von Grasstreifen an den inneren und äußeren Rändern von Wäldern dienen. Am günstigsten sind solche Streifen, die hin und wieder gemäht werden, da hier die verschiedenen Sauerampfer-Arten existieren können. In den Mittelgebirgen (z. B. Schwarzwald) ist der Fortbestand der Art von der Aufrechterhaltung extensiver Weidenutzung auf waldnahen Flächen oder Lichtungen abhängig.

Kleiner Feuerfalter

Lycaena phlaeas
(LINNAEUS, 1761)
→ Tafel Seite 185

Merkmale Falter: Im Gegensatz zu den übrigen Feuerfaltern ist die Punktzeichnung auf der grauen Hinterflügelunterseite nur schwach entwickelt oder gar nicht erkennbar (Foto). Ei: grobwabig, relativ klein, weißlich (Foto). Raupe: grün, manchmal mehr oder weniger rötlich (Foto).
Lebensraum/Lebensweise: Ruderalflächen, Schlagfluren, Magerrasen, Brachen, Fettwiesen, Böschungen und Wegränder. Im Norden und Nordosten sandige Böden mit niedriger, lückiger Vegetation. Vielzahl verschiedener Blüten, z. B. Glocken-Heide, Heidekraut, Wasserdost, Sommerflieder, Margerite, Thymian u. a. Saure und nichtsaure Ampfer-Arten. Verpuppung in einem Gespinst an der Fraßpflanze.
Nachweis: 1) Falter (fliegt in 4 und mehr Generationen und ist daher von Mai bis Oktober zu finden). 2) Suche nach den weißlich grauen Eiern auf den Blattoberseiten der Fraßpflanzen (Foto) – bevorzugt zu finden auf Kleinem Sauerampfer – an kümmerlichen Pflanzen lückig bewachsener Stellen.
Gefährdung/Schutz: BArtSchV (1999): besonders geschützt, Rote Liste BRD (1998): nicht gefährdet. – *L. phlaeas* gehört zu den wanderverdächtigen Arten.

SH 1/+	HH 0/x	MV –/+	NI 3/+
ST –/+	BE –/+	BB 3/+	SN 3/+
TH –/+	HE 2/+	NW 2/+	RP 3/+
SL 1/+	BW 1/+	BY 3/+	D 3/+

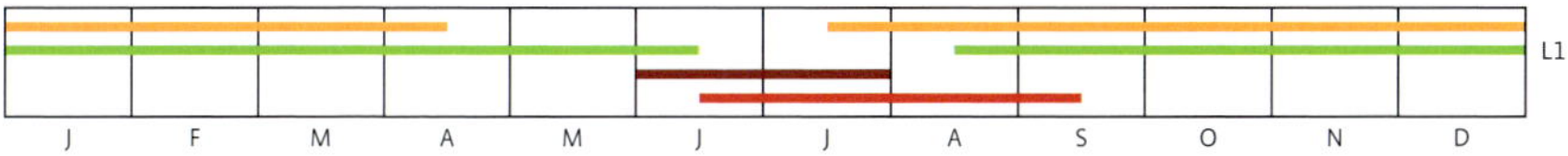

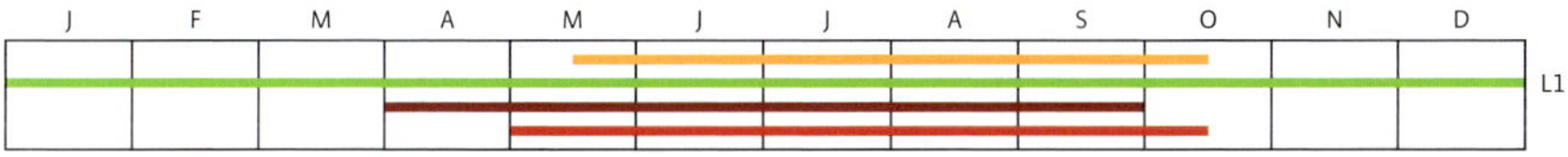

SH –/+	HH –/+	MV –/+	NI –/+
ST –/+	BE –/+	BB –/+	SN –/+
TH –/+	HE –/+	NW –/+	RP –/+
SL –/+	BW V/+	BY –/+	D –/+

Brauner Feuerfalter

Lycaena tityrus
(PODA, 1761)
⟶ Tafel Seite 185

Merkmale Falter: Die Flügeloberseiten der Männchen sind dunkelbraun. Die Hinterflügelunterseiten sind bei beiden Geschlechtern schwefelgelb (Foto: Paarung). Ei: grobwabig, weißlich. Raupe: grün, der Farbe der Fraßpflanzen angepasst.

Lebensraum/Lebensweise: In Süddeutschland v. a. artenreiche Heuwiesen feuchter bis mäßig trockener Standorte, in anderen Regionen Lichtungen, Schneisen, Waldwegränder, magere Ackerbrachen. Eine Vielzahl von blühenden Kräutern wird offenbar ohne farbliche Präferenz genutzt, z. B. Acker-Kratzdistel, Schafgarbe, Hahnenfuß-Arten, Thymian, Acker-Minze, Teufelsabbiss, Hartheu, Hornklee usw. Großer und Kleiner Sauerampfer.

Nachweis: 1) Falter (vereinzelt eine 3. Generation im September). 2) Suche nach Eiern an Blütenstängeln (Foto) und auf Stängelblättern des Großen Sauerampfers zum Ende der Flugzeit der 1. Generation. Am Kleinen Sauerampfer sind die Eier schwieriger nachweisbar.

Gefährdung/Schutz: BArtSchV (1999): besonders geschützt, Rote Liste BRD (1998): nicht gefährdet. – Gefährdung durch die Intensivierung der Grünlandnutzung in Form von Düngung, häufiger Mahd und Beweidung. Schutz durch Förderung extensiver Grünlandnutzung, insbesondere auch auf mittleren Standorten.

Violetter Feuerfalter

Lycaena alciphron
(ROTTEMBURG, 1775)
⟶ Tafel Seite 185

Merkmale Falter: Auf der Hinterflügelunterseite bildet die Anordnung der Punkte zueinander ein artspezifisches Muster. Männchen (Foto) mit violettem Schimmer auf den Flügeloberseiten (nicht so stark wie beim kleineren *L. helle*, S. 70). Bei Unsicherheit Spezialisten konsultieren. Ei: halbkugelförmig mit „seichten" Vertiefungen; Grate wirken „abgeschliffen" (Foto). Raupe: grün; nachtaktiv.

Lebensraum/Lebensweise: *L. alciphron* ist in Deutschland weitgehend auf Mittelgebirge und tiefere Lagen mit kontinental getöntem Klima beschränkt. Die Art reproduziert sich in trockenen, mageren und lückig bewachsenen Offenlandbiotopen mit Vorkommen saurer Ampferarten. Typische Lebensräume sind bodensaure Magerrasen, Bergwiesen und Heiden, z. B. auf Silikat oder Sand. Seltener ist die Art auch auf mageren Waldwiesen, an Straßen- und Bahnböschungen, in Steinbrüchen und anderen Sekundärbiotopen zu finden. Brombeere, Hornklee, Heidekraut, Margerite, Thymian. Sauerampfer-Arten. Verpuppung an der Wirtspflanze.

Nachweis: 1) Suche der gut von verwandten Arten zu unterscheidenden Eier (Foto), bevorzugt auf Blattoberseiten von Kleinem Sauerampfer (seltener Großer Sauerampfer) an trockenen Störstellen (z. B. über Rohboden, Schotter, Fels, Asche, Streu usw.). 2) Falter.

Gefährdung/Schutz: BArtSchV (1999): besonders geschützt, Rote Liste BRD (1998): 2. – Zum Schutz von *L. alciphron* muss insbesondere Magergrünland auf bodensauren Standorten durch extensive Mahd oder Beweidung gesichert werden.

SH V/+	HH 3/+	MV –/+	NI V/+
ST –/+	BE –/+	BB –/+	SN 3/+
TH 3/+	HE 3/+	NW 3/+	RP V/+
SL V/+	BW 3/+	BY 3/+	D –/+

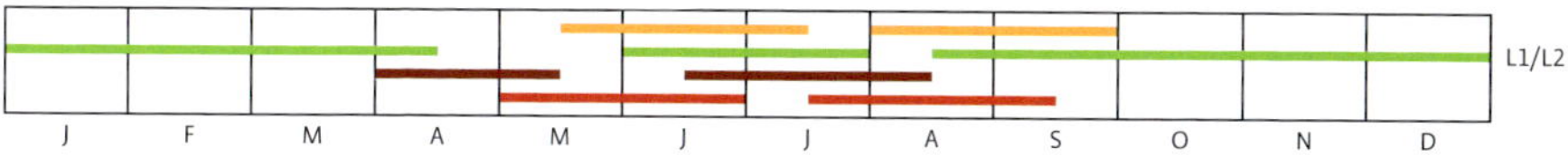

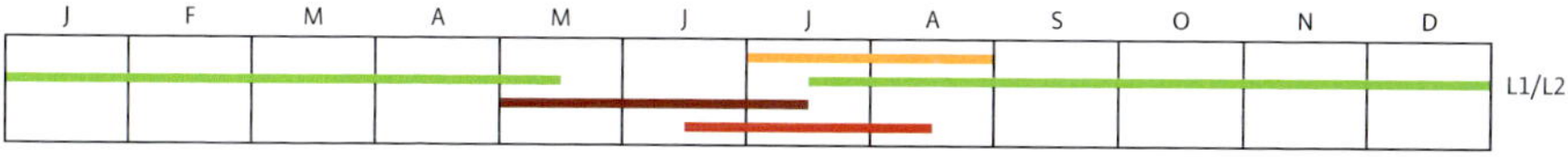

SH 0/+	HH 0/x	MV 2/+	NI 1/+
ST 1/+	BE 3/+	BB 2/+	SN 2/+
TH 1/+	HE 1/+	NW 0/o	RP 2/+
SL 1/+	BW 2/+	BY 2/+	D 2/+

Lilagold-Feuerfalter
Lycaena hippothoe
(LINNAEUS, 1761)
→ Tafel Seite 184

Merkmale Falter: Männchen mit violettem Schiller an den Flügelrändern (Foto). Punktmuster auf der Hinterflügelunterseite deutlich von dem oft im gleichen Lebensraum vorkommenden *L. alciphron* (S. 68) verschieden. Es empfiehlt sich, bei kritischen Fällen Spezialisten zu konsultieren. Ei: grobwabig, weißlich. Raupe: grün; nachtaktiv.

Lebensraum/Lebensweise: Feuchtes bis mäßig trockenes, artenreiches Grünland, Feuchtwiesen, feuchte Waldwiesen, Bergwiesen, Randgebiete von Mooren. Ein breites Spektrum an blühenden Pflanzen wird genutzt, wobei eine gewisse Präferenz zu violetten Blüten erkennbar ist, z. B. Wiesen-Knöterich, Sumpf-Kratzdistel, Brombeere, Acker-Witwenblume, Flockenblume. Sauerampfer-Arten. Verpuppung in der Streuschicht.

Nachweis: 1) Suche nach Eiern an Blütenstängeln (Foto) und auf Stängelblättern von Sauerampfer. 2) Falter.

Gefährdung/Schutz: BArtSchV (1999): besonders geschützt, Rote Liste BRD (1998): 2. – *L. hippothoe* ist durch Trockenlegung und/oder Aufforstung von feuchtem Grünland bedroht. Zum Schutz der Art müssen Moore mit ihren Randzonen, Feuchtwiesen und Gewässerrandstreifen ebenso wie artenreiche Bergwiesen erhalten werden.

Blauschillernder Feuerfalter
Lycaena helle
([DENIS & SCHIFFERMÜLLER], 1775) → Tafel Seite 185

Merkmale Falter: Kleine Art. Die Flügeloberseite ist beim Männchen intensiv violett übergossen (Foto). Ei: vergleichsweise klein mit rundlicher Wabenstruktur (Foto). Raupe: von weißlich grau im L1 bis grün, jeweils in der Farbe der Fraßpflanzen.

Lebensraum/Lebensweise: Nährstoffreiche Feuchtwiesenbrachen (Binsen- und Kohldistelwiesen) bzw. nicht vollständig von Gehölz überschattete Quellfluren, jeweils mit Beständen der Fraßpflanze an permanent kalten Standorten. Hahnenfuß, Vergissmeinnicht, Gänseblümchen, Sumpfdotterblume. Wiesen-Knöterich.

Nachweis: 1) Falter (abweichend vom Diagramm weist die Art in Nordostdeutschland und Osteuropa 2 Generationen auf und fliegt ab Mitte April und wieder ab Mitte Juli). 2) Suche nach Eiern auf den Blattunterseiten der Fraßpflanzen oder Suche nach Raupen anhand des Fraßbildes (Fotos: Jungraupe, Fraßbild und Eihülle auf Blattunterseite; eingeblendet: Ei groß).

Gefährdung/Schutz: BArtSchV (1999): streng geschützt, Rote Liste BRD (1998): 1. FFH-Richtlinie, Anhang II + IV. – Die Art ist vornehmlich durch Entwässerung und/oder Aufforstung ihrer Lebensräume und deren Umgebung gefährdet. Neben der direkten Unterschutzstellung der Gebiete (was bei dieser Art sehr wichtig sein kann, um die letzten Habitate zu erhalten, und nunmehr durch die FFH-Richtlinie gefordert wird) ist eine vorsichtige Nutzung bzw. gelegentliche Pflege der Habitate durch Mahd von Teilbereichen in mehrjährigen Abständen wichtig, um die entsprechenden Sukzessionsstadien zu erhalten.

SH 1/+	HH 1/+	MV 2/+	NI 2/+
ST 2/+	BE 1/+	BB 1/+	SN 2/+
TH 3/+	HE 2/+	NW 2/+	RP 3/+
SL 2/+	BW 3/+	BY 3/+	D 2/+

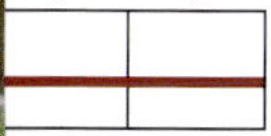

Nierenfleck-Zipfelfalter
Thecla betulae
(LINNAEUS, 1758)

→ Tafel Seite 187

Merkmale Falter: Zipfelfalter mit orangefarbenen Flügelunterseiten (Foto). Oberseits braun; Weibchen mit orangefarbenen Flecken auf den Vorderflügeln. Ei: weiß, halbkugelförmig, mit wabenartiger Oberflächenstruktur (Foto). Raupe: von weißlich grün nach gelblich grün (Foto S. 9).

Lebensraum/Lebensweise: Fast alle Wuchsorte von Schlehe, Zwetschge und anderen *Prunus*-Gewächsen, z.B. Waldmäntel, offene Wälder, (Schlehen-)Hecken, Parklandschaften, Streuobstwiesen und Gärten im Siedlungsbereich. Auch in Kiesgruben, Steinbrüchen, an Böschungen wie Bahn- oder Hochwasserschutzdämmen sowie bebuschten Hängen aufgelassener Weinberge o.Ä. Eine Vielzahl zur Flugzeit vorhandener Blüten wird genutzt, z.B. Goldruten, Rainfarn, Wasserdost, Sommerflieder, Engelwurz. Schlehe, Pflaume, Kirsche, Traubenkirsche. Tönnchenförmige Puppe in der Bodenstreu.

Nachweis: Ei, vor allem in den Wintermonaten, wenn man die unteren Äste (bis ca. 2 m Höhe) der entsprechenden Bäume (s.o.) nach den gut sichtbaren Eiern absucht (Foto). Falter sind allenfalls sporadisch zu beobachten und spiegeln keineswegs das reale Auftreten wider.

Gefährdung/Schutz: Rote Liste BRD (1998): nicht gefährdet. – Die Art ist fast nirgends ernsthaft gefährdet.

Blauer Eichen-Zipfelfalter
Neozephyrus quercus
(LINNAEUS, 1758)

→ Tafel Seite 187

Merkmale Falter: Einziger Zipfelfalter mit teilweise (Weibchen) oder überwiegend (Männchen, Foto) blau gefärbten Vorderflügeloberseiten. Unterseiten auffallend hellgrau. Ei: weiß bis weißlich grau mit wabenartiger Oberflächenstruktur mit spitzen Fortsätzen und deutlicher Einbuchtung am Pol (Foto). Raupe: hellbräunlich bis bräunlich, der Farbe der Blütenknospen und Schuppen angepasst, später graubraun mit schwarzen Konturen.

Lebensraum/Lebensweise: Eichenbestände und einzeln stehende Eichen. Kommt auch in der Wipfelregion vor, selbst inmitten von geschlossenen Hochwäldern; tiefer hängende Äste (z.B. an Rändern von Laub- bzw. Mischwäldern) werden mitgenutzt. Zwerg-Holunder, Engelwurz, Rainfarn, Goldrute; Falter saugen gern an Ausscheidungen der Blattläuse sowie an feuchter Erde. Eichenblüten, später auch Eichenblätter.

Nachweis: Da sich die Falter nur selten in Bodennähe aufhalten und bei Störung sofort in die Baumwipfel fliehen, ist für diese Art die Suche nach den Eiern effektiver als die Suche nach Faltern. Es empfiehlt sich die Suche nach überwinternden Eiern an sonnenexponierten Zweigen blühfähiger Eichen zwischen Blütenknospen (Foto).

Gefährdung/Schutz: Rote Liste BRD (1998): nicht gefährdet. – Die Art ist nirgends ernsthaft gefährdet, da sie selbst einzeln stehende und auch relativ junge Eichen zu besiedeln vermag.

SH V/+	HH 2/+	MV –/+	NI 3/+
ST V/+	BE 3/+	BB 3/+	SN –/+
TH –/+	HE V/+	NW 3/+	RP 3/+
SL V/+	BW V/+	BY –/+	D –/+

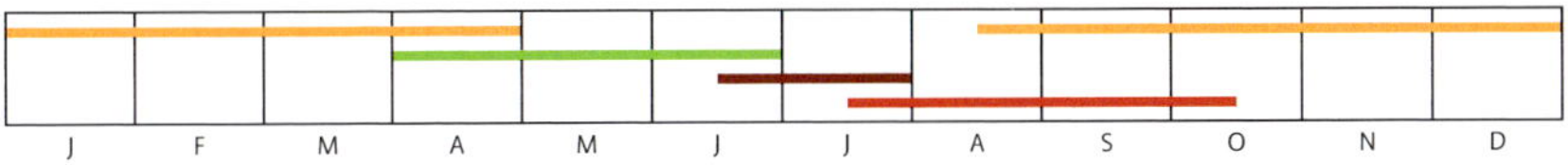

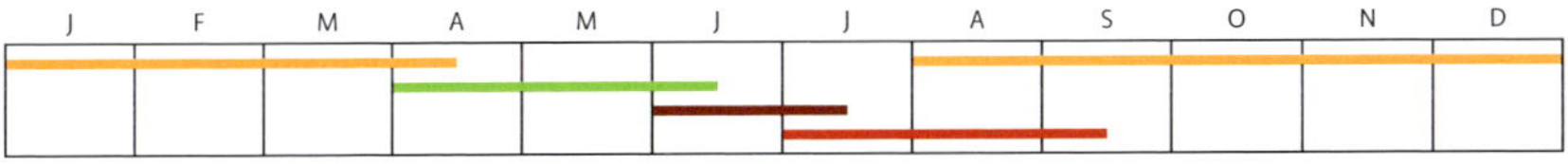

SH –/+	HH 3/+	MV 3/+	NI V/+
ST –/+	BE –/+	BB –/+	SN 3/+
TH –/+	HE –/+	NW –/+	RP V/+
SL V/+	BW V/+	BY –/+	D –/+

Brauner Eichen-Zipfelfalter
Satyrium ilicis
(ESPER, 1779)

→ Tafel Seite 188

Merkmale Falter: Weiße Linie auf der Hinterflügelunterseite stärker gebrochen als bei der ähnlichen, i. d. R. jedoch deutlich kleineren Art S. *acaciae* (S. 78). Ei: im Vergleich zu N. *quercus* (S. 72) etwas größer, nur ausnahmsweise weiß, sondern beige-braun mit feinerer Wabenstruktur und flacherer Einbuchtung am Pol (Foto). Raupe: gelblich grün.

Lebensraum/Lebensweise: Lichte Stellen, Freiflächen und Säume von trocken-warmen, eichenreichen Wäldern. Brombeere, Thymian, Schafgarbe, Berufskraut, Baldrian, Weiß-Klee, Glocken-Heide, Kratzdisteln. Knospen/Blätter von jüngeren Eichen einheimischer Arten. Die Raupe lebt an jungen Eichenbüschen warm-trockener Waldmäntel und Lichtungen. Lokal tritt die Art auch in Sand- und Kiesgruben im entsprechenden Sukzessionsstadium auf (Eichen-Pionier- und Vorwald, Waldmantel-Eichenbüsche).

Nachweis: 1) Falter. 2) Suche nach überwinternden Eiern an *Quercus*-Büschen (Foto) oder „Klopfen“ (S. 232) der erwachsenen Raupen von den Büschen.

Gefährdung/Schutz: Rote Liste BRD (1998): 3. – Entscheidender Gefährdungsfaktor ist die Änderung der Waldwirtschaft, insbesondere die Aufgabe der Mittel- und Niederwaldnutzung wie auch der Kahlschlagnutzung zugunsten eines naturnahen Waldbaus, bei dem geeignete Lichtungen fehlen.

Ulmen-Zipfelfalter
Satyrium w-album
(KNOCH, 1782)

→ Tafel Seite 189

Merkmale Falter: Die weiße Binde auf der Hinterflügelunterseite bildet am Hinterrand ein W (Foto). Ei: diskusförmig, innen dunkelgrau, am äußeren Rand weißer Borstenkranz. Raupe: farblich dem jeweiligen Zustand der Fraßpflanzen angepasst, von hell gelbgrün bis grau.

Lebensraum/Lebensweise: Nahezu alle Standorte blühfähiger Ulmen, auch inmitten von Städten oder entlang von Autobahnen. Bevorzugt weiße Blüten, z. B. Margerite, Wald-Engelwurz, Wiesen-Bärenklau, Wilde Möhre, Giersch, Baldrian; Acker-Kratzdistel, Sumpf-Kratzdistel. Einheimische Ulmen-Arten (Berg-, Feld-, Flatter-Ulme). Gürtelpuppe am Ulmen-Stamm, an Blatt-Unterseiten oder in der Streu.

Nachweis: Suche nach überwinternden Eiern an Zweigen blühfähiger Ulmen, in der Regel an den Spitzenknospen der Äste (Foto: parasitiertes Ei mit seitlichem Ausbohrloch). Die Falter verlassen den Kronenbereich der Bäume nur, um Nektar oder Mineralien aufzunehmen, sodass ihr Nachweis schwierig ist und keine brauchbaren Daten zu Häufigkeit und Verbreitungsentwicklung liefert.

Gefährdung/Schutz: Rote Liste BRD (1998): 3. – Lokale Bedrohung durch den Rückgang der Ulmenbestände, bedingt durch das Ulmensterben in den vergangenen zehn bis zwanzig Jahren. Die noch verbliebenen Bäume in Wäldern, Parks und an Straßenrändern müssen erhalten und durch Neupflanzungen ergänzt werden. Durch Anpflanzung von Ulmen in Gärten kann die Art ebenfalls gefördert werden.

SH 1/+	HH 0/x	MV 3/+	NI 2/+
ST 2/+	BE –	BB R/+	SN 2/+
TH 2/+	HE 2/+	NW 1/+	RP 3/+
SL 3/+	BW 3/+	BY 2/+	D 3/+

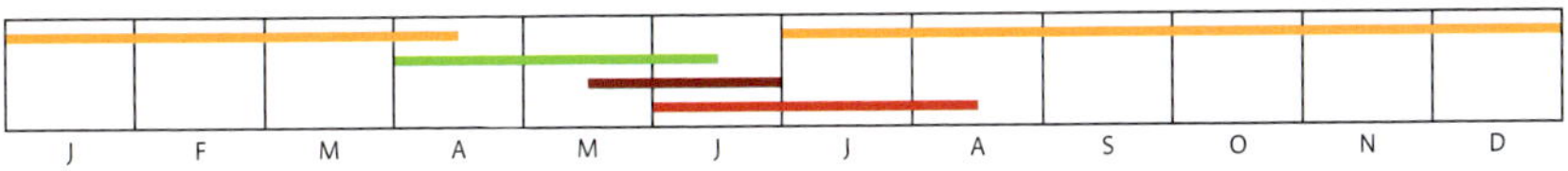

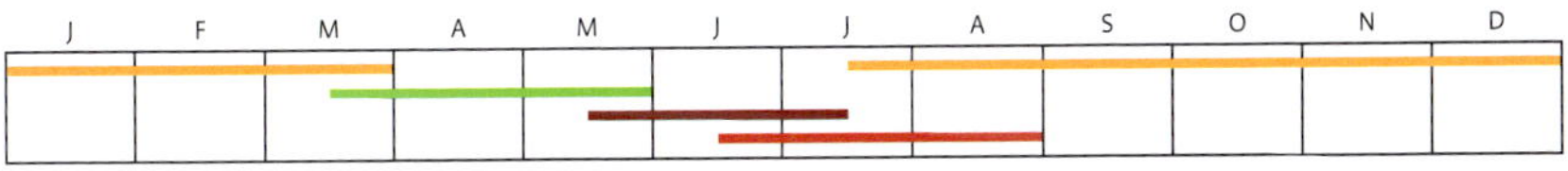

SH 1/+	HH 0/x	MV 3/+	NI 1/+
ST 3/+	BE 3/+	BB 2/+	SN 2/+
TH 2/+	HE 1/+	NW 1/+	RP 2/+
SL 2/+	BW 3/+	BY 3/+	D 3/+

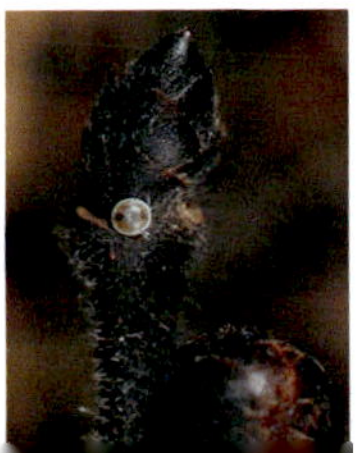

Kreuzdorn-Zipfelfalter

Satyrium spini ([DENIS & SCHIFFERMÜLLER], 1775) → Tafel Seite 188

Merkmale Falter: Charakteristischer großer, blaugrauer Fleck unterhalb des Zipfels auf der Hinterflügelunterseite (Foto: Falter an Weißer Fetthenne). Ei: weißgrau mit feiner Wabenstruktur; lange, spitze Ausläufer der Wabenwände verleihen dem Ei ein „behaartes“ Aussehen (Foto). Raupe: gelbgrün, an Blattunterseiten.

Lebensraum/Lebensweise: Trocken-warme Biotope, wie Kalkmagerrasen, Steinbrüche, Schutthalden, regional auch trockene Lichtungen (Oberrheinebene) und verbuschende Pfeifengraswiesen (Südbayern). Brombeere, Schafgarbe, Berg-Lauch u. v. a. Kreuzdorn (Stockausschläge, niedrige Büsche).

Nachweis: 1) Suche nach überwinternden Eiern an Kreuzdorn-Büschen trocken-warmer Standorte (Foto). 2) Falter (liefert jedoch keine brauchbaren Daten zu Häufigkeit und Verbreitungsentwicklung).

Gefährdung/Schutz: Rote Liste BRD (1998): 3. – Gefährdung v. a. durch Zuwachsen trockenheißer Hanglagen. Die Art profitiert von Entbuschung der Trockenhänge in mehrjährigem Abstand, da Stockausschläge des Kreuzdorns bevorzugt mit Eiern belegt werden.

Pflaumen-Zipfelfalter

Satyrium pruni (LINNAEUS, 1758) → Tafel Seite 188

Merkmale Falter: Unterscheidung von den übrigen Zipfelfalter-Arten durch die breite und durchgehende orangefarbene Binde mit großen schwarzen Punkten am Außenrand der Hinterflügelunterseite (Foto). Ei: i. d. R. bräunlich, mit undeutlicher Oberflächenstruktur; erinnert an einen Autoreifen (Foto: Zweiergelege, häufiger wird jedoch nur ein Ei abgelegt). Raupe: giftgrün mit buckelförmig „gezacktem“ Rücken.

Lebensraum/Lebensweise: Schlehenhecken und -gebüsche an Feldgrenzen und Waldrändern, Gärten und Obstanlagen mit Mirabellen-, Zwetschgen- oder Pflaumenbäumen; auch an Bruchwaldrändern. Vorstehende Äste ab ca. 1,5 m Höhe dienen als Sitzwarten der Männchen, die von hier vorbeifliegende Falter verfolgen. Himbeere, Brombeere, Wiesen-Bärenklau, Echter Baldrian, Echtes Labkraut, Wundklee, Dost, Roter Hartriegel, Liguster, Wiesenknöterich, Giersch. Einheimische *Prunus*-Arten wie Schlehe, Zwetschge und Traubenkirsche. Verpuppung auf einem Ästchen der Wirtspflanze.

Nachweis: Falter.

Gefährdung/Schutz: Rote Liste BRD (1998): V. – In weiten Teilen Süddeutschlands ist die Art häufig und ungefährdet. In Regionen, in denen sie nur spärlich auftritt, sollten die Larvalhabitate geschont werden.

SH	HH	MV	NI
–	–	0/+	1/+
ST	BE	BB	SN
2/+	0/x	1/+	0/x
TH	HE	NW	RP
3/+	2/+	1/+	2/+
SL	BW	BY	D
R/+	3/+	3/+	3/+

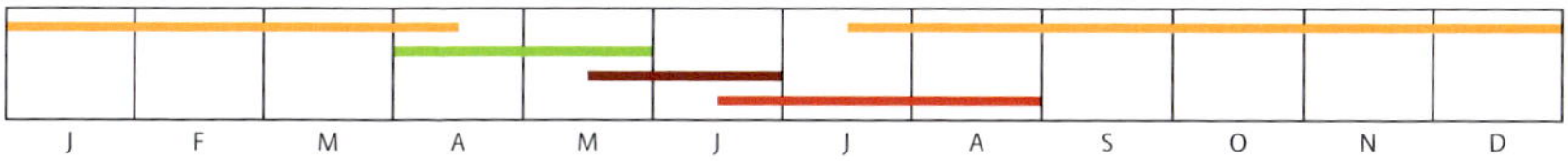

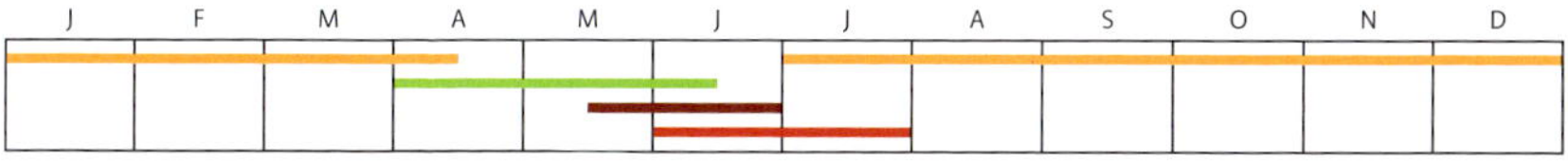

SH	HH	MV	NI
1/+	0/x	R/+	3/+
ST	BE	BB	SN
3/+	3/+	3/+	2/+
TH	HE	NW	RP
3/+	V/+	2/+	3/+
SL	BW	BY	D
V/+	V/+	V/+	V/+

Kleiner Schlehen-Zipfelfalter

Satyrium acaciae
(FABRICIUS, 1787)

→ Tafel Seite 189

Merkmale Falter: Sehr kleiner Falter. Flügelunterseiten hellbraun mit undeutlichem weißen Strich. Auf Hinterflügelunterseite oranges Fleckenband, oft nur im unteren Flügeldrittel (Foto). Schwarzer, glänzender Haarbüschel am Hinterleib des Weibchens. Ei: vergleichsweise klein, meist einzeln abgelegt, grauweiß, mit feiner Wabenstruktur; frisch gelegt mit einigen dunklen „Afterhaaren" des Weibchens belegt. Raupe: hellgrün.
Lebensraum/Lebensweise: Trockenwarme, besonnte Biotope auf kalkreichen, seltener auch kalkarmen Standorten: trockene Magerrasenhänge, Steinriegel, Weinbergsbrachen und -mauern, Schlehenhecken (z. B. Kaiserstuhl), im südlichen Steigerwald auch Mittelwald-Lichtungen. Hauptsächlich weiße Blüten mit gut zugänglichem Nektar, z. B. Schafgarbe, Liguster, Brombeere, Weiße Fetthenne, Färber-Kamille, Margerite, Berufskraut, Rainfarn, Greiskraut. Männchen zeigen Territorialverhalten. Schlehe. Gürtelpuppe in der Streu.
Nachweis: 1) Suche nach überwinternden Eiern an Schlehen-Büschen trockenwarmer Standorte (Foto) oder „Klopfen" (S. 232) der erwachsenen Raupen. 2) Falter.
Gefährdung/Schutz: Rote Liste BRD (1998): 2. – Gefährdung v. a. durch Zuwachsen trockenheißer Hanglagen und Aufgabe des regelmäßigen „auf den Stock Setzens" von Schlehenhecken. Art profitiert von Entbuschung der Trockenhänge sowie Heckenpflege in mehrjährigem Abstand, da Stockausschläge der Schlehe bevorzugt mit Eiern belegt werden. Dauerhaft kleinwüchsig bleibende Krüppelschlehen auf Extremstandorten bei Pflegemaßnahmen schonen.

Grüner Zipfelfalter

Callophrys rubi
(LINNAEUS, 1758)

→ Tafel Seite 189

Merkmale Falter: Einziger heimischer Tagfalter mit grünen Flügelunterseiten (Foto: Paarung). Ei: grünlich mit feiner Wabenstruktur. Raupe: grün (Foto).
Lebensraum/Lebensweise: Magere Offenlandbiotope, wie z. B. Kalkmagerrasen, Heiden, Hochmoore, aber auch magere Waldlichtungen, Ruderalflächen mit Besenginster u. Ä. Breites Spektrum, z. B. Sumpfdotterblume, Hahnenfuß-Arten, Hornklee, Hufeisenklee, Fingerkraut-Arten, Weißdorn, Felsenbirne, Roter Hartriegel, Kugelblume, Wiesen-Schaumkraut, Zypressen-Wolfsmilch, aber auch blühende Nadelbäume (Fichte, Bergkiefer) und wohl auch Blattlaus-Ausscheidungen (Honigtau). Zahlreiche Wirtspflanzenarten, darunter Sonnenröschen, Brom- und Himbeere, verschiedene Ginster und andere Schmetterlingsblütler, Blutroter Hartriegel, Wolliger Schneeball, Heidel-, Rausch- und Preiselbeere, Sumpf-Porst. Die Eier werden an die Knospen der Fraßpflanzen oder in deren Nähe (Foto: Ei an Hornkleeblatt nahe der Blütenknospe) gelegt.
Nachweis: Falter (einzelne Exemplare mitunter bereits im März, andere fliegen bis September).
Gefährdung/Schutz: Rote Liste BRD (1998): V. – Gefährdung v. a. durch Nutzungsaufgabe von Magerrasen und forstliche Nutzungsänderungen („Dunklerwerden" der Wälder).
Besonderheiten: Männchen können sich an markanten Landschaftspunkten, zum Beispiel Sträuchern, versammeln, zeigen andererseits aber auch Revierverhalten.

SH –	HH –	MV –	NI –
ST –	BE –	BB –	SN –
TH 2/+	HE R/+	NW –	RP 2/+
SL R/+	BW 3/+	BY 2/+	D 2/+

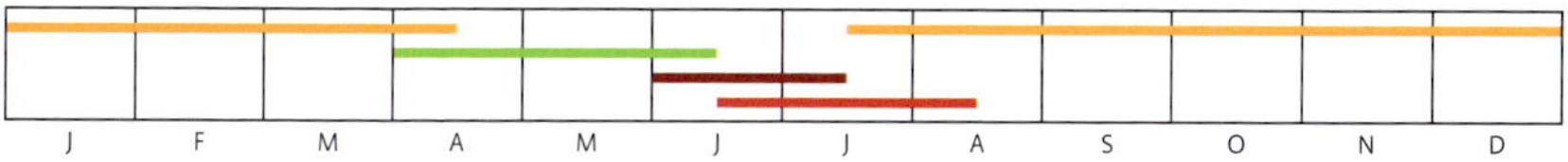

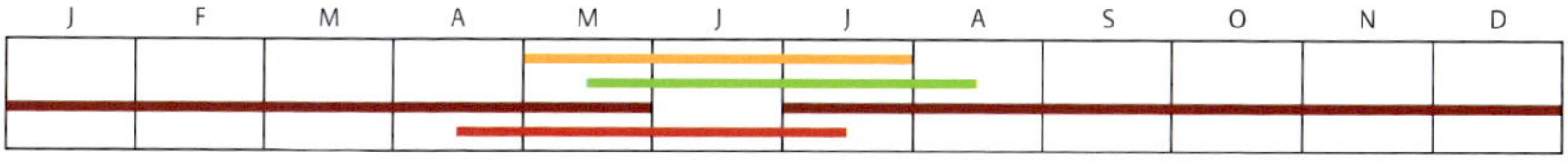

SH V/+	HH 3/+	MV –/+	NI –/+
ST V/+	BE 1/+	BB V/+	SN 3/+
TH –/+	HE V/+	NW 3/+	RP –/+
SL V/+	BW V/+	BY V/+	D V/+

Zwerg-Bläuling

Cupido minimus
(FUESSLY, 1775)
→ Tafel Seite 190

Merkmale Falter: Kleinste heimische Bläulings-Art. Punktreihe auf der Vorderflügelunterseite nahezu gerade (Foto). Ei: weißlich grau, sehr klein mit feiner Wabenstruktur (Foto). Raupe: gräulich grün mit dunkel geränderten Seitenstreifen; perfekte Anpassung an die Fraßpflanze.

Lebensraum/Lebensweise: Nahezu alle Wuchsorte des Wundklees, sofern diese nicht zu häufig gemäht oder beweidet werden (Kalkmagerrasen, Steinbrüche, Straßenböschungen, magere Wegränder etc.). Z. B. Wundklee und andere Schmetterlingsblütler; gern an feuchten Bodenstellen. Blüten vom Gewöhnlichen Wundklee, regional auch Blasenstrauch oder Kichererbsen-Tragant.

Nachweis: 1) Suche nach Eiern an Blütenknospen/-kelchen von Wundklee (Foto). 2) Falter (weniger effizient).

Gefährdung/Schutz: Rote Liste BRD (1998): V. – Die Habitate von *C. minimus* gehen verloren durch Nutzungsänderungen (Aufgabe der Beweidung, Intensivierung) und durch Aufforstung. Mahd oder Schafbeweidung kann der Art abträglich sein, wenn sie zum falschen Zeitpunkt oder zu intensiv erfolgt.

Kurzschwänziger Bläuling

Cupido argiades
(PALLAS, 1771)
→ Tafel Seite 190

Merkmale Falter: C. *argiades* unterscheidet sich durch die Flügelzipfel und die beiden kräftigen orangefarbenen Randmale auf der Hinterflügelunterseite von den übrigen heimischen Bläulingen. Ei: klein, weißlich, kugelförmig, mit unregelmäßiger Wabenstruktur (Foto). Raupe: gelbgrün bis grün, oft mit rotem Seitenstreifen.

Lebensraum/Lebensweise: Extensiv genutztes Grünland feuchter bis trockener Standorte, aber auch Klee- und Luzernefelder. Ruderalflächen, Brachen und andere Biotope der offenen Kulturlandschaft. Präferenz für gelb blühende Schmetterlingsblütler, daneben auch Rot-Klee, Luzerne und Blutweiderich. Blüten von Rot-Klee, Gewöhnlichem Hornklee, Sumpf-Hornklee und Luzerne. Verpuppung zwischen trockenen Blättern.

Nachweis: 1) Falter (manchmal bis zu 3 Generationen, z. B. in der Oberrheinebene, bis September). 2) Suche nach Eiern an Blütenknospen der genannten Schmetterlingsblütler (Foto: Ei an Luzerne-Blütenknospe).

Gefährdung/Schutz: Rote Liste BRD (1998): 2. – In der südlichen Oberrheinebene ist die Art derzeit in zahlreichen Gebieten gut vertreten und ungefährdet. Als Folge einiger überdurchschnittlich warmer Jahre konnte sie sich sogar stark ausbreiten.

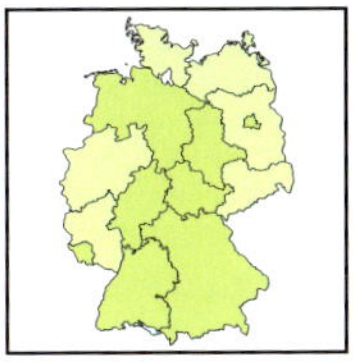

SH 1/+	HH –	MV R/+	NI 3/+
ST 3/+	BE –/+	BB 2/+	SN R/+
TH –/+	HE 3/+	NW 2/+	RP 2/+
SL 3/+	BW 3/+	BY V/+	D V/+

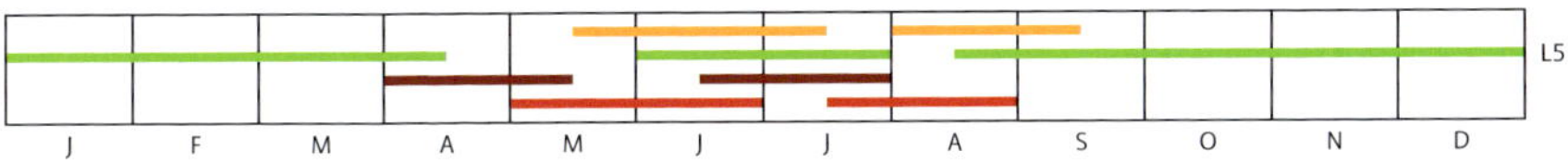

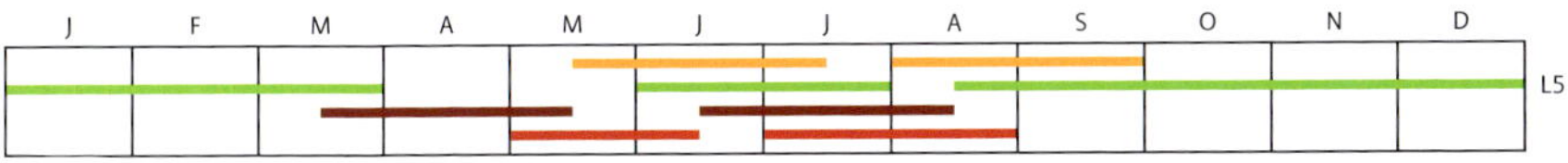

SH –/x	HH –	MV 0/x	NI –/o
ST 0/+	BE –	BB 1/+	SN 1/+
TH 0/x	HE 0/x	NW 0/o	RP 3/+
SL 0/x	BW 2/+	BY 0/+	D 2/+

Faulbaum-Bläuling
Celastrina argiolus
(LINNAEUS, 1758)
→ Tafel Seite 190

Merkmale Falter: Flügelunterseiten silbrig hellblau mit 5 länglichen schwarzen Flecken auf der Vorderflügelunterseite. Ei: weißlich mit wabenartiger Oberflächenstruktur (Foto). Raupe: variables Grün mit rötlichem Rückenstreifen.

Lebensraum/Lebensweise: Entsprechend der relativen Polyphagie (S. 232) der Raupen dieser Art wird ein breites Spektrum an trockenen bis feuchten Biotopen besiedelt. Zu nennen sind Waldmäntel, Lichtungen, buschreiche Trockenhänge, Heidegebiete, Feuchtbrachen und selbst Grünflächen inmitten von Großstädten (z. B. Parks, Gärten). Eine Vielzahl von Arten, z. B. Faulbaum, Brombeere, Heidekraut, Sommerflieder, Vogel-Wicke. Eine Vielzahl von Pflanzenarten, z. T. regional unterschiedlich; z. B. BW: Hopfen, Brombeere, Mädesüß, Weißer Steinklee, Luzerne, Bärenschote, Faulbaum, Blutweiderich, Efeu, Blutroter Hartriegel, Heidekraut, Liguster. In TH z. B. auch an Kreuzdorn und Färberginster. Die Raupen verpuppen sich an Blattunterseiten.

Nachweis: 1) Falter (ab April in mehreren Generationen bis August). 2) Suche nach Eiern der Sommergeneration an Blütenständen z. B. des Blutweiderichs (Fotos).

Gefährdung/Schutz: Rote Liste BRD (1998): nicht gefährdet. – Hinweise auf eine Gefährdung von *C. argiolus* gibt es zurzeit nicht, eine Einstufung in die Roten Liste der Länder ist nur bei wenigen erfolgt.

Alexis-Bläuling
Glaucopsyche alexis
(PODA, 1761)
→ Tafel Seite 193

Merkmale Falter: Von *Polyommatus semiargus* (S. 100) durch die smaragdgrüne Färbung der Hinterflügelbasis zu unterscheiden und dadurch, dass bei *G. alexis* die Größe der Flecken auf der Vorderflügelunterseite von vorn nach hinten zunimmt (Foto). Beratung durch Spezialisten ist wegen Verwechslungsmöglichkeiten mit anderen Bläulingen sinnvoll. Ei: weißlich, flachgedrückt, feinwabig. Raupe: cremig grau-gelblich mit 3 roten Rückenstreifen (Foto). Myrmekophil (S. 232).

Lebensraum/Lebensweise:, Trockenwarme Waldsäume (v. a. Mittelwälder), Böschungen, Magerrasen und Weinbergsbrachen. Esparsette, Hornklee, Hufeisenklee, Wiesen-Platterbse, Süßer Tragant, aber auch an feuchten Erdstellen. Verschiedene Schmetterlingsblütler, z. B. Färber-Ginster, Echter Steinklee, Weißer Steinklee, Luzerne, Sichel-Luzerne, Tragant-Arten, Bunte Kronwicke, Saat-Esparsette oder Vogel-Wicke. Überwinterung als Puppe in der Streuschicht.

Nachweis: Falter.

Gefährdung/Schutz: BArtSchV (1999): besonders geschützt, Rote Liste BRD (1998): 3. – Bezüglich der Gefährdung und Sicherung magerer Waldsäume und Lichtungen gilt Ähnliches wie für zahlreiche andere Arten. Das Zuwachsen trockener Hänge sollte durch geeignete Pflegemaßnahmen unterbunden werden (Entbuschung, extensive Beweidung oder Mahd).

SH –/+	HH 3/+	MV –/+	NI V/+
ST –/+	BE –/+	BB –/+	SN –/+
TH –/+	HE –/+	NW –/+	RP V/+
SL –/+	BW –/+	BY –/+	D –/+

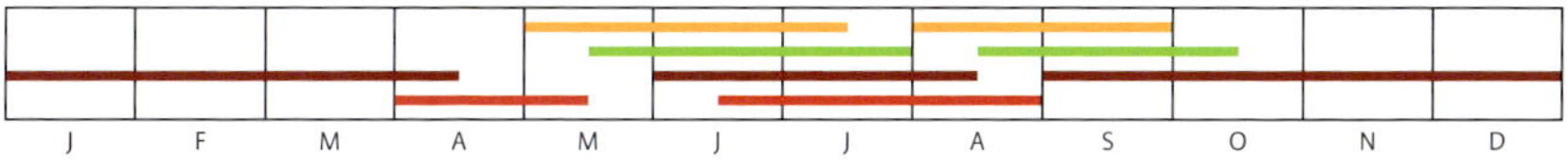

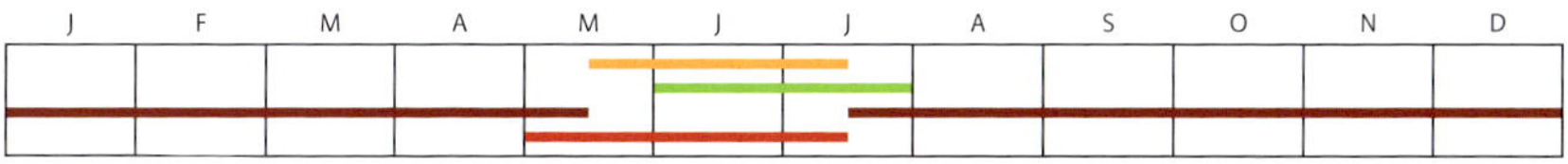

SH –	HH –	MV 0/o	NI 0/o
ST 0/x	BE –	BB 0/o	SN R/+
TH 1/+	HE 1/+	NW 0/x	RP 2/+
SL 3/+	BW 3/+	BY 2/+	D 3/+

Heller Wiesenknopf-Ameisenbläuling

Maculinea teleius (BERGSTRÄSSER, [1779])

→ Tafel Seite 192

Merkmale Falter: Von *M. arion* (S. 88) durch stark verdunkelte Adern auf den Flügeloberseiten bei den Männchen und die dunkleren Unterseiten der Hinterflügel (wo blaugrüne Bestäubung völlig fehlt) bei beiden Geschlechtern unterschieden. Gegenüber *M. nausithous* (s. u.) 2 Fleckenreihen auf Flügelunterseite (bei *M. nausithous* nur eine). Ei: weißlich, abgeflacht, nahezu glatt. Raupe: rosa (Abb. unten und Foto).

Lebensraum/Lebensweise: Feuchtwiesen; Ränder von Gräben, Gewässern und Mooren mit Vorkommen der Fraßpflanzen. Großer Wiesenknopf, Heil-Ziest, Vogel-Wicke, Blutweiderich, Kleine Brunelle. Eiablage ins Innere der Blütenköpfe des Großen Wiesenknopfes. Ei von außen nicht sichtbar. L4 verlässt Fraßpflanze und wird von Ameisen (v. a. *Myrmica scabrinodis*, aber auch *M. rubra*) adoptiert. Rest der Entwicklung im Ameisennest, wo Raupen räuberisch von der Ameisenbrut leben.

Nachweis: 1) Nach Flugzeit Entnahme von Stichproben von Wiesenknopf-Blütenköpfen aus denen L4-Raupen schlüpfen (speziell bei geringen Falter-Dichten geeignete, aber genehmigungspflichtige Methode); Raupen lassen sich von *M. nausithous* eindeutig unterscheiden (Abb. unten). 2) Falter.

Gefährdung/Schutz: BArtSchV (1999): streng geschützt, Rote Liste BRD (1998): 2, FFH-Richtlinie: Anhang II + IV. – Schutzmaßnahmen müssen Habitatansprüche der Ameisen einbeziehen. Gefährdung durch Habitatverlust und Unterlassen von Mahd oder Beweidung. Haupt-Wirtsameise *M. scabrinodis* scheint empfindlicher zu reagieren als *M. rubra* (einziger Wirt von *M. nausithous*).

Dunkler Wiesenknopf-Ameisenbläuling

Maculinea nausithous (BERGSTRÄSSER, [1779])

→ Tafel Seite 192

Merkmale Falter: Flügelunterseiten einfarbig dunkelbraun; Augenflecken der Randbinde fehlen (vgl. Foto und *M. teleius*, s.o.). Ei: kugelig, weiß mit feinem Netzmuster. Raupe: rosa (nebenstehende Abb. und Foto).

Lebensraum/Lebensweise: Im Sommer blühende Wiesenknopf-Bestände (Brachen, Säume, Wiesen) & ausschließlich Großer Wiesenknopf. Eiablage ins Innere der Blütenköpfe, Ei von außen nicht sichtbar. Wirtsameise ausschließlich *Myrmica rubra*.

Nachweis: 1) L4-Raupe (vgl. *M. teleius*; Raupen lassen sich anhand der nebenstehenden Abb. eindeutig unterscheiden). 2) Falter.

Gefährdung/Schutz: BArtSchV (1999): streng geschützt, Rote Liste BRD (1998): 3, FFH-Richtlinie: Anhang II + IV. – Schutzmaßnahmen sollten auf die Förderung selten gemähter Bestände der Wirtspflanze zielen.

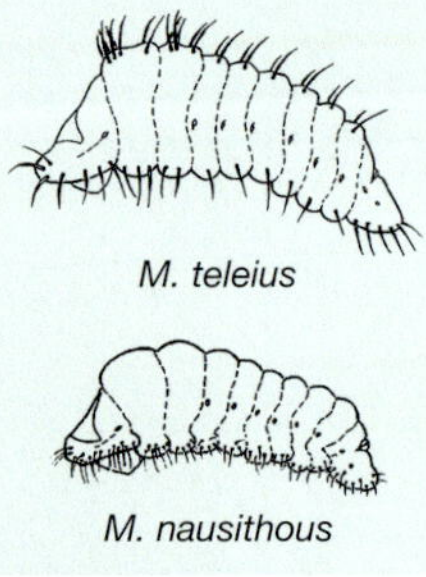

Gesamterscheinung der L4-Raupen von *Maculinea teleius* und *M. nausithous*

Die langen Rückenhaare von *M. teleius* fehlen bei M. *nausithous*. Rückensegmente bei *M. teleius* höckerartig.

SH –	HH –	MV ?	NI 1/+
ST 0/x	BE 0/x	BB 1/+	SN 1/+
TH 1/+	HE 1/+	NW 1/+	RP 2/+
SL 1/+	BW 2/+	BY 2/+	D 2/+

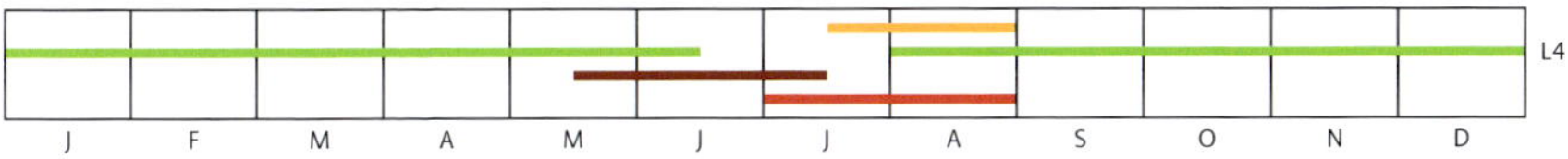

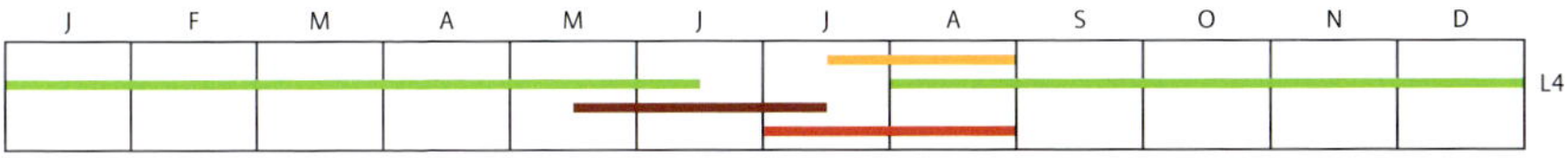

SH –	HH –	MV ?	NI 1/+
ST 1/+	BE –	BB 1/+	SN 3/+
TH 2/+	HE 3/+	NW 2/+	RP 2/+
SL 1/+	BW 2/+	BY 3/+	D 3/+

Lungenenzian-Ameisenbläuling

Maculinea alcon ([DENIS & SCHIFFERMÜLLER], 1775) → Tafel Seite 193

Merkmale Falter: *M.alcon* kann morphologisch nicht sicher von *M. rebeli* (s. u.) unterschieden werden (und der Status der beiden Arten ist noch umstritten). Wichtige Hinweise auf die Artzugehörigkeit kann man allerdings aus der Fundortbeschreibung ziehen. Während *M. alcon* eher feuchte Standorte mit Lungen- oder Schwalbenwurz-Enzian bewohnt, findet man *M. rebeli* in trockeneren Gebieten mit Kreuz-Enzian. Ei: weiß, abgeflacht mit feinwabiger Oberflächenstruktur. Raupe: ähnlich *M. teleius* und *M. nausithous* (S. 84).

Lebensraum/Lebensweise: Pfeifengraswiesen und Feuchtheiden mit Enzianvorkommen. Lungen-Enzian, Acker-Kratzdistel, Heidekraut. Eiablage an die Blütenstände von Lungen- oder Schwalbenwurz-Enzian. Die L4 wird in Nester von Knotenameisen (*Myrmica ruginodis, M. scabrinodis, M. rubra*) eingetragen, wo sich die restliche Entwicklung vollzieht. Raupen werden von den Ameisen gefüttert, weshalb wie bei *M. rebeli* (s. u.) und im Gegensatz zu den anderen drei räuberischen Ameisenbläulingen mehr Falter pro Ameisennest überleben können.

Nachweis: 1) Suche nach Eiern an Blütenknospen/-kelchen von Lungen- (Foto) und Schwalbenwurz-Enzian. 2) Falter.

Gefährdung/Schutz: BArtSchV (1999): besonders geschützt, Rote Liste BRD (1998): 2. – Wie bei den übrigen Ameisenbläulingen ist darauf zu achten, die Pflegemaßnahmen besonders sorgsam auszuwählen, damit sie auf den Entwicklungszyklus des Falters, die Raupenfraßpflanze und die Anforderungen der Wirtsameise abgestimmt sind.

Kreuzenzian-Ameisenbläuling

Maculinea rebeli (HIRSCHKE, 1904)
→ Tafel Seite 193

Merkmale: Siehe *M. alcon* (s. o.).

Lebensraum/Lebensweise: Kalkmagerrasen mit Kreuz-Enzian-Vorkommen. Gemeiner Hornklee, Futter-Esparsette, Knollen-Platterbse. Eiablage an Blüten (und Blättern) von Kreuz-Enzian. Adoption als L4 durch Knotenameisen (in Deutschland v. a. *Myrmica sabuleti*; ansonsten auch *M. schencki, M. ruginodis* und *M. scabrinodis* als Wirte bekannt). Die Raupen werden dabei von den Ameisen gefüttert (vgl. Text bei *M. alcon*, s. o.).

Nachweis: 1) Suche nach Eiern an Blütenknospen/-kelchen von Kreuz-Enzian (Foto). 2) Falter.

Gefährdung/Schutz: BArtSchV (1999): besonders geschützt, Rote Liste BRD (1998): 2. – Schutz von Kalkmagerrasen mit Kreuz-Enzian-Beständen und Vorkommen der Wirtsameisen. Da der Kreuz-Enzian auf die Störung durch Landnutzung (zum Beispiel Schaffung offener, vegetationsfreier Stellen durch Viehtritt) zur Keimung angewiesen ist (Störungszeiger!), muss in den Habitaten eine entsprechende Nutzung durchgeführt bzw. simuliert werden (was durch Pflegemaßnahmen gut möglich ist).

Zusatzinformationen zu den *Maculinea*-Ameisenbläulingen: Weitere Informationen zur Ökologie und zum Schutz von Ameisenbläulingen sind auf der Internetseite des EU-Projektes MacMan „Maculinea Butterflies of the Habitat's Directive and the European Red List as Indicators and Tools for Conservation and Management" zu finden (www.macman-project.de; siehe auch S. 249).

SH 1/+	HH 1/+	MV 1/+	NI 1/+
ST 0/x	BE 0/x	BB 0/o	SN 0/+
TH –	HE –	NW 1/+	RP 1/x
SL –	BW 2/+	BY 2/+	D 2/+

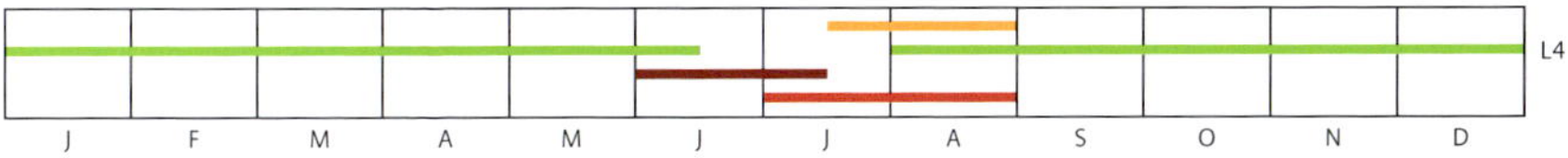

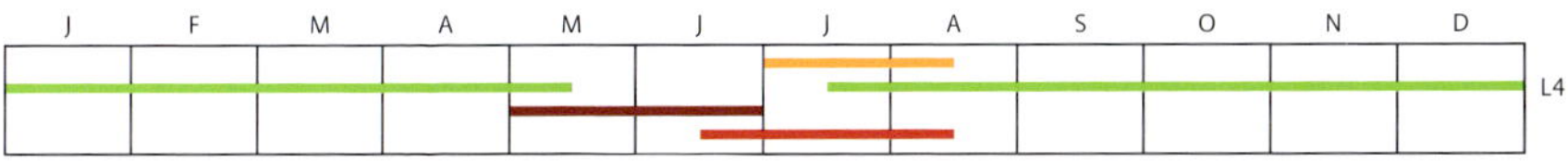

SH –	HH –	MV –	NI –
ST (E)	BE –	BB –	SN ?
TH 1/+	HE R/+	NW 2/+	RP 1/+
SL –	BW 2/+	BY 2/+	D 2/+

Thymian-Ameisenbläuling
Maculinea arion
(LINNAEUS, 1758)

→ Tafel Seite 193

Merkmale Falter: Im Gegensatz zu den übrigen vier Ameisenbläulingen ist die Basis der Hinterflügelunterseite blau übergossen. Ei: weißlich mit feinwabiger Oberflächenstruktur. Raupe: rosa, *Maculinea*-typisch (S. 84 f.)
Lebensraum/Lebensweise: In kühleren Regionen Bindung an kurzrasige, meist beweidete Magerrasen mit Thymian. Nur in Wärmegebieten mit Weinbauklima (z. B. Kaiserstuhl) auch höherwüchsige, wärmeliebende Saumgesellschaften mit Gemeinem Dost. Breites Spektrum; Nektarhabitate können auch mesophile, nährstoffreiche Standorte sein. Thymian-Arten, Gemeiner Dost (Eiablage in Blütenstände). Im Sommer lässt sich die Raupe von der Fraßpflanze fallen und wird von Ameisen (*Myrmica sabuleti*) in deren Nester eingetragen. Die Raupen leben im Ameisenbau räuberisch (von der Ameisenbrut) und überwintern dort. Verpuppung und Schlupf innerhalb der Ameisennester.
Nachweis: 1) Falter. 2) Suche nach Eiern in Blütenköpfchen von Thymian (Foto), wobei bevorzugt solitäre Blüten abgesucht werden sollten. Eier sind an Dost hingegen schlechter auffindbar.
Gefährdung/Schutz: BArtSchV (1999): streng geschützt, Rote Liste BRD (1998): 2. FFH-Richtlinie, Anhang II + IV. – Schutzmaßnahmen müssen (wie bei allen *Maculinea*-Arten) die Habitatansprüche der Ameisen mit einbeziehen. Neben direktem Habitatverlust wirkt sich auch die Nutzungsaufgabe negativ aus (Unterlassen von Beweidung oder Mahd). Häufig reagieren die Wirtsameisen empfindlicher als die Fraßpflanzen.

Fetthennen-Bläuling
Scolitantides orion
(PALLAS, 1771)

→ Tafel Seite 195

Merkmale Falter: Flügelunterseiten mit großen schwarzen Flecken und kräftigem orangefarbenem Band auf den Hinterflügeln. Die Weibchen der 2. Generation sind oberseits fast völlig schwarz. Verwechslungen mit *S. baton/schiffermuelleri* (S. 90) sind möglich, *S. orion* ist aber in der Regel größer. Ei: weiß, deutlich abgeflacht mit länglichen, schlitzförmigen Vertiefungen (Foto). Raupe: grün bis bläulich grün wie die Fraßpflanze, mit weinrotem Rückenstreifen. Myrmekophil (S. 232).
Lebensraum/Lebensweise: Flusstäler mit xerothermen Felshängen, Schotterhalden und Weinbergen; auch aufgelassene Steinbrüche. Entscheidend sind sonnenexponierte Felsen oder auch Trockenmauern, wo die Fraßpflanzen wachsen und gleichzeitig eine gewisse Luftfeuchte (Flusswasser) herrscht. Z. B. Turmkraut, Fetthenne, Hirtentäschel, Storchschnabel, Dost. Große Fetthenne und Purpur-Fetthenne.
Nachweis: 1) Suche nach Eiern an Stielen und auf Blättern der Fraßpflanzen oder nach Raupen anhand von Fraßspuren und Ameisenbesuch (Foto: Ei und Raupe). 2) Falter (in West-/Süddeutschland 1 Generation, vgl. Diagramm; im östlichen Deutschland 2 Generationen von Ende April bis Ende August).
Gefährdung/Schutz: BArtSchV (1999): streng geschützt, Rote Liste BRD (1998): 1. – Die wenigen noch existierenden Populationen in Südwest- und Südostdeutschland müssen überwacht und (soweit noch nicht geschehen) unter Schutz gestellt werden. Gelegentliches Freischneiden des Buschwerkes ist erforderlich. Lebensräume der Art sind meist schon aufgrund ihrer sonstigen floristischen und faunistischen Ausstattung schutzwürdig.

Glaucopsyche arion

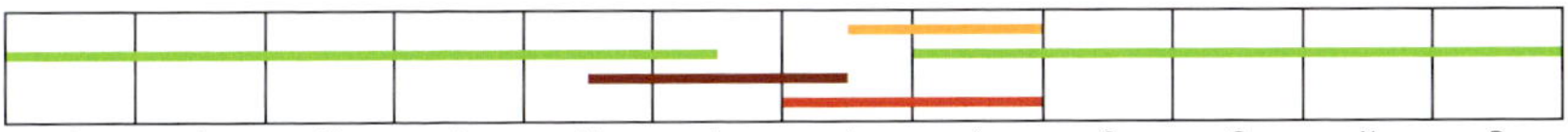

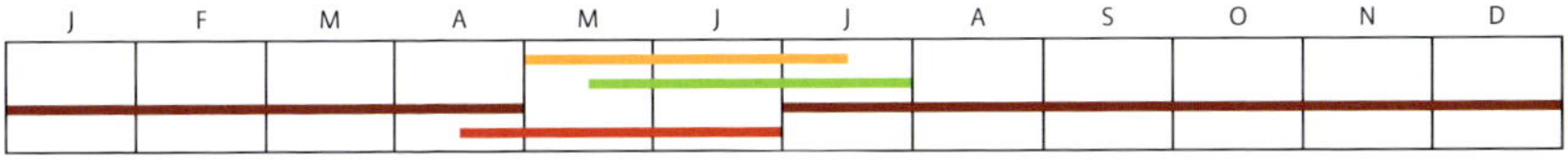

SH –	HH –	MV –	NI 0/x
ST 0/x	BE –	BB –	SN 2/+
TH 1/+	HE R/+	NW 0/+	RP 1/+
SL –	BW 0/E	BY 1/+	D 1/+

Westlicher Quendel-Bläuling
Scolitantides baton (BERGSTRÄSSER, [1779])

→ Tafel Seite 195

Merkmale Falter: Männchen oberseits hellblau, Weibchen dunkler. Unterseite kräftig gezeichnet mit oranger Punktreihe (Foto), jedoch weniger kontrastreich als bei S. *orion* (S. 88). Sichere Unterscheidung von S. *schiffermuelleri* (s.u.) nur durch Spezialisten (vgl. Abb. S. 91 unten). Raupe: „bunt", der Thymianblüte angepasst (Foto).
Lebensraum/Lebensweise: Trockene, felsige Hänge, sonnenexponierte (heiße) Schutthalden, trockene Magerrasen und Heidegebiete, regional auch trockene Flächen in entwässerten Mooren. ❀ Hornklee, Gewöhnlicher Thymian, Sandköpfchen, Natternkopf, Brennender Hahnenfuß, Großer Ehrenpreis; auch saugend an menschlichem Schweiß nachgewiesen. Gewöhnlicher Thymian. Die Verpuppung findet in der Streuschicht statt.
Nachweis: Falter (2 Generationen).
Gefährdung/Schutz: BArtSchV (1999): besonders geschützt, Rote Liste BRD (1998): 2. – Wichtigster Gefährdungsfaktor ist die Aufgabe extensiver Beweidungsformen innerhalb der verbliebenen Vorkommensareale, wichtigste Schutzmaßnahme folglich deren konsequente Fortführung. Die Vorkommen der Art beschränken sich auf wenige Orte.

Östlicher Quendel-Bläuling
Scolitantides schiffermuelleri (HEMMING, 1929)

→ Tafel Seite 195

Merkmale Falter: Sichere Unterscheidung von S. *baton* (s.o.) nur durch Spezialisten (vgl. Abb. rechts). Raupe: wie S. *baton* (s.o.).
Lebensraum/Lebensweise: Sand-Thymian-Bestände an sonnigen, heißen Stellen auf extrem nährstoffarmen Sandböden (Rohbödenaufschlüsse, Kiesgruben, Braunkohlenbergbaufolge) in Nordost-Sachsen und Südwest-Brandenburg. ❀ 1. Generation: blühende Habichtskräuter; 2. Generation: Sand-Thymian. Sand-Thymian.
Nachweis: Falter.
Gefährdung/Schutz: BArtSchV (1999): streng geschützt, Rote Liste BRD (1998): 1. – Der Verbreitungsschwerpunkt von *P. schiffermuelleri* liegt in Südosteuropa. Ihre nordwestliche Vorkommensgrenze verläuft durch Brandenburg und Sachsen. Aufforstung, Rekultivierung von Tagebaurestlöchern oder Bewuchs von Leitungstrassen sind Gefährdungsfaktoren dieser ohnehin selten auftretenden Art.
Besonderheiten: Über die Art ist aus Deutschland nicht sehr viel bekannt. Von manchen Autoren wird sie nicht als eigene Art geführt, sondern zu S. *baton* gestellt.

Abb. rechts: Genitalapparate (Valven) der Männchen der beiden Quendel-Bläulinge. Die Valve von S. *baton* besitzt einen zweiten Zahn und ist nicht so gedrungen wie die von S. *schiffermuelleri*.

SH –	HH –	MV –	NI –/E
ST 1/+	BE –	BB –	SN –
TH 1/+	HE 2/+	NW 2/+	RP 2/+
SL 2/+	BW 3/+	BY 1/+	D 2/+

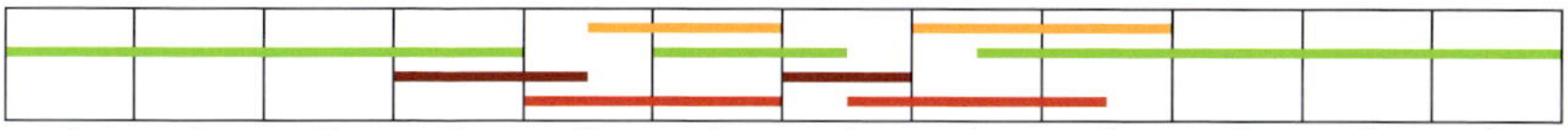

SH –	HH –	MV –	NI –
ST –	BE 0/x	BB 1/+	SN 1/+
TH –	HE –	NW –	RP –
SL –	BW –	BY D/+	D 1/+

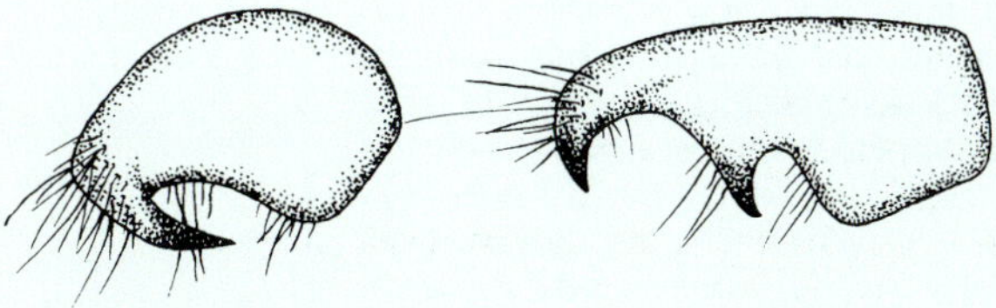

Ginster-Bläuling
Plebeius idas
(LINNAEUS, 1761)
→ Tafel Seite 194

Merkmale Falter: Metallisch blaue Punkte in der Randbinde der Hinterflügelunterseite. Im Unterschied zu *P. argus* (S. 94) fehlt wie bei *P. argyrognomon* (s. u.) der Dorn auf Vorder- und Mitteltibia (s. Abb. S. 94). Wie bei *P. argyrognomon* schwarzer Rand der Flügeloberseiten viel schmaler als bei *P. argus*. Von *P. argyrognomon* nur durch Spezialisten zu unterscheiden (s. Abb. unten). Ei: weißlich, flach mit wabenartiger Oberflächenstruktur, die zum Rand hin gröber wird. Raupe: grün (ähnlich *P. argyrognomon*, s. u.), blassgelbe Rücken- und Seitenstreifen.

Lebensraum/Lebensweise: Mittelwälder (Steigerwald), Besenginsterheiden, Schlagfluren, Waldschneisen, mit Ginster bewachsene Wegränder, Kalkmagerrasen (Saarland), verheidete Moore, Böschungen und Kiesgruben. Oft gemeinsam mit *P. argus* vorkommend, aber meist viel seltener. ❀ Hornklee, Weiß-Klee, Goldrute, Sandköpfchen. 🍃 Besenginster, Heidekraut, Erika, Sonnenröschen, Gewöhnlicher Hornklee, Feld-, Wund-, Steinklee, Esparsetten-Tragant, Goldregen (regional). Myrmekophil (S. 232).

Nachweis: 1) Falter. 2) Bei Populationen an Besenginster, *Genista*-Arten und Sanddorn Suche nach Eiern im Herbst (Foto) oder Raupensuche anhand der „Ameisengarde". Populationen an Heidekraut sind hingegen anhand der Eier bzw. Raupen schwieriger nachzuweisen.

Gefährdung/Schutz: BArtSchV (1999): besonders geschützt, Rote Liste BRD (1998): 2. – Verbuschung, Aufforstung und forstliche Nutzungsänderungen gefährden die Art.

Kronwicken-Bläuling
Plebeius argyrognomon
(BERGSTRÄSSER, [1779])
→ Tafel Seite 194

Merkmale Falter: Siehe *P. idas* (oben). Ei: weißlich, abgeflacht mit wabenartiger Oberflächenstruktur, die zum Rand hin gröber wird. Raupe: grün mit dunklem, hell gesäumtem Rückenstreifen und schmalen, hellen Seitenstreifen.

Lebensraum/Lebensweise: Beschränkt auf Wärmegebiete (Weinbauklima), hier v. a. trockene Saumgesellschaften (Böschungen) und Brachen (v. a. in Weinbergen), aber auch in Steinbrüchen und Kiesgruben. ❀ Hornklee, Dost, Skabiosen-Flockenblume, Wiesen-Platterbse, Thymian, Pippau, Pastinak; auch an feuchten Erdstellen festgestellt. 🍃 Bunte Kronwicke, Bärenschote.

Nachweis: 1) Falter. 2) Eier (Foto), in der Regel am Stängel der Fraßpflanze.

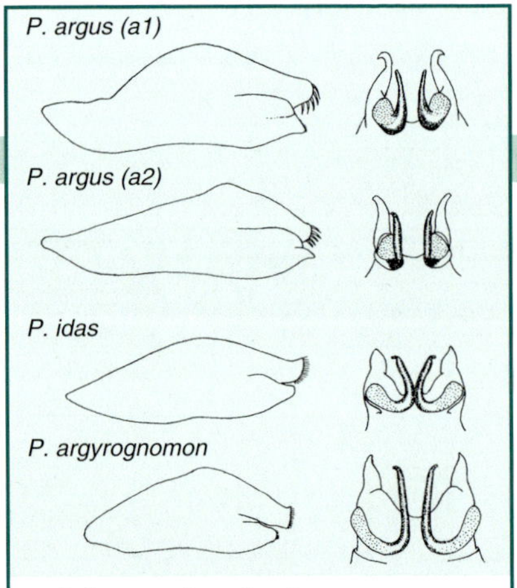

Genitalapparat der Männchen von *P. argus* (a1: Individuum eines Trocken-, a2: Ind. eines Feuchtstandorts), *P. idas* und *P. argyrognomon*, jew. links Valve und rechts Uncus. Die Zähnchen an der Valvenspitze von *P. idas* sind feiner als die von *P. argus*, aber größer als die von *P. argyrognomon*.

Gefährdung/Schutz: BArtSchV (1999): besonders geschützt, Rote Liste BRD (1998): 3. – Gebietsweise gefährdet durch das allmähliche Zuwachsen offener Trockenbiotope.

SH 2/+	HH 1/+	MV 3/+	NI 2/+
ST 2/+	BE 0/x	BB 2/+	SN 3/+
TH 1/+	HE 0/+	NW 0/x	RP 1/+
SL 1/+	BW 1/+	BY 2/+	D 2/+

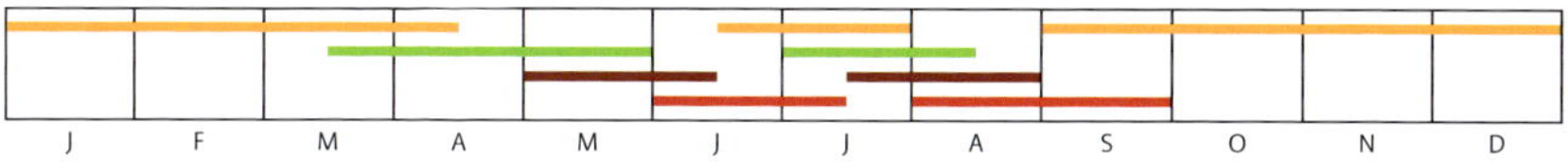

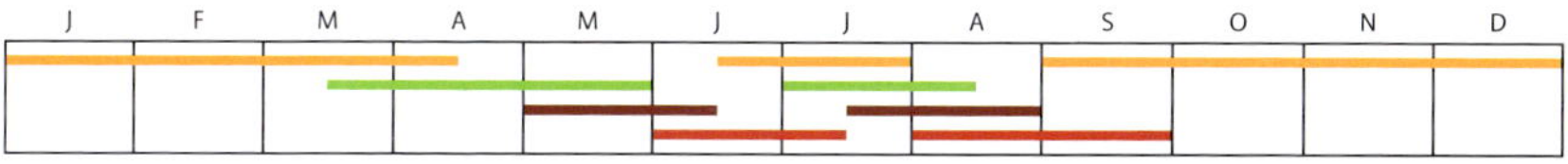

SH –	HH –	MV –	NI –
ST –	BE –	BB 0/o	SN –
TH 1/+	HE 1/+	NW 0/o	RP 3/+
SL R/+	BW 3/+	BY V/+	D 3/+

Geißklee-Bläuling
Plebeius argus
(LINNAEUS, 1758)
→ Tafel Seite 194

Merkmale Falter: *P. argus* unterscheidet sich von *P. idas* (S. 92) und *P. argyrognomon* (S. 92) durch einen Sporn außen an der Spitze der Vordertibia (s. Abb. rechts). Bei Unsicherheit sollten Spezialisten konsultiert werden. Kleinster der drei Silberfleck-Bläulinge mit breitem schwarzem Rand auf der Flügeloberseite. Flügelunterseite der Männchen bläulich; schwarze Punkte ausgeprägter als bei *P. idas* (Foto: Paarung). Raupe: variable Farbe (grün, braun) mit weiß gerandetem, sehr dunklem Rückenstreifen (Foto).

Lebensraum/Lebensweise: Heidelandschaften, Magerrasen, magere Schlagfluren, Böschungen und Wegränder, Massenvorkommen aber auch in Hochmooren des Alpenvorlandes. Thymian, Heidekraut, Glocken-Heide u.a. Heidekraut, Gewöhnlicher Hornklee, Hufeisenklee, Bunte Kronwicke und weitere Schmetterlingsblütler.

Nachweis: Falter.

Gefährdung/Schutz: BArtSchV (1999): besonders geschützt, Rote Liste BRD (1998): 3. – Gefährdung durch Nutzungsaufgabe von Heideland und Halbtrockenrasen; Trockenlegung und/oder Eutrophierung von Feuchtwiesen und Moorgebieten.

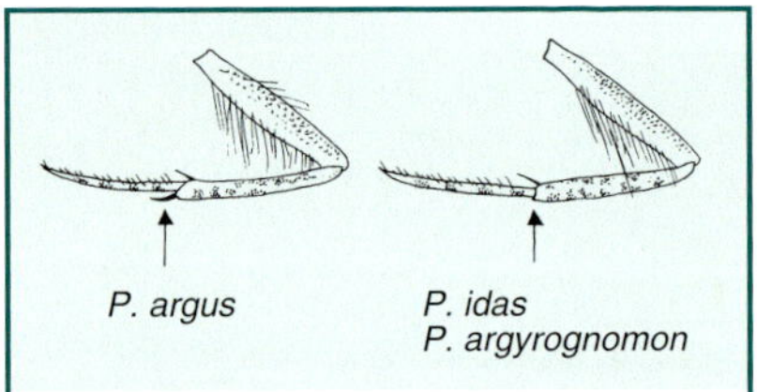

Vorderbein von *P. argus* mit Sporn (Pfeil) außen an der Tibia-Spitze; *P. idas* und *P. argyrognomon* fehlt dieser Sporn.

Hochmoor-Bläuling
Plebeius optilete
(KNOCH, 1781)
→ Tafel Seite 194

Merkmale Falter: Ein großer, auffälliger roter Randfleck auf der Hinterflügelunterseite mit metallisch blauem Kern (Foto). Ei: weißlich mit feinwabiger Oberflächenstruktur und undeutlicher Eintiefung am Pol (Foto: Ei an Rauschbeere). Raupe: grün mit gelben Seitenstreifen.

Lebensraum/Lebensweise: In Süddeutschland Hochmoore, in Norddeutschland moorige Nadelwaldbereiche; im Küstengebiet MV Hochmoore, weiter südlich auch andere oligotrophe, saure Moore. Moosbeere, Sumpf-Blutauge, Sumpf-Weidenröschen, Sumpf-Kratzdistel, Wiesen-Wachtelweizen, Glocken-Heide sowie an nassem Torfmoos. Rauschbeere und Moosbeere.

Nachweis: Falter.

Schutz/Gefährdung: BArtSchV (1999): besonders geschützt, Rote Liste BRD (1998): 2. – Das Überleben von *P. optilete* hängt von der Erhaltung der letzten noch verblieben Moorstandorte in Deutschland ab. Selbst konsequenter Flächenschutz kann aber nicht verhindern, dass über den Ferntransport eingetragene Nährstoffe zur Eutrophierung und Denaturierung der Moore führen. Entwässerung und Aufforstung der trockengelegten Flächen schränken den Lebensraum der Art noch weiter ein.

SH	HH	MV	NI
3/+	V/+	2/+	V/+
ST	BE	BB	SN
3/+	0/+	2/+	3/+
TH	HE	NW	RP
–/+	3/+	2/+	3/+
SL	BW	BY	D
3/+	–/+	V/+	3/+

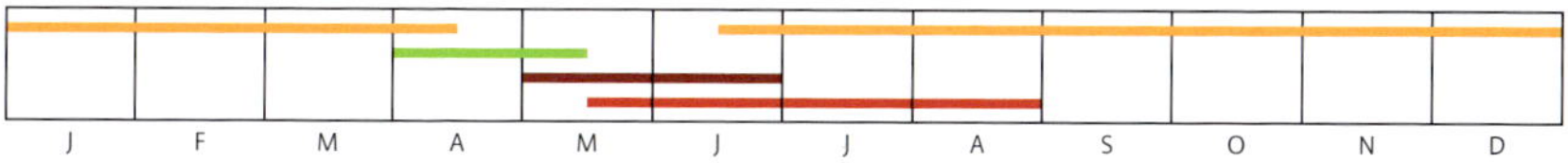

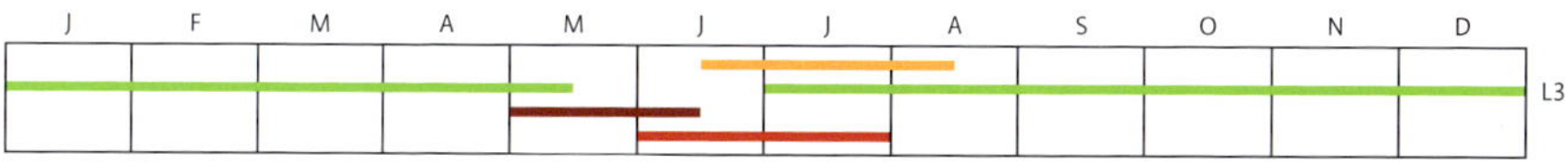

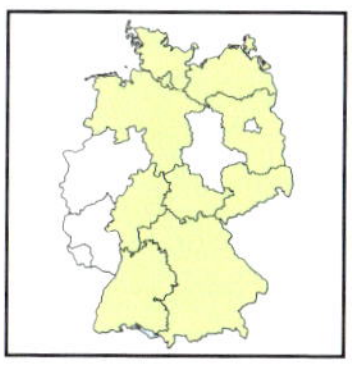

SH	HH	MV	NI
1/+	1/+	2/+	1/+
ST	BE	BB	SN
–	0/x	1/+	1/+
TH	HE	NW	RP
1/+	R/+	0/x	–
SL	BW	BY	D
–	2/+	2/+	2/+

Kleiner Sonnenröschen-Bläuling

Polyommatus agestis ([DENIS & SCHIFFERMÜLLER], 1775) ⟶ Tafel Seite 195

Merkmale Falter: *P. agestis* und *P. artaxerxes* (s. u.) bilden morphologisch einen äußerst problematischen Artenkomplex. Beide Arten sind in beiden Geschlechtern auf den Flügeloberseiten braun. Da auch aufwändige Methoden bei bestimmten Exemplaren keine sichere Unterscheidung erlauben, wird davon abgeraten, die beiden Arten im Zuge einer normalen Freilanderhebung überhaupt trennen zu wollen. Tiere mit ausgeprägter orangefarbener Fleckenreihe auf der Flügeloberseite (Foto) sind eher *P. agestis* zuzuordnen. Ei: weiß, rundlich mit wabenartiger Oberflächenstruktur. Raupe: grün, borstig behaart mit dunkelroten Rücken- und Seitenstreifen.

Lebensraum/Lebensweise: Ein relativ breites Spektrum an Biotopen: Kalkmager- und Sandtrockenrasen, sandige Ackerbrachen – trockene Lichtungen, Kies- und Sandgruben, aber auch Fettwiesen (s. u.). Z. B. Dost, Tauben-Skabiose, Goldrute, Sandköpfchen, Hornklee, Kamille, Astern-Arten. Schlitzblättriger Storchschnabel, Zwerg-Storchschnabel, Pyrenäen-Storchschnabel, Weicher Storchschnabel, Wiesen-Storchschnabel und Gewöhnliches Sonnenröschen. In Südwestdeutschland seit Anfang der 1990er-Jahre stetiges Vorkommen in Fettwiesen mit Wiesen- oder Wald-Storchschnabel.

Nachweis: 1) Falter (mitunter eine 3. Generation). 2) Suche nach Eiern vor allem auf Blattoberseiten der Fraßpflanzen (Foto).

Gefährdung/Schutz: BArtSchV (1999): besonders geschützt, Rote Liste BRD (1998): V. – Die Art ist regional in Ausbreitung begriffen.

Großer Sonnenröschen-Bläuling

Polyommatus artaxerxes (FABRICIUS, 1793) ⟶ Tafel Seite 195

Merkmale Falter: Siehe *P. agestis* (s. o.). Eindeutige Bestimmung nur durch Spezialisten möglich. Ei: weiß, rundlich mit wabenartiger Oberflächenstruktur. Raupe: nahezu identisch mit der von *P. agestis* (s. o.).

Lebensraum/Lebensweise: Gegenüber *P. agestis* zeigt *P. artaxerxes* deutlich ausgeprägtere Präferenz von offenen, trockenwarmen Standorten, vor allem in kalkreichen Magerrasen des Hügellandes und der Mittelgebirge. Soweit bekannt z. B. Thymian, Hornklee, Sonnenröschen, Sichel-Luzerne, Dost. Sonnenröschen-Arten (ob auch Storchschnabel-Arten als Raupenfraßpflanzen dienen, ist noch zu klären). Verpuppung in der Streuschicht.

Nachweis: 1) Falter (im Gegensatz zu *P. agestis* bildet *P. artaxerxes* stets nur 1 Generation). 2) Suche nach Eiern auf Blattoberseiten von Sonnenröschen-Arten (Foto).

Gefährdung/Schutz: BArtSchV (1999): besonders geschützt, Rote Liste BRD (1998): V. – Obwohl die Art spezialisierter und weniger verbreitet ist als *P. agestis*, sind ihre Bestände derzeit nicht akut bedroht und durch Offenhaltung bestehender Kalkmagerrasen nachhaltig zu sichern.

SH	HH	MV	NI
V/+	1/+	3/+	1/+
ST	BE	BB	SN
–/+	3/+	V/+	3/+
TH	HE	NW	RP
–/+	V/+	2/+	V/+
SL	BW	BY	D
1/+	V/+	3/+	V/+

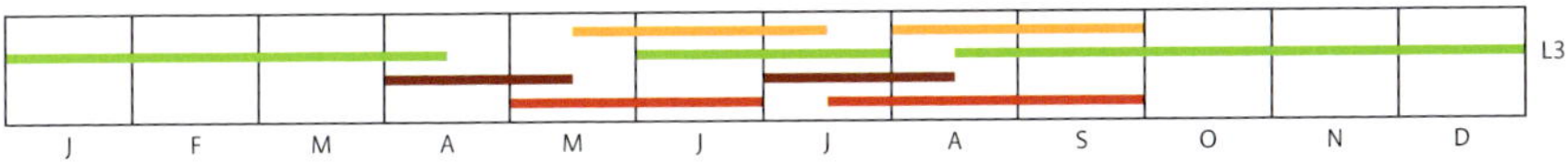

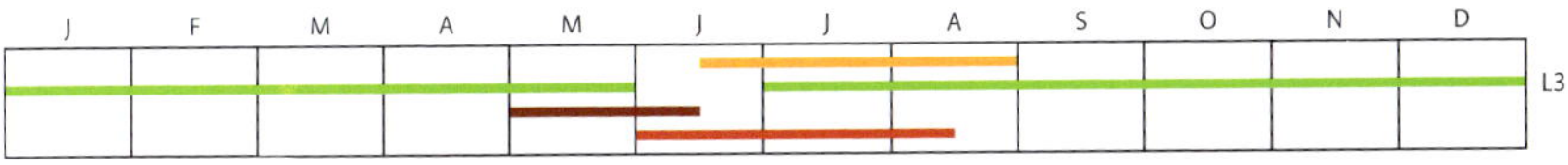

SH	HH	MV	NI
–	–	–	1/+
ST	BE	BB	SN
2/+	–	–	–
TH	HE	NW	RP
2/+	D/+	–	–
SL	BW	BY	D
–	V/+	3/+	V/+

Storchschnabel-Bläuling
Polyommatus eumedon (ESPER, 1780)

→ Tafel Seite 190

Merkmale Falter: *P. eumedon* besitzt einen auffälligen weißen Strich auf der Hinterflügelunterseite, der von der Flügelmitte bis zu den Randflecken reicht. Bei der ähnlichen Art *P. damon* (s. u.) reicht dieser Strich von der Flügelbasis bis fast zum Flügelrand. Bei anderen *Polyommatus*-Arten kann an dieser Stelle vereinzelt ebenfalls eine strichartige Zeichnung auftreten, die aber nie so stark ausgeprägt ist. Ei: weißlich, leicht abgeflacht mit wabenartiger Oberfläche. Raupe: erst grau, dann grün mit dunklem Rückenstreifen in der Farbe der Fraßpflanzen.

Lebensraum/Lebensweise: Verschiedenbiotop-Bewohner (S. 232): Wärmeliebende Saumgesellschaften an Trockenhängen mit Blut-Storchschnabel, Feuchtbrachen und ungemähte Grabenränder mit Sumpf-Storchschnabel, seltener auch Fettwiesenbrachen mit Wiesen-Storchschnabel. Storchschnabel, Wiesen-Platterbse, Vogel-Wicke, Blutweiderich. Blut-Storchschnabel, Sumpf-Storchschnabel und Wiesen-Storchschnabel.

Nachweis: 1) Suche nach Eiern an Blütengriffeln von Blut- und Sumpf-Storchschnabel (Foto), seltener auch Wiesen-Storchschnabel (dann jedoch nicht auf Mähwiesen, sondern allenfalls in Brachen oder Säumen). 2) Falter.

Gefährdung/Schutz: BArtSchV (1999): besonders geschützt, Rote Liste BRD (1998): 2. – Die Art ist gefährdet durch regelmäßige und vollständige Mahd von Grabenrändern, gebietsweise auch durch das Verbuschen ihrer Habitate. Schutz durch Mahd der Habitate in allenfalls mehrjährigem Abstand und Entbuschung bei fortschreitender Gehölzsukzession.

Streifen-Bläuling
Polyommatus damon ([DENIS & SCHIFFERMÜLLER], 1775)

→ Tafel Seite 191

Merkmale Falter: Langer weißer Strich auf der Hinterflügelunterseite von der Flügelbasis bis fast zum Flügelrand (Foto: Weibchen an Esparsette). Ei: grünlich weiß mit deutlichen, zackenartigen Fortsätzen (Foto). Raupe: grün mit dunklen Rückenstreifen.

Lebensraum/Lebensweise: Magerrasen auf Kalk oder Keuper. In Deutschland derzeit nur noch Restvorkommen in wenigen Naturräumen (z. B. Thüringischer Grabfeldgau, Schwäbische Alb). Esparsette, Sichel-Luzerne, Dost. Saat-Esparsette. Raupen steigen spätnachmittags am Stängel empor und fressen die Blüten. Myrmekophil (S. 232).

Nachweis: 1) Suche nach Eiern an Fruchtständen von Esparsette-Arten. 2) Falter (besonders Kontrolle von „Bläulingsschlafgesellschaften", da der lange weiße Strich in der Ruhestellung leicht erkennbar ist und so eine Vielzahl von Tieren innerhalb kurzer Zeit kontrolliert werden kann).

Schutz/Gefährdung BArtSchV (1999): streng geschützt, Rote Liste BRD (1998): 1. – Zu intensive Beweidung führt zum Verlust der Raupenfraßpflanzen, da diese von den Schafen selektiv gefressen werden. Unterbleibt die Beweidung, so führt die einsetzende Verbuschung zum Verschwinden dieser Art. Es erscheint sinnvoll, geeignete Esparsette-Flächen mosaikartig, d. h. zeitversetzt zu bewirtschaften. Keine Beweidung oder Mahd während der Blütezeit der Fraßpflanzen.

SH –	HH –	MV –	NI 0/x
ST –	BE 0/x	BB 0/x	SN R/E
TH –	HE 0/o	NW 0/o	RP 1/+
SL –	BW 3/+	BY 2/+	D 2/+

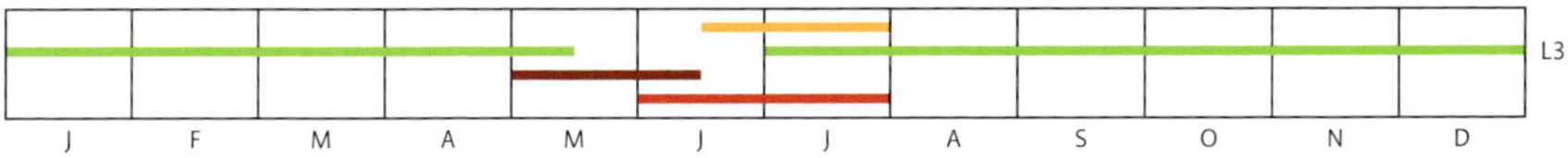

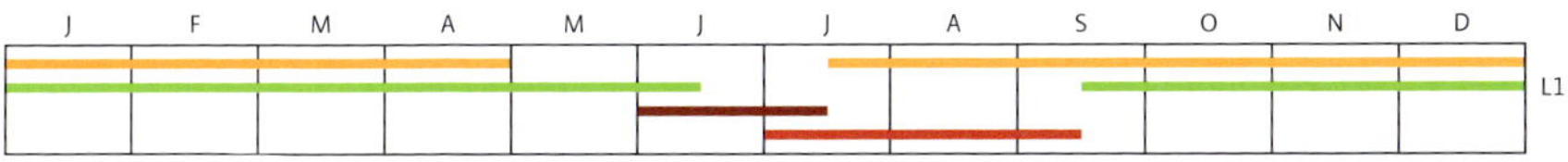

SH –	HH –	MV –	NI 1/+
ST 0/x	BE –	BB –	SN (E)
TH 1/+	HE 0/x	NW 0/o	RP 0/o
SL –	BW 1/+	BY 1/+	D 1/+

Rotklee-Bläuling

Polyommatus semiargus (ROTTEMBURG, 1775)

→ Tafel Seite 192

Merkmale Falter: Flügelunterseiten einheitlich hell braungrau, nur an der Basis blau bestäubt (Foto). Punktmuster anders als bei *Cupido minimus* (S. 80 bzw. 190). Ei: grünlich weiß, rundlich mit feinwabiger Oberflächenstruktur. Raupe: grün mit dunklem, hell gefasstem Rückenstreifen, Seitenstreifen hell, unterbrochen.

Lebensraum/Lebensweise: Weit verbreitete Art, die ein breites Spektrum der Wuchsorte des Rotklees und des Mittelklees besiedelt: nicht überdüngte Fettwiesen, Ruderalflächen, Brachen, Waldsäume, seltener auch Magerrasen. Besonders Schmetterlingsblütler, darunter vorrangig Rot-Klee; Hornklee, Weiß-Klee, Wiesen-Platterbse, Vogelwicke, Luzerne, Esparsette, Hufeisenklee, aber auch Blutweiderich, Dost und Wiesen-Flockenblume, Braunelle, Klappertopf. Rot-Klee und Zickzack-Klee. Erstaunlicherweise nutzt die Art regional auch rotblühende Nelkenarten als Wirtspflanze (SH, SL). Myrmekophil (S. 232). Überwinterung im mittleren Raupenstadium. Verpuppung in der Streuschicht.

Nachweis: 1) Falter (mehrere Generationen). 2) Suche nach Eiern an Blüten (Foto) und Blütenknospen der Fraßpflanzen.

Gefährdung/Schutz: BArtSchV (1999): besonders geschützt, Rote Liste BRD (1998): V. – Die Landwirtschaft kann wesentlich zum Erhalt dieser Art beitragen, wenn sie auf intensive Düngung und mehr als zweimalige Mahd pro Jahr verzichtet, also günstige Bedingungen für den Rotklee schafft.

Zahnflügel-Bläuling

Polyommatus daphnis ([DENIS & SCHIFFERMÜLLER], 1775)

→ Tafel S. 191

Merkmale Falter: Große Bläulings-Art. Wie der deutsche Name sagt, verläuft bei dieser Art der Hinterflügelrand wellenförmig, bei den Männchen jedoch weniger ausgeprägt (Fotos: Weibchen). Ei: weißlich mit netzartiger Oberflächenstruktur, zum Rand hin markante Zackung. Raupe: grünlich, an die Farbe der Fraßpflanze angepasst; leicht beborstet.

Lebensraum/Lebensweise: Wärmebegünstigte Saumgesellschaften an trockenen Hängen und Bahndämmen, auf Weinbergsbrachen, in aufgelassenen Steinbrüchen etc. Dost, Hornklee, Sonnenröschen, Flockenblumen, Acker-Kratzdistel, Färberscharte. Falter versammeln sich zu Schlafgemeinschaften. Bunte Kronwicke. Die Eier werden an dürre Materie gelegt. Verpuppung in der Bodenstreu.

Nachweis: Falter.

Gefährdung/Schutz: BArtSchV (1999): besonders geschützt, Rote Liste BRD (1998): 2. – Regional gefährdet durch das Zuwachsen nicht mehr gepflegter Trockenhänge. Schutz durch sporadisches Entbuschen sowie extensive Beweidung oder Mahd der Habitate.

SH 1/+	HH 0/x	MV 3/+	NI 2/+
ST 3/+	BE 0/+	BB 3/+	SN 2/+
TH –/+	HE V/+	NW 2/+	RP V/+
SL –/+	BW V/+	BY V/+	D V/+

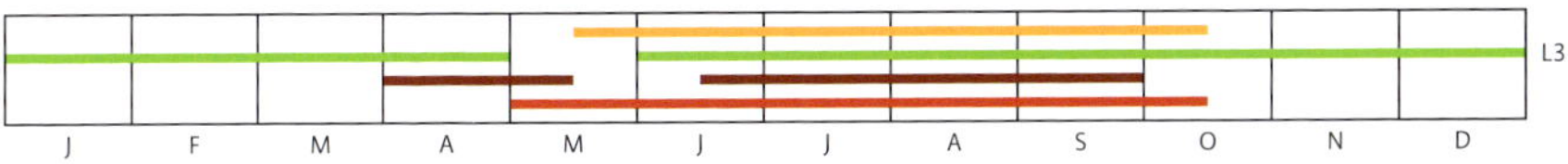

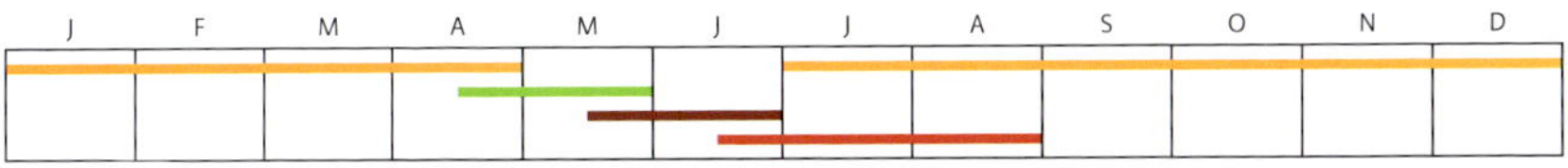

SH –	HH –	MV –	NI –/E
ST (E)	BE –	BB –	SN –/E
TH 1/+	HE R/+	NW –	RP –
SL –	BW R/+	BY 3/+	D 2/+

Silbergrüner Bläuling
Polyommatus coridon
(PODA, 1761)
→ Tafel Seite 197

Merkmale Falter: Flügelsaum schwarz-weiß gescheckt. Charakteristische weiße Flecken auf der Hinterflügelunterseite. Männchen oberseits silbergrünblau (Foto). Ei: weißlich, abgeflacht mit wabenartiger Oberflächenstruktur, die zum Rand hin gröber wird. Ablageposition i. d. R. am Stängel, an abgestorbenen Pflanzenteilen unter der Pflanze (bei *P. bellargus*, s. u., hingegen i. d. R. blattoberseits). Raupe: grün mit gelben Längsstreifen, auf dem Rücken 2 Reihen undeutlicher heller Punkte.

Lebensraum/Lebensweise: Kalkmagerrasen, magere Böschungen, aufgelassene Steinbrüche und Kiesgruben, im Osten auch auf silikatischem Untergrund (z. B. Porphyrkuppen bei Halle) oder Sand (Ostbrandenburg), sofern die dortige Wirtspflanze Bunte Kronwicke vorkommt. Dost, Hornklee, Skabiose, Flockenblumen, saugt gern auch an feuchter Erde. Hufeisenklee, nur in den östlichen Landesteilen auch Bunte Kronwicke. Verpuppung in der Streuschicht.

Nachweis: 1) Falter. 2) Suche nach Raupen anhand von Ameisen an Hufeisenklee bzw. Bunter Kronwicke im Mai tagsüber unter den Pflanzenpolstern. 3) Suche nach Eiern im Spätsommer/Herbst. 4) Suche der frisch geschlüpften Jungraupe mit typischem Fraßbild (Foto) im März.

Gefährdung/Schutz: BArtSchV (1999): besonders geschützt, Rote Liste BRD (1998): nicht gefährdet. – Um eine künftige Gefährdung der Art zu vermeiden, ist die Aufrechterhaltung der extensiven Beweidung oder Mahd von Kalkmagerrasen bzw. der in Ostdeutschland für *P. coridon* relevanten Biotoptypen entscheidend.

Himmelblauer Bläuling
Polyommatus bellargus
(ROTTEMBURG, 1775) → Tafel Seite 197

Merkmale Falter: *P. bellargus* ähnelt *P. icarus* (S. 106), kann aber von diesem durch den schwarz-weiß gestreiften Flügelsaum unterschieden werden (Foto: Männchen, Unterseite). Der Flügelsaum von *P. icarus* ist rein weiß; Weibchen von *P. bellargus* und *P. coridon* (s. o.) sind oft schwer zu unterscheiden (Kreuzungen auch in der Natur nicht selten), weshalb am Standort stets nach Männchen gesucht werden sollte (ein Männchen ist auch auf dem Titelbild des Buches abgebildet). Ei: Struktur wie bei *P. coridon* (s. o.); Ablageposition i. d. R. blattoberseits (Foto; bei *P. coridon* hingegen i. d. R. am Stängel, an abgestorbenen Pflanzenteilen). Raupe: ähnlich *P. coridon* (s. o.), etwas bläulicher und mit deutlicheren Punkten.

Lebensraum/Lebensweise: Präferenz für die gleichen kalkreichen, wärmebegünstigten Standorte wie *P. coridon*, im Gegensatz zu diesem aber in Brandenburg fehlend bzw. verschollen. Sekundärlebensräume sind junge Straßenböschungen, Steinbrüche, Kiesgruben etc. Hufeisenklee, Hornklee und andere Schmetterlingsblütler. Hufeisenklee und Bunte Kronwicke. Verpuppung in der Streuschicht.

Nachweis: 1) Falter. 2) In den Monaten April und Juli Suche nach Raupen (Foto) anhand von Ameisen an den Fraßpflanzen.

Gefährdung/Schutz: BArtSchV (1999): besonders geschützt, Rote Liste BRD (1998): 3. – Siehe *P. coridon*. Darüberhinaus könnte *P. bellargus* gefördert werden, indem auf Begrünung und Bepflanzung felsiger Straßenböschungen (Kalk) verzichtet wird.

SH	HH	MV	NI
–	–	R/+	2/+
ST	BE	BB	SN
3/+	0/x	3/+	1/+
TH	HE	NW	RP
–/+	3/+	2/+	3/+
SL	BW	BY	D
V/+	–/+	V/+	–/+

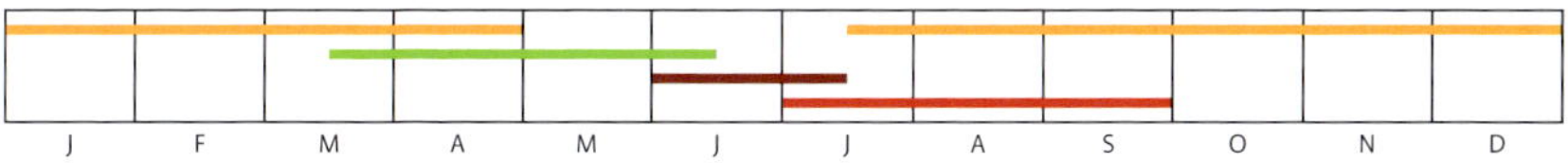

Polyommatus bellargus

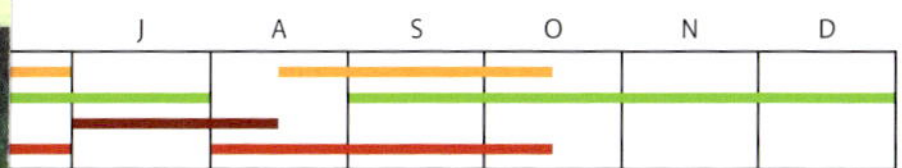

SL	BW	BY	D
3/+	–/+	3/+	3/+

Wundklee-Bläuling

Polyommatus dorylas ([DENIS & SCHIFFERMÜLLER], 1775)

→ Tafel Seite 196

Merkmale Falter: Unterseiten der Flügel mit breitem weißem Rand (Foto: Männchen). Ei: weißlich, vergleichsweise klein mit wabenartiger Oberflächenstruktur. Raupe: hell gelblich, der Farbe der Fraßpflanze nahezu gleich.

Lebensraum/Lebensweise: Kalkreiche Magerrasen einschließlich ihrer Initialstadien in Steinbrüchen, an felsigen Böschungen etc. In Deutschland nur regional vorkommend. Wenig Angaben verfügbar; Dost. Falter saugt auch an feuchten Bodenstellen. Wundklee. Die Raupen minieren anfangs in den Blättern der Wirtspflanze. Verpuppung in der Bodenstreu.

Nachweis: 1) Falter. 2) Suche nach Eiern (Foto) an Jungpflanzen des Wundklees an kurzrasigen oder lückig bewachsenen Standorten.

Gefährdung/Schutz: BArtSchV (1999): besonders geschützt, Rote Liste BRD (1998): 2. – Gefährdet durch Düngung und Nutzungsaufgabe. Extensive Beweidung oder einmal jährliche Mahd ist für die Lebensräume wichtig, am günstigsten zur Zeit der Eiablage. Die Art erreicht – abgesehen von Reliktvorkommen in Südschweden – in Sachsen-Anhalt ihre Arealnordgrenze.

Vogelwicken-Bläuling

Polyommatus amandus (SCHNEIDER, 1792)

→ Tafel Seite 196

Merkmale Falter: Beim Männchen sind die Adern zum Flügelrand hin auf der Oberseite schwarz gezeichnet. Weibchen stets mit orangefarbenen Halbmonden auf der Hinterflügeloberseite. Die Unterseite erscheint ziemlich blass und ist an der Flügelbasis bei beiden Geschlechtern blau bestäubt (Foto). Eine Verwechslung mit *P. icarus* (S. 106) ist möglich. Ei: weißlich, wabenartige Oberflächenstruktur mit gezähnten Fortsätzen. Raupe: grün mit gelben Seitenstreifen.

Lebensraum/Lebensweise: Ein breites Spektrum der von der Vogelwicke besiedelten Standorte: brach gefallene Halbtrockenrasen, Heidegebiete, Ackerrandstreifen, Bahn- und Straßenböschungen, besonnte Waldsäume und Lichtungen; in Norddeutschland und Bayern auch in feuchterem Gelände. & Vogel-Wicke und Wiesen-Platterbse.

Nachweis: 1) Falter. 2) Suche nach Eiern auf Blattoberseiten der Fraßpflanzen (Foto) oder Suche nach Raupen anhand der Ameisengarde (S. 232).

Gefährdung/Schutz: BArtSchV (1999): besonders geschützt, Rote Liste BRD (1998): nicht gefährdet. – Die Art hat sich in den letzten Jahrzehnten deutlich nach Westen ausgebreitet. Sie besiedelt Lebensräume, die im Zuge menschlicher Eingriffe, Nutzungen und Sukzession immer wieder neu entstehen und rasch besiedelt werden (Kahlschläge, Bahndämme, Straßenböschungen, Deponien etc.). Obwohl die Bestände der Art regional deutlichen Schwankungen unterliegen, ist eine Bestandsgefährdung nicht gegeben.

SH –	HH –	MV R/+	NI 2/+
ST 3/+	BE 0/x	BB 3/+	SN 1/+
TH –/+	HE 3/+	NW 2/+	RP 3/+
SL V/+	BW –/+	BY V/+	D –/+

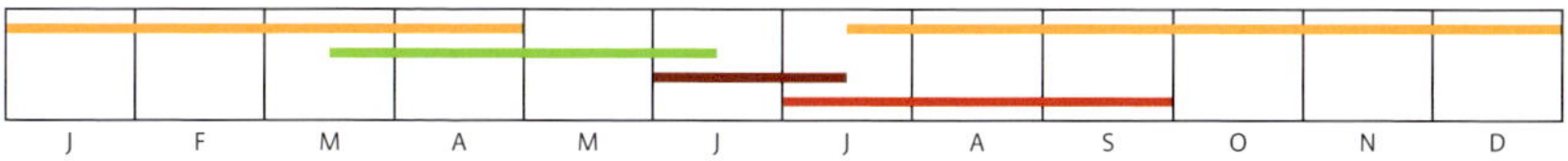

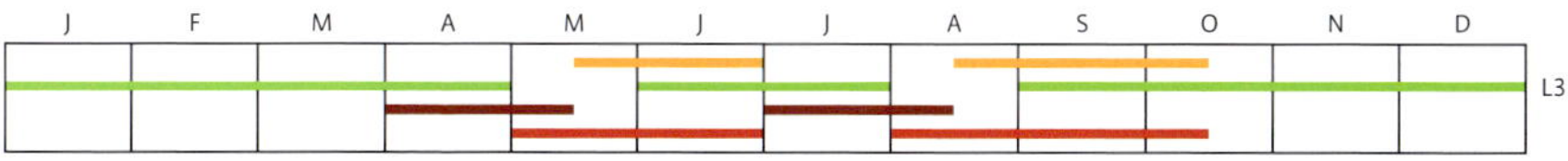

SH –	HH –	MV ?	NI 1/+
ST 2/+	BE –	BB 0/x	SN 0/x
TH 3/+	HE 1/+	NW 0/x	RP 2/+
SL 3/+	BW –/+	BY 3/+	D 3/+

Wundklee-Bläuling
Polyommatus dorylas ([DENIS & SCHIFFERMÜLLER], 1775)

→ Tafel Seite 196

Merkmale Falter: Unterseiten der Flügel mit breitem weißem Rand (Foto: Männchen). Ei: weißlich, vergleichsweise klein mit wabenartiger Oberflächenstruktur. Raupe: hell gelblich, der Farbe der Fraßpflanze nahezu gleich.
Lebensraum/Lebensweise: Kalkreiche Magerrasen einschließlich ihrer Initialstadien in Steinbrüchen, an felsigen Böschungen etc. In Deutschland nur regional vorkommend. Wenig Angaben verfügbar; Dost. Falter saugt auch an feuchten Bodenstellen. Wundklee. Die Raupen minieren anfangs in den Blättern der Wirtspflanze. Verpuppung in der Bodenstreu.
Nachweis: 1) Falter. 2) Suche nach Eiern (Foto) an Jungpflanzen des Wundklees an kurzrasigen oder lückig bewachsenen Standorten.
Gefährdung/Schutz: BArtSchV (1999): besonders geschützt, Rote Liste BRD (1998): 2. – Gefährdet durch Düngung und Nutzungsaufgabe. Extensive Beweidung oder einmal jährliche Mahd ist für die Lebensräume wichtig, am günstigsten zur Zeit der Eiablage. Die Art erreicht – abgesehen von Reliktvorkommen in Südschweden – in Sachsen-Anhalt ihre Arealnordgrenze.

Vogelwicken-Bläuling
Polyommatus amandus (SCHNEIDER, 1792)

→ Tafel Seite 196

Merkmale Falter: Beim Männchen sind die Adern zum Flügelrand hin auf der Oberseite schwarz gezeichnet. Weibchen stets mit orangefarbenen Halbmonden auf der Hinterflügeloberseite. Die Unterseite erscheint ziemlich blass und ist an der Flügelbasis bei beiden Geschlechtern blau bestäubt (Foto). Eine Verwechslung mit *P. icarus* (S. 106) ist möglich. Ei: weißlich, wabenartige Oberflächenstruktur mit gezähnten Fortsätzen. Raupe: grün mit gelben Seitenstreifen.
Lebensraum/Lebensweise: Ein breites Spektrum der von der Vogelwicke besiedelten Standorte: brach gefallene Halbtrockenrasen, Heidegebiete, Ackerrandstreifen, Bahn- und Straßenböschungen, besonnte Waldsäume und Lichtungen; in Norddeutschland und Bayern auch in feuchterem Gelände. & Vogel-Wicke und Wiesen-Platterbse.
Nachweis: 1) Falter. 2) Suche nach Eiern auf Blattoberseiten der Fraßpflanzen (Foto) oder Suche nach Raupen anhand der Ameisengarde (S. 232).
Gefährdung/Schutz: BArtSchV (1999): besonders geschützt, Rote Liste BRD (1998): nicht gefährdet. – Die Art hat sich in den letzten Jahrzehnten deutlich nach Westen ausgebreitet. Sie besiedelt Lebensräume, die im Zuge menschlicher Eingriffe, Nutzungen und Sukzession immer wieder neu entstehen und rasch besiedelt werden (Kahlschläge, Bahndämme, Straßenböschungen, Deponien etc.). Obwohl die Bestände der Art regional deutlichen Schwankungen unterliegen, ist eine Bestandsgefährdung nicht gegeben.

SH –	HH –	MV –	NI 1/+
ST 1/+	BE –	BB –	SN –/x
TH 1/+	HE 1/+	NW 1/+	RP 1/+
SL –	BW 1/+	BY 2/+	D 2/+

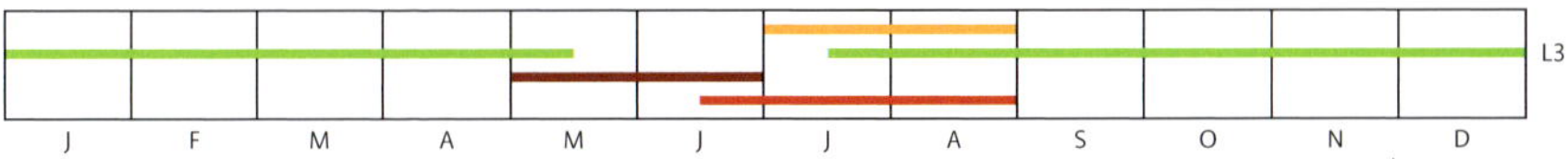

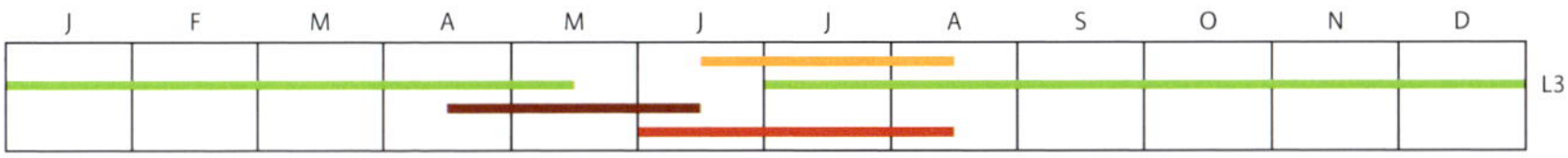

SH 2/+	HH 0/x	MV –/+	NI 3/+
ST 3/+	BE 3/+	BB –/+	SN –/+
TH –/+	HE D/+	NW –	RP –
SL –	BW R/+	BY –/+	D –/+

Esparsetten-Bläuling
Polyommatus thersites
(CANTENER, 1834)
→ Tafel Seite 196

Merkmale Falter: Ähnlich *P. icarus* (s. u.), jedoch ohne Wurzelflecken auf Vorderflügelunterseite (Foto). Allerdings tritt *P. icarus* nicht selten auch in der Form *icarinus* auf, der ebenfalls die Wurzelflecken fehlen und die dann nur durch Spezialisten (siehe „Besonderheiten") von *P. thersites* unterschieden werden kann. Die blaue Farbe der Flügeloberseite von *P. thersites* ist noch tiefer stahlblau mit purpurnem Stich. Ei: weißlich, abgeflacht; feinwabige Oberflächenstruktur, die zum Rand hin gröber wird. Raupe: grün wie die Fraßpflanze mit schmalen, gelblichen Seitenstreifen (Foto).

Lebensraum/Lebensweise: Lebensräume im Prinzip ähnlich *P. damon* (S. 98), aber Ansprüche wesentlich unspezifischer. Typisch sind lückige Magerrasen auf Kalk oder Keuper. Hauptsächlich Esparsette. Saat- und Sand-Esparsette (nicht an angepflanzten Esparsetten im „öffentlichen Grün").

Nachweis: 1) Ei-Suche im Basisbereich des Esparsette-Blütenstängels (Foto) oder im April Raupen-Suche anhand von Ameisen unter Esparsette-Rosetten (sichere Bestimmung: siehe „Besonderheiten"). 2) Falter.

Gefährdung/Schutz: BArtSchV (1999): besonders geschützt, Rote Liste BRD (1998): 3. – Durch extensive Schafbeweidung geeigneter Flächen kann der Bläuling und seine Wirtspflanze gefördert werden.

Besonderheiten: Unterscheidung anhand der Genitalien: bei *P. thersites* Spitze des Subuncus hakenförmig eingekrümmt, bei *P. icarus* eingebogen. Unterscheidung der Raupen durch Fütterungstest: *P. thersites*-Raupen verweigern außer Esparsette alle angebotenen Leguminosen, *P. icarus*-Raupen akzeptieren Hornklee, Weiß-Klee u. a. sofort.

Hauhechel-Bläuling
Polyommatus icarus
(ROTTEMBURG, 1775)
→ Tafel Seite 197

Merkmale Falter: Häufigste („blaue") Bläulings-Art. Verwechslung mit *P. thersites* (s. o.), *P. bellargus* (S. 102) und *P. amandus* (S. 104) möglich; zur Unterscheidung siehe bei diesen Arten. Ei: weißlich mit wabenartiger Oberflächenstruktur. Raupe: blassgrün.

Lebensraum/Lebensweise: In allen heimischen Naturräumen weit verbreitete Art des Offenlandes. Wiesen-Platterbse, Wundklee, Hopfen-Luzerne, Hornklee, Dost, Thymian usw. Vielzahl verschiedener Schmetterlingsblütler: Gewöhnlicher Hornklee, Weiß-Klee, Hopfen-Klee, Kriechende Hauhechel, Dornige Hauhechel, Luzerne, Sichel-Luzerne, Faden-Klee, Hasen-Klee, Sumpf-Hornklee, Bunte Kronwicke und Hufeisenklee. Verpuppung in der Streuschicht.

Nachweis: 1) Falter (fliegen in mehreren Generationen Mitte Mai bis Anfang Oktober). 2) Suche nach Eiern (Foto: Ei auf Hornklee-Blatt) und Raupen.

Gefährdung/Schutz: BArtSchV (1999): besonders geschützt, Rote Liste BRD (1998): nicht gefährdet. – Aufgrund der ökologischen Valenz dieser Art ist mit einer Gefährdung auch in der nächsten Zukunft nicht zu rechnen; die allgemeine Eutrophierung hat aber zur Abnahme der Bestände geführt.

SH –	HH –	MV –	NI 1/+
ST 1/+	BE –	BB –	SN –/E
TH 1/+	HE 1/+	NW R/+	RP 1/+
SL D/+	BW 2/+	BY 2/+	D 3/+

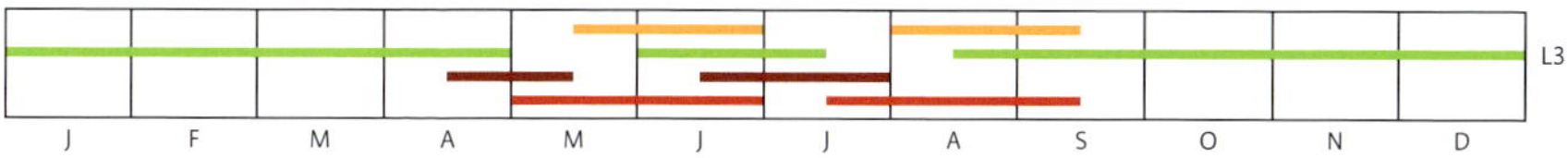

J F M A M J J A S O N D

Polyommatus icarus

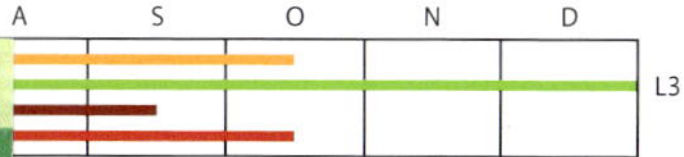

SL –/+	BW –/+	BY –/+	D –/+

Schlüsselblumen-Würfelfalter
Hamearis lucina
(LINNAEUS, 1758)

→ Tafel Seite 205

Merkmale Falter: Einziger unverwechselbarer Vertreter der Familie in Mitteleuropa. Die kleine, oberseits schwarz und braun gefleckte Art weist 2 Reihen weißer Flecken auf der Hinterflügelunterseite auf. Vorderflügelunterseite zimtbraun, in der Zeichnung der Oberseite ähnlich. Ei: kugelförmig und glatt. Raupe: fahlbraun, dunklere Zeichnungen und helle Haare. Nachtaktiv.
Lebensraum/Lebensweise: Die Raupenfraßpflanzen von *H. lucina* sind Arten von lichten Waldgesellschaften und versaumten Halbtrockenrasen/Hecken bzw. von artenreichen Wiesengesellschaften. Dementsprechend findet man die Falter auf Waldwiesen und Lichtungen, in Säumen breiter Forstwege von Laubmischwäldern sowie auf windgeschützten, mit Gebüsch durchsetzten Wiesenbrachen. Regelmäßig gemähte Wiesen werden dagegen selbst dann gemieden, wenn Schlüsselblumen sehr häufig vorkommen. Selten an Blumen zu finden, z. B. Zypressen-Wolfsmilch, Große Anemone, Löwenzahn. Wald-Primel und Frühlings-Schlüsselblume. Gürtelpuppe.
Nachweis: 1) Suche nach Eiern an Blattunterseiten zumindest mäßig besonnter Schlüsselblumen (Foto). 2) Falter.
Gefährdung/Schutz: Rote Liste BRD (1998): 3. – Regional leiden die Vorkommen von *H. lucina* unter forstlichen Nutzungsänderungen („Dunklerwerden" der Wälder, Verzicht auf Kahlschlag). Andererseits profitiert die Art gebietsweise (aber befristet) vom Brachfallen und Verbuschen der Kalkmagerrasen.

Kaisermantel
Argynnis paphia
(LINNAEUS, 1758)

→ Tafel Seite 198

Merkmale Falter: Oberseite bei Männchen leuchtend orange, bei Weibchen bräunlich orange. Die charakteristische Hinterflügelunterseite ist grünlich mit deutlicher silberfarbener Binde. Weibchen kommen auch in graubrauner Form (*valesina*) vor. Ei: stumpf, kegelförmig. Raupe: braun gescheckt, 2 gelbe Rückenstreifen, bedornt (Foto). Nachtaktiv.
Lebensraum/Lebensweise: Typischer Waldschmetterling: Falter entlang breiter Forstwegränder, auf kleineren Kahlschlägen, seltener im Offenland. Neuerdings in Gärten und Gebüsch der Stadtränder. Raupenhabitat schattige Standorte im Wald. Disteln, Wasserdost, Dost, Greiskraut, Liguster, Sommerflieder, Brombeere, Lindenblüten u. a. Verschiedene Veilchen-Arten.
Nachweis: Falter.
Gefährdung/Schutz: BArtSchV (1999): besonders geschützt, Rote Liste BRD (1998): nicht gefährdet. – Trotz lokaler Bestandsabnahmen noch weit verbreitet und nicht in besonderer Weise gefährdet. Auch auf kleinflächigen Lichtungen relativ dunkler Wälder.
Besonderheiten: Eiablage einzeln auf die Rinde von Baumstämmen. Raupen schlüpfen im Herbst, überwintern dort und kriechen im Frühjahr zu den Fraßpflanzen.

Weitere Art: Der Östliche Perlmutterfalter, *Argynnis laodice* (PALLAS, 1771) (Tafel S. 199) kommt sporadisch auf Moorwiesen und Flachmooren mit Sumpfveilchen-Beständen (Wirtspflanze) in Nordostdeutschland vor. BArtSchV (1999): streng geschützt, Rote Liste BRD (1998): 1. – Unverwechselbare, außen braunrote bis violette und innen gelbliche Hinterflügelunterseite.

SH	HH	MV	NI
–	–	–	1/+
ST	BE	BB	SN
1/+	–	–	–/E
TH	HE	NW	RP
1/+	1/+	R/+	1/+
SL	BW	BY	D
D/+	2/+	2/+	3/+

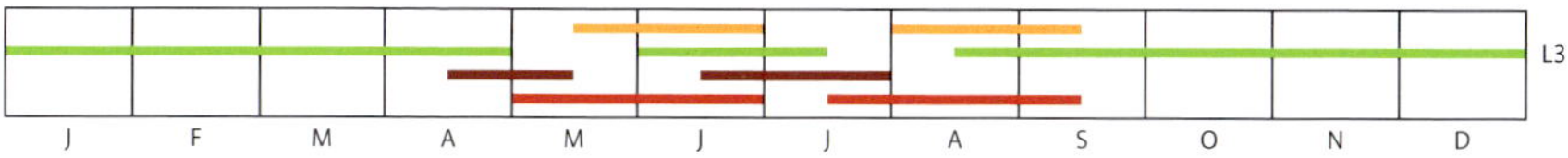

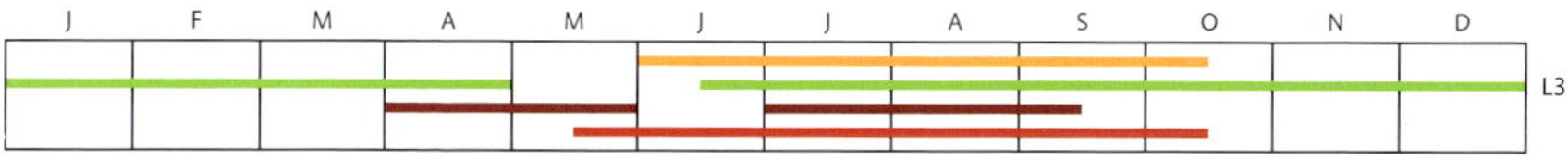

SH	HH	MV	NI
–/+	–/+	–/+	–/+
ST	BE	BB	SN
–/+	–/+	–/+	–/+
TH	HE	NW	RP
–/+	–/+	–/+	–/+
SL	BW	BY	D
–/+	–/+	–/+	–/+

Schlüsselblumen-Würfelfalter
Hamearis lucina
(LINNAEUS, 1758)

→ Tafel Seite 205

Merkmale Falter: Einziger unverwechselbarer Vertreter der Familie in Mitteleuropa. Die kleine, oberseits schwarz und braun gefleckte Art weist 2 Reihen weißer Flecken auf der Hinterflügelunterseite auf. Vorderflügelunterseite zimtbraun, in der Zeichnung der Oberseite ähnlich. Ei: kugelförmig und glatt. Raupe: fahlbraun, dunklere Zeichnungen und helle Haare. Nachtaktiv.

Lebensraum/Lebensweise: Die Raupenfraßpflanzen von *H. lucina* sind Arten von lichten Waldgesellschaften und versaumten Halbtrockenrasen/Hecken bzw. von artenreichen Wiesengesellschaften. Dementsprechend findet man die Falter auf Waldwiesen und Lichtungen, in Säumen breiter Forstwege von Laubmischwäldern sowie auf windgeschützten, mit Gebüsch durchsetzten Wiesenbrachen. Regelmäßig gemähte Wiesen werden dagegen selbst dann gemieden, wenn Schlüsselblumen sehr häufig vorkommen. Selten an Blumen zu finden, z. B. Zypressen-Wolfsmilch, Große Anemone, Löwenzahn. Wald-Primel und Frühlings-Schlüsselblume. Gürtelpuppe.

Nachweis: 1) Suche nach Eiern an Blattunterseiten zumindest mäßig besonnter Schlüsselblumen (Foto). 2) Falter.

Gefährdung/Schutz: Rote Liste BRD (1998): 3. – Regional leiden die Vorkommen von *H. lucina* unter forstlichen Nutzungsänderungen („Dunklerwerden“ der Wälder, Verzicht auf Kahlschlag). Andererseits profitiert die Art gebietsweise (aber befristet) vom Brachfallen und Verbuschen der Kalkmagerrasen.

Kaisermantel
Argynnis paphia
(LINNAEUS, 1758)

→ Tafel Seite 198

Merkmale Falter: Oberseite bei Männchen leuchtend orange, bei Weibchen bräunlich orange. Die charakteristische Hinterflügelunterseite ist grünlich mit deutlicher silberfarbener Binde. Weibchen kommen auch in graubrauner Form (*valesina*) vor. Ei: stumpf, kegelförmig. Raupe: braun gescheckt, 2 gelbe Rückenstreifen, bedornt (Foto). Nachtaktiv.

Lebensraum/Lebensweise: Typischer Waldschmetterling: Falter entlang breiter Forstwegränder, auf kleineren Kahlschlägen, seltener im Offenland. Neuerdings in Gärten und Gebüsch der Stadtränder. Raupenhabitat schattige Standorte im Wald. Disteln, Wasserdost, Dost, Greiskraut, Liguster, Sommerflieder, Brombeere, Lindenblüten u. a. Verschiedene Veilchen-Arten.

Nachweis: Falter.

Gefährdung/Schutz: BArtSchV (1999): besonders geschützt, Rote Liste BRD (1998): nicht gefährdet. – Trotz lokaler Bestandsabnahmen noch weit verbreitet und nicht in besonderer Weise gefährdet. Auch auf kleinflächigen Lichtungen relativ dunkler Wälder.

Besonderheiten: Eiablage einzeln auf die Rinde von Baumstämmen. Raupen schlüpfen im Herbst, überwintern dort und kriechen im Frühjahr zu den Fraßpflanzen.

Weitere Art: Der Östliche Perlmutterfalter, *Argynnis laodice* (PALLAS, 1771) (Tafel S. 199) kommt sporadisch auf Moorwiesen und Flachmooren mit Sumpfveilchen-Beständen (Wirtspflanze) in Nordostdeutschland vor. BArtSchV (1999): streng geschützt, Rote Liste BRD (1998): 1. – Unverwechselbare, außen braunrote bis violette und innen gelbliche Hinterflügelunterseite.

SH	HH	MV	NI
–	–	0/o	2/+
ST	BE	BB	SN
2/+	–	0/x	1/+
TH	HE	NW	RP
3/+	3/+	2/+	2/+
SL	BW	BY	D
2/+	3/+	3/+	3/+

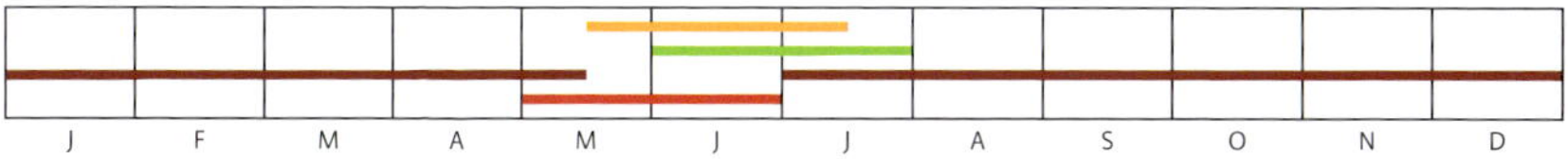

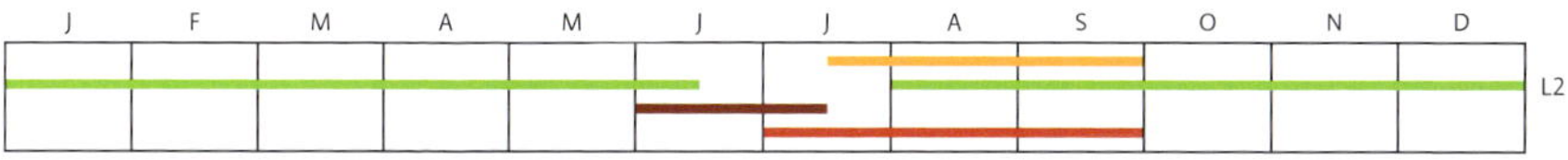

SH	HH	MV	NI
1/+	1/+	3/+	3/+
ST	BE	BB	SN
–/+	1/+	–/+	3/+
TH	HE	NW	RP
–/+	V/+	3/+	–/+
SL	BW	BY	D
–/+	–/+	–/+	–/+

Großer Perlmutterfalter

Argynnis aglaja (LINNAEUS, 1758)

→ Tafel Seite 200

Merkmale Falter: Keine postdiskalen Augenflecken auf der Hinterflügelunterseite (Foto; vgl. Umschlaginnenseite). Ei: stumpf, kegelförmig, längsgerippt. Raupe: junge Raupe grauschwarz (Foto), erwachsen samtschwarz mit roten Flecken an den Seiten. Nachtaktiv.

Lebensraum/Lebensweise: Vor allem blumenreiche Magerrasen, besonders häufig auf mageren Bergmatten der Mittelgebirge und der Alpen; regional auch auf Waldlichtungen, in extensiv genutzten Mooren und in Küstendünen (Nordseeinseln). ❀ Zahlreiche zur Flugzeit blühende Blumen; v. a. violette Blüten wie Distel- und Kratzdistel, Flockenblumen, Teufelsabbiss, Acker-Witwenblume, Sumpf-Blutauge, Heil-Ziest, Klette, Brombeere. ⊘ Verschiedene Veilchen-Arten; in Kalkgebieten v. a. Rauhaariges Veilchen, in bodensauren Magerrasen an Hunds-Veilchen, in Wäldern an Wald-Veilchen und in Mooren an Sumpf-Veilchen. Eiablage einzeln auf die Unterseite von Veilchenblättern. Die nachtaktiven Raupen überwintern in der Streuschicht. Sie verpuppen sich in einem Gespinst, dicht über dem Boden an Pflanzenstängeln hängend, oder in einer ausgesponnenen Höhle in der Streuschicht.

Nachweis: Falter.

Gefährdung/Schutz: BArtSchV (1999): besonders geschützt, Rote Liste BRD (1998): V. – Gefährdung durch Verlust von offenen und halboffenen, mageren Biotopen, sei es durch Nutzungsintensivierung, Verbuschung oder Überbauung.

Feuriger Perlmutterfalter

Argynnis adippe ([DENIS & SCHIFFERMÜLLER], 1775) → Tafel Seite 200 und 201

Merkmale Falter: Die silbrig gekernten Augenflecken in der Postdiskalbinde (Abb. Umschlaginnenseite) auf der Hinterflügelunterseite tragen einen dunklen Ring und sind größer als bei *A. niobe* (S. 112). Vorderflügelunterseite der Weibchen an der Spitze nicht aufgehellt und mit 3 Perlmutterflecken. Männchen im Gegensatz zu *A. niobe* mit deutlichen Duftschuppenstreifen auf den Vorderflügeln. Der seltenen Form *cleodoxa* (S. 201, links unten) fehlen die Silberflecken. Ei: kegelförmig mit Längs- und Querrippen. Raupe: bedornt, gräulich. Rückenlinie in schwärzliche Binden zwischen den Segmenten aufgelöst, mit hellem, ebenfalls unterbrochenem Längsstreifen (Foto).

Lebensraum/Lebensweise: Kahlschläge, Schneisen und magere Waldwiesen. Nur regional auch (meist) waldnahe Offenlandbiotope. ❀ Z. B. Flockenblumen- und Distel-Arten. ⊘ Veilchen-Arten. Eiablage an holzigen Pflanzenstängeln in der Nähe der Wirtspflanzen. Stürzpuppe in der Krautschicht. *A. adippe* fliegt mehr oder weniger zeitgleich mit *A. aglaja* (s. o.), wobei letztere die offeneren Habitate bevorzugt.

Nachweis: Falter.

Gefährdung/Schutz: BArtSchV (1999): besonders geschützt, Rote Liste BRD (1998): 3. – Bezüglich Schutz und Gefährdung gilt Ähnliches wie für den Silberfleck-Perlmutterfalter (S. 118). Wichtig ist die regelmäßige Neuschaffung magerer Waldlichtungen (Kahlschlag, Mittelwaldnutzung etc.). Die Art unterliegt stärkeren Häufigkeitsschwankungen verbunden mit einer starken Dynamik der genutzten Lebensräume.

SH 0/+	HH 0/x	MV 1/+	NI 3/+
ST V/+	BE 0/x	BB 2/+	SN 3/+
TH 3/+	HE 3/+	NW 2/+	RP V/+
SL V/+	BW 3/+	BY V/+	D V/+

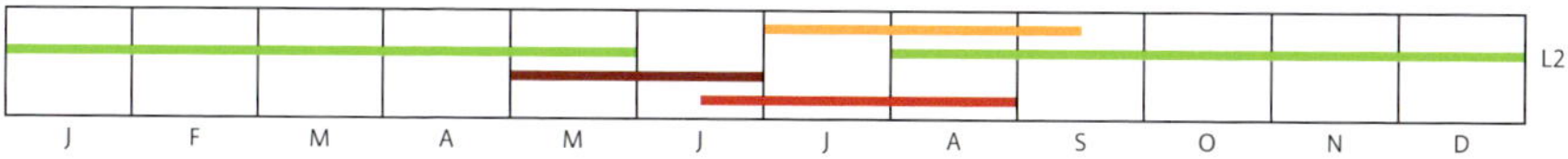

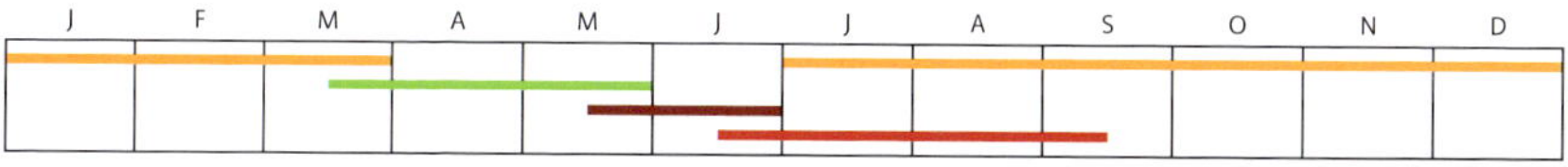

SH 0/x	HH –	MV 2/+	NI 1/+
ST 3/+	BE 1/+	BB 2/+	SN 3/+
TH –/+	HE 3/+	NW 2/+	RP 2/+
SL 2/+	BW 3/+	BY V/+	D 3/+

Mittlerer Perlmutterfalter
Argynnis niobe
(LINNAEUS, 1758)

→Tafel Seite 201

Merkmale Falter: Kleiner, schwarz gekernter Silberfleck nahe der Basis der Hinterflügelunterseite. Verwechslung mit *A. adippe* (S. 110) leicht möglich. Die Überprüfung durch Spezialisten ist sinnvoll (Fotos: Weibchen der Form *eris*, s. a. S. 201). Ei: kegelförmig, längsgerippt. Raupe: wie *A. adippe* (S. 110) aber mit durchgehendem hellem Längsstreifen der Rückenbinde. Nachtaktiv.

Lebensraum/Lebensweise: Extensiv gemähtes oder beweidetes, niedrigwüchsiges Magergrünland, in Ostdeutschland Sandheiden und Kiefernwaldlichtungen (Schläge, Schneisen), auf einigen Nordseeinseln auch in Dünen. Wenig bekannt; festgestellt wurde speziell die Acker-Kratzdistel. Verschiedene Veilchen-Arten. Die Eier werden in der Nähe der Wirtspflanzen in der Krautschicht abgelegt. Stürzpuppe in der Streu.

Nachweis: Falter.

Gefährdung/Schutz: BArtSchV (1999): besonders geschützt, Rote Liste BRD (1998): 2. – Gefährdet insbesondere durch Nutzungsaufgabe von Magergrünland, regional auch durch forstliche Nutzungsänderungen. Innerhalb der verbliebenen Areale ist die Aufrechterhaltung extensiver Beweidungsformen und düngungsfreier Wiesennutzung vordringlich, in Ostdeutschland auch die Offenhaltung von Lichtungen und Schneisen.

Kleiner Perlmutterfalter
Issoria lathonia
(LINNAEUS, 1758)

→Tafel Seite 202

Merkmale Falter: Auffallend große, mehr oder weniger rechteckige Perlmutterflecken auf der Hinterflügelunterseite (Foto). Ei: stumpf, kegelförmig, schwach längsgerippt. Raupe: bedornt, bräunlich grau, Seiten braun, Rücken schwarz mit grauen Flecken (Foto).

Lebensraum/Lebensweise: Ackerrandstreifen, Stoppeläcker, regelmäßig genutzte Magerrasen, gelegentlich auch Blumenrabatten mit Zier-Stiefmütterchen im Siedlungsbereich Vielzahl von Blüten, z. B. Luzerne, Klee, Geranien, Sommerflieder, Teufelsabbiss, Stiefmütterchen, Löwenzahn, Flockenblume, Acker-Kratzdistel, Schafgarbe, Hundskamille. Veilchen-Arten sowie Stiefmütterchen, auch an Gartenformen. Die Eier werden an Blattunterseiten der Fraßpflanzen abgelegt. Männchen mit Revierverhalten. Die Überwinterung ist offenbar in verschiedenen Stadien möglich (regionale Unterschiede?). Verpuppung als Stürzpuppe.

Nachweis: Falter (April bis November in mehreren Generationen; die 3. und individuenreichste Generation fliegt Mitte August bis Ende Oktober).

Gefährdung/Schutz: Rote Liste BRD (1998): nicht gefährdet. – Die Art ist zu den Wanderfaltern zu rechnen. *I. lathonia* profitiert sicherlich von Ackerrandstreifenprogrammen.

SH 1/+	HH 0/x	MV 1/+	NI 1/+
ST 1/+	BE 0/x	BB 1/+	SN 1/+
TH 0/x	HE 0/x	NW 1/+	RP 1/+
SL 1/+	BW 3/+	BY 1/+	D 2/+

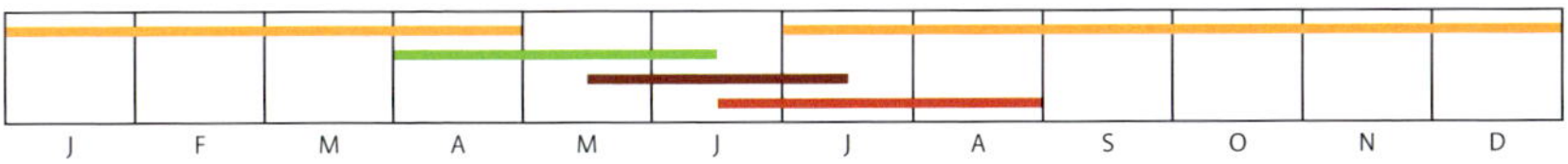

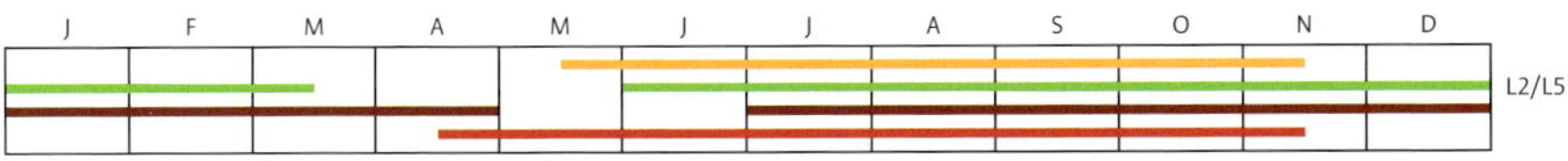

SH –/+	HH 3/+	MV –/+	NI V/+
ST –/+	BE –/+	BB –/+	SN –/+
TH –/+	HE V/+	NW –/+	RP 3/+
SL V/+	BW 2/+	BY –/+	D –/+

Brombeer-Perlmutterfalter

Brenthis daphne ([DENIS & SCHIFFERMÜLLER], 1775) → Tafel Seite 202

Merkmale Falter: Die äußere Hälfte der Hinterflügelunterseite ist im Gegensatz zum ähnlichen *B. ino* (s. u.) fast völlig violett übergossen (Foto). Ei: kegelförmig, die deutlichen Längsrippen ragen über die Eispitze hinaus. Raupe: bedornt, am Kopf 2 kürzere Dornen. Silbergraue Rückenstreifen und jeweils ein breiter weißlicher Seitenstreifen (Foto).

Lebensraum/Lebensweise: Waldlichtungen und waldnahe Sukzessionsflächen mit Brombeergebüschen. Wohl ausschließlich Brombeere. Brombeere. Die Eier werden von den langlebigen Weibchen einzeln direkt auf die Raupenfraßpflanzen abgelegt. Während in der Schweiz die tagaktiven Raupen teilweise bereits vor dem Winter schlüpfen, verlassen sie nördlich der Alpen erst ab März die Eier. Stürzpuppe an Pflanzenstängeln. Männchen mit Territorialverhalten.

Nachweis: Falter.

Gefährdung/Schutz: BArtSchV (1999): streng geschützt, Rote Liste BRD (1998): 1. – Das Vorkommen in Brandenburg (nördlicher Berliner Raum) ist offenbar erloschen, es konnte in den letzten Jahren kein Nachweis mehr erbracht werden. Demgegenüber wird zurzeit von Zentralfrankreich aus eine Ausbreitung von *B. daphne* nach Norden registriert. Die neueren Nachweise in BW, SL und RP könnten hiermit in Zusammenhang stehen.

Mädesüß-Perlmutterfalter

Brenthis ino (ROTTEMBURG, 1775) → Tafel Seite 202

Merkmale Falter: Die äußere Hälfte der Hinterflügelunterseite ist im Gegensatz zum ähnlichen *B. daphne* (s. o.) nur in einem schmalen Bereich violett gefärbt (Foto). Ei: kegelförmig mit groben Längsrippen. Raupe: wie *B. daphne* (s. o.), aber gleiche Form der Kopf- und Körperdornen (Foto: Raupe auf Großem Mädesüß). Nachtaktiv.

Lebensraum/Lebensweise: Feuchte bis nasse Brachen (nicht Wiesen) mit Mädesüß oder Großem Wiesenknopf, regional auch verfilzte Halbtrockenrasen mit Kleinem Wiesenknopf (Schwäbische Alb). Bevorzugung von violetten Blüten; an trockeneren Plätzen Acker-Witwenblume, an feuchteren Sumpf-Kratzdistel; eine Vielzahl weiterer Nektarpflanzen werden genannt, z. B. Flockenblumen, Brombeere, Teufelsabbiss, Echter Baldrian, Wiesen-Knöterich, Sumpf-Blutauge, Heil-Ziest, Schafgarbe. Mädesüß, Großer Wiesenknopf, ausnahmsweise Kleiner Wiesenknopf. Die Eier werden auf die Unterseite der Wirtspflanze gelegt. Die Raupen schlüpfen ab März. Möglicherweise werden nur solche Mädesüßblätter belegt, in die zuvor von Blattkäfern Löcher gefressen wurden. Raupe lebt tagsüber verborgen und frisst nur nachts. Die Verpuppung findet an Stängeln der Wirtspflanze statt (Stürzpuppe).

Nachweis: Falter.

Gefährdung/Schutz: Rote Liste BRD (1998): V. – Im Zuge zunehmender Nutzungsaufgabe feuchter Mähwiesen und der Renaturierung von Feuchtgebieten wird regional zurzeit eine Ausdehnung des Areals wie auch eine zunehmende Häufigkeit registriert.

SH –	HH –	MV –	NI –
ST –	BE –/x	BB 0/+	SN (E)
TH –	HE –	NW –	RP –/+
SL –/+	BW –/E	BY D/+	D 1/+

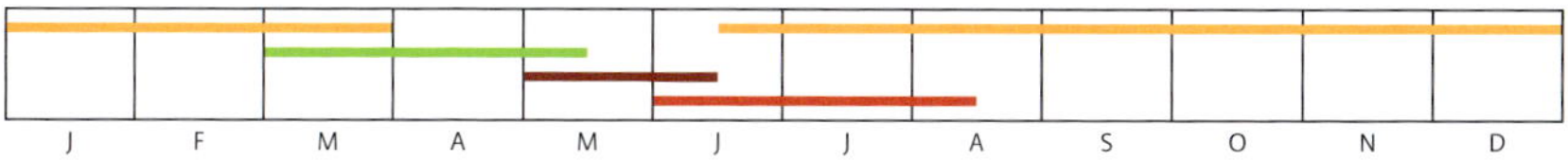

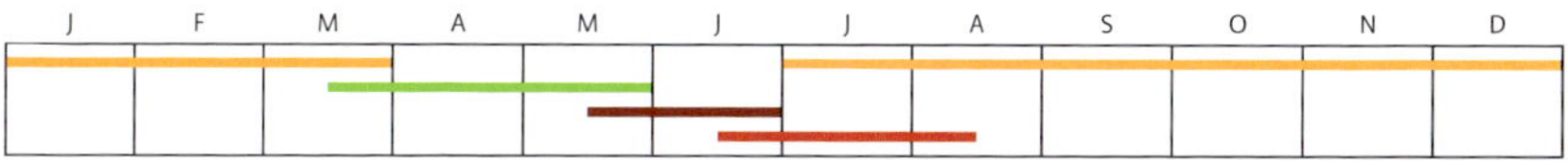

SH 3/+	HH 2/+	MV –/+	NI 2/+
ST 3/+	BE 1/+	BB 2/+	SN –/+
TH –/+	HE –/+	NW 3/+	RP 3/+
SL –/+	BW 3/+	BY 3/+	D V/+

Hochmoor-Perlmutterfalter

Boloria aquilonaris
STICHEL, 1908

→ Tafel Seite 203

Merkmale Falter: Eindeutiges artspezifisches Merkmal von *B. aquilonaris* ist die Färbung und Zeichnung der Hinterflügelunterseite (Foto). Ei: kegelförmig und längsgerippt (Foto). Raupe: hell bedornt, bräunlich grau mit hellem doppeltem Rückenstreifen.

Lebensraum/Lebensweise: Art der offenen Hoch- und Übergangsmoore, ausnahmsweise auch in Verlandungsmooren nährstoffarmer Seen. Habitate meist in Kontakt zu blumenreichen Niedermooren oder Wiesen, die als Nektarhabitat von Bedeutung sind. ✿ Außerhalb des blumenarmen Hochmoores werden eine Vielzahl von Blüten besucht, z. B. Sumpf-Kratzdistel, Glocken-Heide, Geflecktes Knabenkraut, Kriechender

ntet. Inzwischen ist jedoch der
n Biodiversität und die Gefähr-
ler Arten so weit fortgeschritten,
noch ein sofort einzuleitendes,
ndes Schutzkonzept die Ausrot-
er weiterer Schmetterlingsarten
wig-Holstein verhindern kann.

Boloria
aquilonaris

ammenfassung

hrdungssituation der Tagfalter,
falter und Widderchen Schles-
teins wird basierend auf einem
gen Projekt zur Erstellung eines

A to
pers a
eight
migra
remair
are inc
specie
listed
extinct
The
of the
destru
ning
discus

sacht Grundwasserabsenkungen, von denen dann auch das Moor selbst betroffen ist. Es sind also dringend Pufferzonen zu errichten.

Randring-Perlmutterfalter

Boloria eunomia
(ESPER, 1799)

→ Tafel Seite 205

Merkmale Falter: Eine Reihe gleichmäßig großer schwarzer Ringe mit weißen Kernen auf der Hinterflügelunterseite (Fotos: Unterseite und Weibchen, Oberseite). Ei: kegelförmig und längsgerippt. Raupe: bedornt, schmutzig graubraun.

Lebensraum/Lebensweise: Nasse, ungenutzte Standorte mit zahlreichem Vorkommen des Wiesenknöterichs (Großseggenriede, Nass- und Moorwiesenbrachen, Quellfluren etc.). Ausnahmsweise auch Kalkflachmoore mit Knöllchen-Knöterich (Alpenvorland). *B. eunomia* kann in sehr hoher Individuendichte vorkommen und deshalb auch relativ kleinflächige Biotope besiedeln. ✿ Vorzugsweise Wiesen-Knöterich, aber auch Sumpf- und Bach-Kratzdistel, Sumpf-Vergissmeinnicht, Margerite, Giersch, Dost. 🍃 Wiesen-Knöterich, evtl. auch Knöllchen-Knöterich. In kleinen Gruppen werden die Eier auf die Blattunterseiten der Wirtspflanze gelegt. Überwinterung auf der Fraßpflanze. Verpuppung als Stürzpuppe in der Streuschicht.

Nachweis: Falter.

Gefährdung/Schutz: BArtSchV (1999): besonders geschützt, Rote Liste BRD (1998): 2. – Regional profitierte die Art vom Brachfallen nasser Wiesen (Alpenvorland), gebietsweise aber auch gefährdet durch allmähliche Verbuschung der Habitate.

SH 2/+	HH 1/+	MV 1/+	NI 1/+
ST 1/+	BE 0/x	BB 1/+	SN 2/+
TH 1/+	HE R/+	NW 1/+	RP 1/+
SL –	BW 2/+	BY 2/+	D 2/+

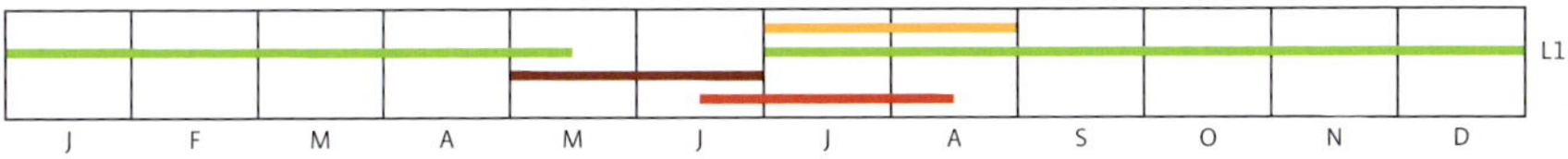

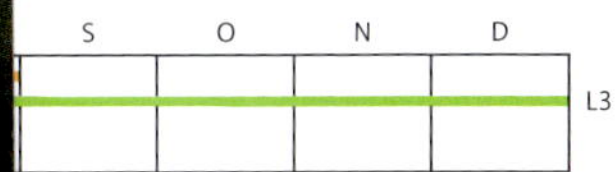

– 2/+ 2/+ 2/+

Braunfleckiger Perlmutterfalter
Boloria selene ([DENIS & SCHIFFERMÜLLER], 1775) ⟶ Tafel Seite 204

Merkmale Falter: *B. selene* unterscheidet sich von den übrigen Perlmutterfaltern durch folgende Merkmalskombination: Die Perlmutter-Randflecken auf der Hinterflügelunterseite sind mit schwarzen Linien/Winkeln abgesetzt; nahe der Flügelbasis befindet sich ein dicker schwarzer Punkt. Ei: kegelförmig und längsgerippt. Raupe: schwarz-grau übergossen, Borsten mit feiner Verästelung. Nachtaktiv.

Lebensraum/Lebensweise: Magere Offenlandbiotope mit Veilchen-Vorkommen, wie Moorränder, Streuwiesen, Heiden, regional auch Magerrasen. Im Inneren von Wäldern gern auch entlang der Wege und auf grasigen Schlagfluren. Bevorzugung violetter Blüten mit hoher Attraktivität vom Sumpf-Blutauge, aber auch Teufelsabbiss, Acker- und Sumpf-Kratzdistel, Rot-Klee, Wiesen-Knöterich, Acker-Witwenblume, Flockenblumen, Kuckucks-Lichtnelke, Wiesen-Bärenklau, Blutweiderich. Verschiedene Veilchen-Arten. In der Regel heften die Weibchen die Eier an die Fraßpflanze oder in deren Nähe an Streu.

Nachweis: Falter (meist 2 Generationen).

Gefährdung/Schutz: BArtSchV (1999): besonders geschützt, Rote Liste BRD (1998): V. – *B. selene* ist regional durch den Verlust geeigneter Habitate infolge von Sukzession oder Intensivierung gefährdet. Neben der Pflege und Erhaltung von extensiv genutztem Magergrünland ist die besondere Bedeutung von Kahlschlägen zu berücksichtigen.

Silberfleck-Perlmutterfalter
Boloria euphrosyne (LINNAEUS, 1758)
⟶ Tafel Seite 204

Merkmale Falter: 2 deutliche Silberflecken auf der Unterseite des Hinterflügels (Foto): einer in der Mitte des Flügels und einer an der Basis, nahe der Flügelhinterkante. Die Perlmutterflecken am Außenrand werden von roten Linien begrenzt (vgl. *B. selene*, s.o.). Eine Überprüfung durch Spezialisten wird wegen Verwechslungsmöglichkeiten (besonders mit der häufigeren *B. selene*) empfohlen. Ei: kegelförmig, an Spitze abgeflacht mit Längs- und Querrippen (Foto: Ei an Keimling von Rivinians Veilchen). Raupe: bedornt, Dornenbasis orange. Körper schwarz mit hellen Flecken. Hinter dem Kopf 2 fadenförmige „Kopfhörner".

Lebensraum/Lebensweise: *B. euphrosyne* ist ein charakteristischer Bewohner von Waldlichtungen (Kahlschläge, breite Forstweg-Ränder, magere Waldwiesen, Weidewälder). Nur regional trifft man die Art auch außerhalb von Wäldern an, z. B. in Mooren (Norddeutschland) oder auf gehölzreichen Kalkmagerrasen. Entscheidend ist das Vorhandensein von Veilchen an gut besonnten, wenig genutzten Standorten. Kriechender Günsel, Hahnenfuß, Braunelle usw. Veilchen-Arten.

Nachweis: 1) Falter (manchmal 2 Generationen). 2) Eier (Fotos) an Blattunterseiten von Veilchen über trockener Laub- oder Nadelstreu oder Jungraupen.

Gefährdung/Schutz: BArtSchV (1999): besonders geschützt, Rote Liste BRD (1998): 3. – Gefährdung vor allem durch forstliche Nutzungsänderungen. Wirksamer Schutz in erster Linie durch Fortführung oder Wiederaufnahme von Kahlschlag-, Mittel- und Niederwaldnutzung sowie Waldweide.

SH V/+	HH 3/+	MV –/+	NI 3/+
ST –/+	BE 1/+	BB 2/+	SN 3/+
TH –/+	HE 2/+	NW 2/+	RP –/+
SL 3/+	BW 3/+	BY 3/+	D V/+

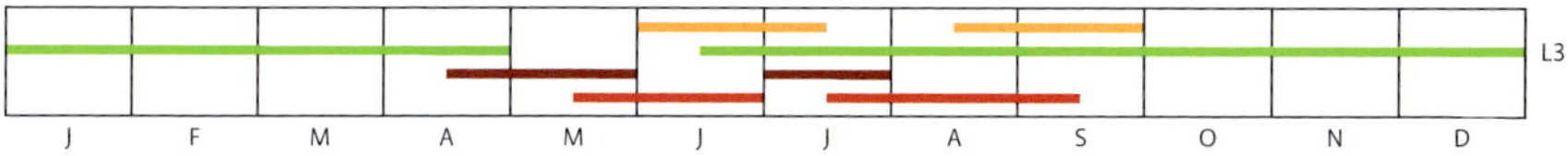

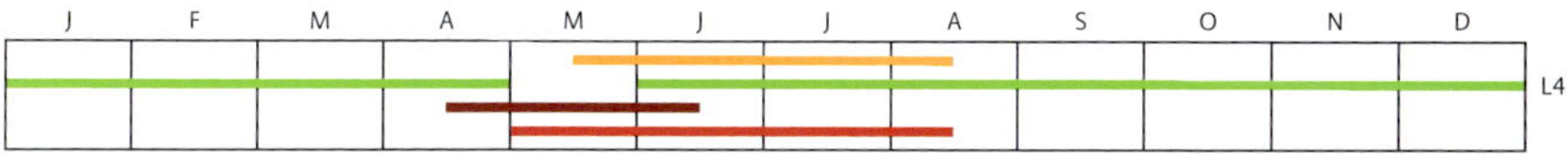

SH 1/+	HH 1/+	MV 1/+	NI 2/+
ST 2/+	BE 0/x	BB 0/+	SN 1/+
TH 3/+	HE 2/+	NW 1/+	RP 3/+
SL 3/+	BW 3/+	BY 3/+	D 3/+

Alpen-Perlmutterfalter
Boloria thore
(HÜBNER, 1806)

→ Tafel Seite 203

Merkmale Falter: Die dunkle Zeichnung auf der Flügeloberseite ist sehr ausgedehnt und braun, nicht schwarz wie bei den übrigen besprochenen *Boloria*-Arten. Auf der Mitte der Hinterflügelunterseite verschmelzen die gelben Flecken zu einem zusammenhängenden Band (Foto). Ei: kegelförmig, längsgerippt. Raupe: bedornt, grauschwarz mit heller unterbrochener Seitenlinie (Foto).

Lebensraum/Lebensweise: Lichtungen von Bergwäldern ab 700 m im bayerischen Alpenraum und auf der Adelegg in BW. Einzelne, isolierte Vorkommen auch an Kältestandorten im Vorland der Bayerischen Alpen. Wald-Witwenblume, Alpen-Greiskraut, Sumpf-Kratzdistel, Geflecktes Knabenkraut, Himbeere u.a. Zweiblütiges Veilchen, evtl. weitere Veilchen-Arten. Eiablage einzeln an die Raupenfraßpflanzen. Die Larvalentwicklung dauert vermutlich 2 Jahre (nach Angaben aus der Schweiz). Verpuppung als Stürzpuppe.

Nachweis: Falter.

Gefährdung/Schutz: BArtSchV (1999): besonders geschützt, Rote Liste BRD (1998): 3. – Gefährdet v. a. durch Aufgabe der früher im Nordalpenraum verbreiteten Waldweide und das dadurch verursachte Dichterwerden der Bergwälder.

Natterwurz-Perlmutterfalter
Boloria titania
(ESPER, 1793)

→ Tafel Seite 204

Merkmale Falter: *B. titania* ist deutlich größer als die übrigen Vertreter der Gattung *Boloria*. Die dunklen Markierungen in der Randbinde der Hinterflügel (Ober- und Unterseite) bilden keine Winkel, sondern komplette Dreiecke. Ei: kegelförmig, längsgerippt, auffallend groß. Raupe: samtschwarz mit gelblichen Dornen, am Kopf antennenartig.

Lebensraum/Lebensweise: Montane Art. In Deutschland nur in BY und BW. Moor- und Sumpfgebiete, von Wald umgebene, feuchte Täler im südlichen Schwarzwald und im Alpenvorland. Alpen-Greiskraut, Fuchs-Greiskraut, Sumpf-Kratzdistel, Acker-Gänsedistel, Arnika, Wald-Witwenblume, Grauer Alpendost. Wiesen-Knöterich. Am Alpennordrand aber auch an einigen Standorten, denen diese Pflanze fehlt. Hier vermutlich an Veilchen oder Knöllchen-Knöterich. Eiablage auf die Fraßpflanzen selbst oder auf benachbarte Pflanzen. Verpuppung als Stürzpuppe in der Krautschicht.

Nachweis: 1) Falter. 2) Suche nach halb erwachsenen und erwachsenen Raupen auf Blättern des Wiesen-Knöterichs (Foto) an bedeckten Tagen.

Gefährdung/Schutz: BArtSchV (1999): besonders geschützt, Rote Liste BRD (1998): 3. – Gefährdet v.a. durch Nutzungsaufgabe und Aufforstung. Um die Habitate in einem für *B. titania* geeigneten Zustand zu halten, dürfen sie nur in mehrjährigem Abstand gemäht oder extensiv beweidet werden.

SH –	HH –	MV –	NI –
ST –	BE –	BB –	SN –
TH –	HE –	NW –	RP –
SL –	BW R/+	BY V/+	D 3/+

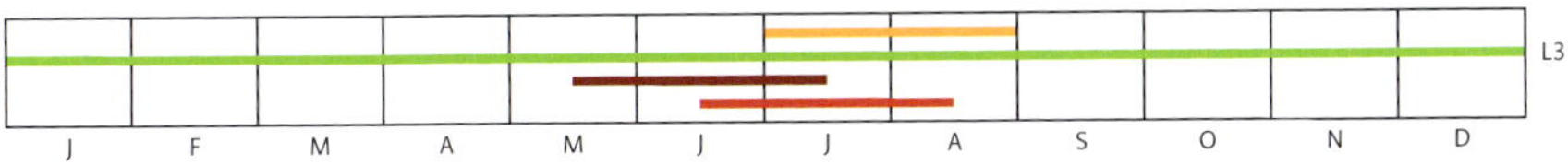

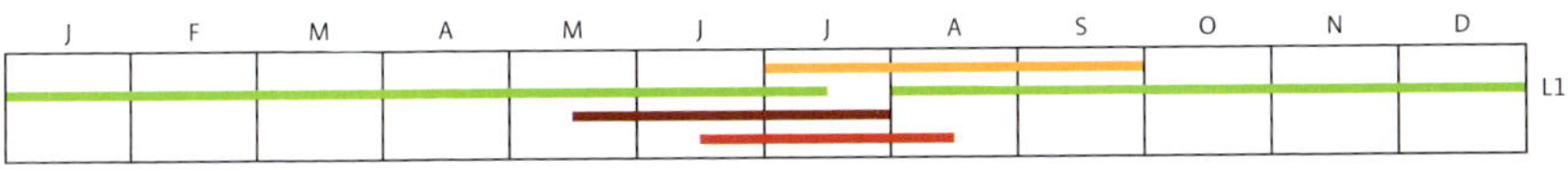

SH –	HH –	MV –	NI –
ST –	BE –	BB –	SN –
TH –	HE –	NW –	RP –
SL –	BW 2/+	BY V/+	D 3/+

Magerrasen-Perlmutterfalter
Boloria dia
(LINNAEUS, 1767)

→ Tafel Seite 203

Merkmale Falter: Relativ kleiner Perlmutterfalter mit durchgängiger dunkelbraunvioletter Binde auf der Hinterflügelunterseite. 3 kleine Perlmutterflecken. Ei: stumpf, kegelförmig, längsgerippt. Raupe: Dornen kurz und zapfenartig, bräunlich. Körper schwarz.

Lebensraum/Lebensweise: Trocken- und Halbtrockenrasen auf bodensauren wie auch auf kalkreichen Böden. Heidegebiete, trockene Saumgesellschaften, Steppenheidewald, frische Kahlschläge mit Veilchen. Hornklee, Wiesen-Flockenblume, Kleines Habichtskraut u.a. Verschiedene Veilchen-Arten. Eiablage einzeln auf oder in der Nähe der Fraßpflanzen. Verpuppung als Stürzpuppe an Pflanzenstängeln.

Nachweis: Falter (mehrere Generationen von Mai bis September).

Gefährdung/Schutz: BArtSchV (1999): besonders geschützt, Rote Liste BRD (1998): 3. – Gefährdet durch Nutzungsaufgabe und Zuwachsen von Magerrasen und Heiden sowie durch forstliche Nutzungsänderungen (z.B. Abschaffung von Niederwald- und Kahlschlag-Nutzung). Durch Aufforstung von mageren, bisher waldfreien Flächen geht ebenfalls Lebensraum verloren.

Admiral
Vanessa atalanta
(LINNAEUS, 1758)

→ Tafel Seite 206

Merkmale Falter: Unverwechselbar durch die rote Flügelbinde auf der Oberseite. Ei: grünlich, oval mit Längsrippen. Raupe: Nach neueren Erkenntnissen können bei uns mehrere Phänotypen unterschieden werden, die wohl Auskunft über die Herkunft der Elterntiere zulassen: rein schwarz = mitteleuropäische, schwarz/(dunkelbraun) mit hellgrünen Seitenflecken = westeuropäische, schwarz mit gelber/hellbrauner Seitenlinie = osteuropäische/skandinavische Gruppe (Foto).

Lebensraum/Lebensweise: Breites Spektrum an Offenlandbiotopen, auch Waldschneisen. Präferenz für Grünanlagen im Siedlungsbereich mit einem Angebot an Nektarpflanzen und/oder reifem Obst. Vielzahl von Nahrungsquellen, z.B. Sommerflieder, Astern, Sonnenröschen, Phlox, Thymian, Weißdorn, Wasserdost, Goldrute, Wasserminze, Heckenkirsche (auch Beeren), Spierstrauch, im Frühjahr auch Sal-Weide; an Fallobst und Bier. Große Brennnessel.

Nachweis: 1) Falter. 2) Suche nach Raupen in Blatttüten der Großen Brennnessel.

Gefährdung/Schutz: Rote Liste BRD (1998): nicht gefährdet. – Siehe *V. cardui* (S. 124).

Besonderheiten: Als Wanderfalter ist *V. atalanta* von der ersten Einflugwelle im Mai bis Oktober nachweisbar. In früheren Jahren wanderten die Falter im Spätsommer größtenteils nach Südeuropa ab. 1999 blieben erstmalig viele Exemplare nördlich der Alpen. In SW-Deutschland pflanzten sie sich z.T. erneut fort (= 4. Generation). Vermehrt werden in den Wintermonaten Falter in Überwinterungsquartieren gefunden, sodass der Admiral jetzt auch in einigen Teilen Deutschlands zu den Frühlingsboten zählt.

SH –	HH –	MV 1/+	NI 1/+
ST 2/+	BE 0/x	BB 2/+	SN 2/+
TH 3/+	HE V/+	NW 1/+	RP 2/+
SL V/+	BW 3/+	BY 3/+	D 3/+

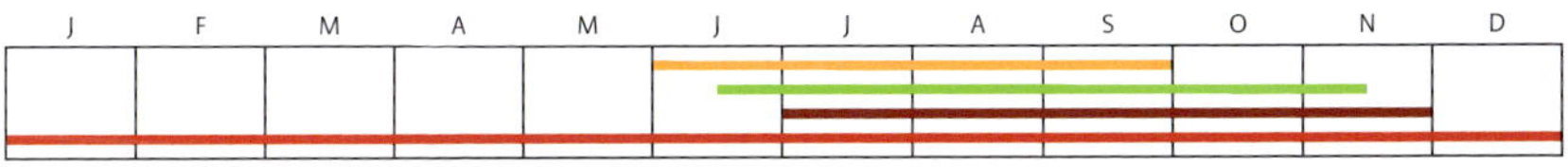

SH –/+	HH –/+	MV –/+	NI –/+
ST –/+	BE –/+	BB –/+	SN –/+
TH –/+	HE –/+	NW –/+	RP –/+
SL –/+	BW –/+	BY –/+	D –/+

Distelfalter

Vanessa cardui
(LINNAEUS, 1758)
⟶ Tafel S. 206

Merkmale Falter: Unverwechselbar durch ledergelbe Grundfarbe und Fleckenmuster auf den Flügeln. Oftmals auch blasse und abgeflogene Falter. Ei: oval, längsgerippt. Raupe: verschiedenfarbig von ockergelb bis grünlich braun, lebt in einem lockeren Gespinst aus Blattresten.

Lebensraum/Lebensweise: Offenland-Art. Alle offenen, blumenreichen Biotope, besonders Ruderalflächen mit Disteln und noch freien Bodenstellen, Stoppelfelder. Gute, ungestüme Flieger, die aufgrund ihrer Mobilität einen großen Radius haben. Breites Spektrum. Zahlreiche Distel-Arten und viele weitere krautige Pflanzen. Falter fliegt auch in der Dämmerung und erscheint gelegentlich am Licht. Im Spätsommer mancher Jahre schwarmartige Südwanderungen. Stürzpuppe an Pflanzenstängeln.

Nachweis: 1) Falter. 2) Suche nach den Raupen (Foto) zuverlässig und witterungsunabhängig möglich.

Gefährdung/Schutz: Rote Liste BRD (1998): nicht gefährdet. – Da die hauptsächlichen Raupenhabitate von *V. atalanta* (S. 122) und *V. cardui* südlich der Alpen, also außerhalb unseres Faunengebietes liegen, können sich Verschlechterungen oder Verbesserungen der Lebensraumqualität bei uns allenfalls auf die Zahl und Reproduktionsfähigkeit der Rückwanderer auswirken. Es ist aber kaum zu erwarten, dass diese wesentlich zur Erhaltung der Bestände beitragen.

Tagpfauenauge

Nymphalis io
(LINNAEUS, 1758)
⟶ Tafel Seite 206

Merkmale Falter: Ein großer Augenfleck auf jedem Flügel, dadurch unverwechselbar. Ei: glänzend grün, oval, längsgerippt. Raupe: schwarz, gesprenkelt und bedornt, aber ohne Kopfdornen (im Gegensatz zur sonst gleichen Raupe des Landkärtchens, S. 130, die Kopfdornen trägt).

Lebensraum/Lebensweise: Überall im Offenland bis in die Waldränder und nährstoffreichen Lichtungen. Häufig im Siedlungsbereich in Gärten und Parkanlagen. Zur Überwinterung hängen sich die Falter unter die Decke von Höhlen und Betonröhren, aber auch Dachböden und Schuppen werden aufgesucht. Violette Blüten machen ca. 90 % der Nektarpflanzen aus, insbesondere Disteln, aber auch Blaukissen, Sommerflieder, Dahlien, Astern, Oleander, Prachtscharte, Stauden-Wicke, Thymian, Fetthenne, Gänsekresse, Wasserdost, Karde, Heidekraut, Wildmirabelle, Rot-Klee, Efeu; im Frühjahr Seidelbast, Sal-Weide usw. An heißen Tagen auch Aufnahme von Wasser an feuchten Stellen oder faulenden Weintrauben. Große Brennnessel. Eier in Gelegen an Blattunterseiten.

Nachweis: 1) Raupen auf beschatteten Brennnesselbeständen (in Ggs. zu Kleinem Fuchs, S. 128). 2) Falter (in 1 bis 2 Generationen von den Überwinterern im Frühjahr bis zum Spätherbst; ein Teil der Falter geht frühzeitig in Diapause – „übersommert" – oder bereits ab August in Winterruhe).

Gefährdung/Schutz: Rote Liste BRD (1998): nicht gefährdet. – Siehe Kleiner Fuchs.

SH −/+	HH −/+	MV −/+	NI −/+
ST −/+	BE −/+	BB −/+	SN −/+
TH −/+	HE −/+	NW −/+	RP −/+
SL −/+	BW −/+	BY −/+	D −/+

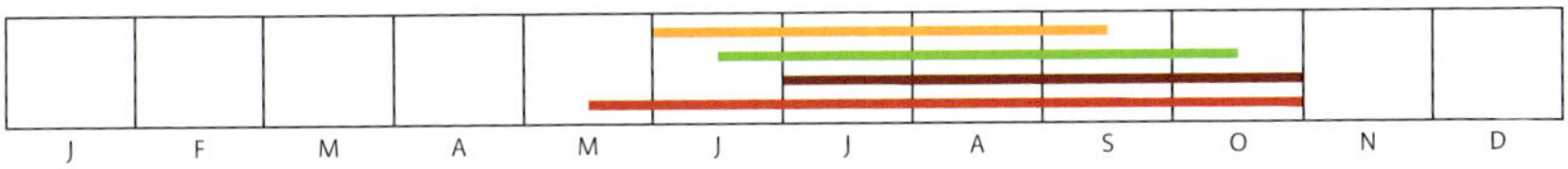

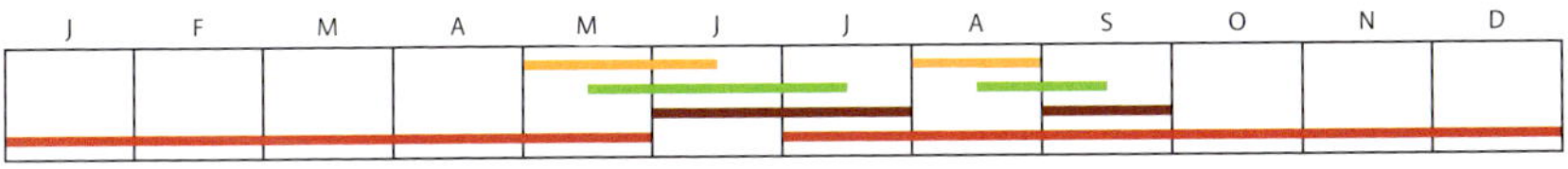

SH −/+	HH −/+	MV −/+	NI −/+
ST −/+	BE −/+	BB −/+	SN −/+
TH −/+	HE −/+	NW −/+	RP −/+
SL −/+	BW −/+	BY −/+	D −/+

Trauermantel

Nymphalis antiopa
(LINNAEUS, 1758)
→ Tafel Seite 206

Merkmale Falter: Unverwechselbar; groß, dunkelbraun mit fahlgelben, nach der Überwinterung weißen Flügelrändern (Foto: Falter vor Überwinterung, Flügelränder gelblich). Ei: bräunlich, längsgerippt. Raupe: schwarz, bedornt, auf dem Rücken eine Reihe roter Flecken; gesellig (Foto).

Lebensraum/Lebensweise: Dauerhaft bodenständig v.a. in höheren Mittelgebirgen, nur regional auch in tieferen Lagen mit kontinental getöntem Klima. Raupenentwicklung in Waldmänteln, an Gewässerrändern, in Weichholzauen und in Hecken mit Weiden. Erwachsene Falter trifft man häufig auf Waldwegen an, wo sie sich sonnen. Pflanzensäfte und Blütennektar, im Herbst auch häufig auf Fallobst. Verschiedene Weiden-Arten, gelegentlich auch Birke. Ringförmige Eigelege um Zweige. Falter überwintern in Baumhöhlen oder Reisighaufen. Männchen zeigen Revierverhalten und reagieren auf vorbeifliegende Objekte.

Nachweis: 1) Falter (besonders nach der Überwinterung im März). 2) Suche nach Raupennestern an Weiden- und Birken-Arten.

Gefährdung/Schutz: BArtSchV (1999): besonders geschützt, Rote Liste BRD (1998): V. – Aussagen zur Bestandssituation sind schwierig, da die Art zyklischen Populationsschwankungen unterliegt. Unterstützt durch Zuwanderungen aus Tschechien scheinen die Vorkommen in Ostdeutschland zurzeit stabil zu sein und sich sogar auszudehnen. Auch im Schwarzwald bestehen noch weitgehend stabile Vorkommen. Gefährdungsursachen liegen v.a. in Klimaveränderungen und der Zerstörung der Raupenhabitate.

C-Falter

Nymphalis c-album
(LINNAEUS, 1758)
→ Tafel Seite 210

Merkmale Falter: Orangebraune Zeichnung auf der Oberseite. Kleine, weiße, C-förmige Zeichnung auf der Unterseite des Hinterflügels. Flügelhinterkante grob gezackt. Die Flügelunterseiten der Sommerform *N. c-album* f. *hutchinsoni* (= 2. Generation) sind von heller, gelbbrauner Grundfarbe. Die Falter der überwinterungsfähigen Generation sind unterseits dunkelbraun (f. *c-album*, Foto) bzw. dunkelbraun und metallisch grün (f. *variegata*). Ei: grünlich, oval und längsgerippt. Raupe: Dornen vorn rotbraun, Mitte und hinten weiß wie die Körperoberseite der sonst schwarzgrauen Raupe.

Lebensraum/Lebensweise: Auwälder und mäßig feuchte bis feuchte Bereiche von Laub- und Nadelwäldern. Offene Flecken in den Wäldern und an Säumen, Feldgehölzen und Gartenanlagen. Nektarreiche (Garten-) Blumen, Weidenkätzchen, Sommerflieder, Distel-Arten, Fallobst. Im Frühjahr Sal-Weide, Ulme, Hasel, Stachel- und Johannisbeere, später Große Brennnessel.

Nachweis: Falter.

Gefährdung/Schutz: Rote Liste BRD (1998): nicht gefährdet. – Erhaltung artenreicher Waldmäntel, Hecken und Gebüsche.

SH –/+	HH 2/+	MV 3/+	NI 3/+
ST –/+	BE 3/+	BB –/+	SN –/+
TH –/+	HE 2/+	NW R/+	RP 1/+
SL 1/+	BW 3/+	BY V/+	D V/+

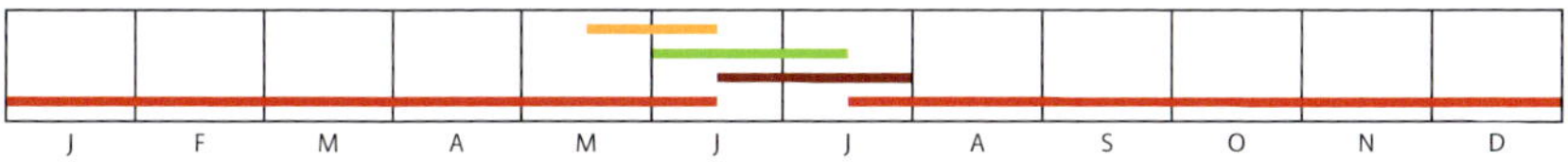

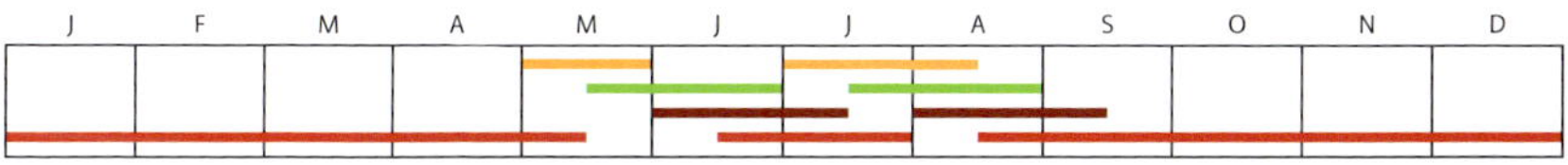

SH V/+	HH 3/+	MV –/+	NI V/+
ST –/+	BE –/+	BB –/+	SN –/+
TH –/+	HE –/+	NW –/+	RP –/+
SL –/+	BW –/+	BY –/+	D –/+

Großer Fuchs

Nymphalis polychloros (LINNAEUS, 1758)

→ Tafel Seite 211

Merkmale Falter: Hellbraune Grundfarbe. Deutlich größer als der ähnliche *N. urticae* (s. u.) und die innere Hälfte des Hinterflügels nicht verdunkelt wie bei diesem (Foto). Ei: weißlich, kegelförmig, längsgerippt. Ringförmige Eigelege um Zweige. Raupe: bedornt, bräunlich (auch die Dornen) mit dunklem Rücken (Foto); gesellig.

Lebensraum/Lebensweise: Schwerpunkt in offenen Wäldern mit Vorkommen der Salweide, regional bzw. jahrweise auch in Streuobstbeständen an Kirsche sowie an sonnigen Waldrändern oder in Wohnsiedlungen an Ulmen. Art unterliegt extremen Häufigkeitsschwankungen und ist in den meisten Jahren relativ selten. Blühende Weidenkätzchen, Baumsäfte, Brombeere, Liguster, Vogelkirsche. Weiden- und Ulmen-Arten, Zitter-Pappel, Kirsche.

Nachweis: 1) Falter, am besten zu finden im März/April durch Suche von Männchen-Revieren an sonnenexponierten Waldrändern. 2) Suche nach Raupennestern oder Fraßbildern mit Raupenhäuten (Foto: an Sal-Weide) im Juni/Juli.

Gefährdung/Schutz: BArtSchV (1999): besonders geschützt, Rote Liste BRD (1998): 3. – Schonung der Salweide im Waldverband, Förderung heimischer Ulmen und Verzicht auf Pestizide im Kirschenanbau.

Weitere Art: Östlicher Großer Fuchs *Nymphalis xanthomelas* (ESPER [1781]); Tafel Seite 211; BArtSchV (1999): besonders geschützt, Rote Liste BRD (1998): 0. – Beine gelb; Flügelzeichnung kontrastreicher als bei *N. polychloros*. Seit Jahrzehnten nur ein einziger Nachweis (davor vor allem in östlichen Landesteilen; auch Raupennachweise).

Kleiner Fuchs

Nymphalis urticae (LINNAEUS, 1758)

→ Tafel Seite 210

Merkmale Falter: Rötlich braune Grundfarbe. Deutlich kleiner als *N. polychloros* (s. o.); innere Hälfte des Hinterflügels im Gegensatz zu diesem verdunkelt (Foto). Ei: oval, grünlich glänzend mit deutlichen Längsrippen. Raupe: bedornt, Grundfarbe schwärzlich mit 2 gelben Rückenstreifen und je einem gelben Seitenstreifen.

Lebensraum/Lebensweise: Alle Bereiche des Offenlandes bis in die Waldmäntel. Vielzahl von Nektar spendenden Blumen. Große Brennnessel, seltener an Kleiner Brennnessel oder Hopfen. Eier in Gelegen an Blattunterseiten.

Nachweis: 1) Raupen (Foto) auf nicht beschatteten Brennnesselbeständen (in Ggs. zum Tagpfauenauge, S. 124). 2) Falter (ab März, nach Paarung und Fortpflanzung dann in mehreren, oft ineinander übergehenden Generationen bis Oktober; Sommerruhe etwas weniger ausgeprägt als beim Tagpfauenauge).

Gefährdung/Schutz: Rote Liste BRD (1998): nicht gefährdet. – Trotz jahrweise extremer Häufigkeitsschwankungen ist der Kleine Fuchs einer der am weitesten verbreiteten heimischen Tagfalter. Seine Lebensräume nehmen im Zuge der allgemeinen Nährstoffanreicherung der Landschaft eher zu.

SH G/+	HH 1/+	MV 3/+	NI 2/+
ST 3/+	BE 2/+	BB 2/+	SN 2/+
TH 3/+	HE 3/+	NW 2/+	RP 3/+
SL V/+	BW 3/+	BY 3/+	D 3/+

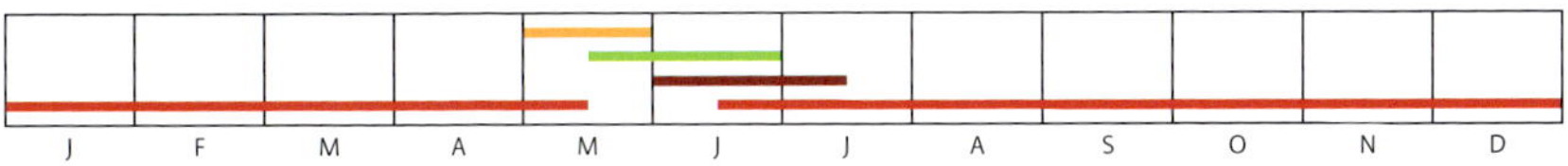

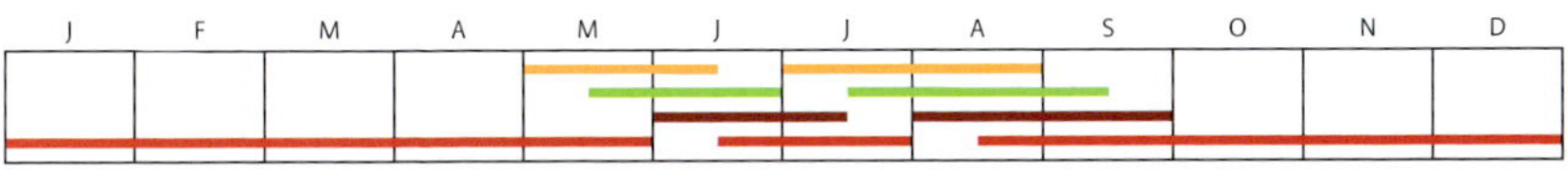

SH –/+	HH –/+	MV –/+	NI –/+
ST –/+	BE –/+	BB –/+	SN –/+
TH –/+	HE –/+	NW –/+	RP –/+
SL –/+	BW –/+	BY –/+	D –/+

Landkärtchenfalter

Araschnia levana
(LINNAEUS, 1758)
→ Tafel Seite 209

Merkmale Falter: Flügelunterseite reich gegliedert, von hellen Adern durchzogen – einer Landkarte ähnlich (Name!). Helle Frühjahrsform (*A. levana* f. *levana*, S. 17) und dunkle Sommerform (*A. levana* f. *prorsa*, Foto). Ei: grün, zylindrisch, längsgerippt. Raupe: schwarz und bedornt, am Kopf 2 Dornen (im Gegensatz zu *N. io*, S. 124).
Lebensraum/Lebensweise: Luftfeuchte, halbschattige bis schattige Brennnesselfluren im Wald (breite Forstwege, Schneisen etc.), seltener auch in luftfeuchten Offenlandbiotopen (z. B. nährstoffreiche Niedermoore, brachgefallene Obstwiesen) Präferenz für weiße Blüten (Brombeere, Wald-Engelwurz), aber auch viele violette Blüten. Große Brennnessel. Die Eier werden aufeinander in „Türmchen" blattunterseits abgelegt.
Nachweis: 1) Artnachweis über die gesellig lebenden Raupen (Foto). 2) Falter (manchmal eine partielle 3. Generation).
Gefährdung/Schutz: Rote Liste BRD (1998): nicht gefährdet. – Das Landkärtchen hat sich in den letzten Jahrzehnten stark ausgebreitet und gehört in Deutschland jetzt zu den allgemein verbreiteten Arten.

Eschen-Scheckenfalter

Euphydryas maturna
(LINNAEUS, 1758)
→ Tafel Seite 216

Merkmale Falter: Durchgehende rote Submarginalbinden (vgl. Abb. S. 136) ohne schwarze Punkte auf der Unterseite der Hinterflügel. Ei: anfangs weiß, später rötlich, dann bräunlich; oval, schwach längsgerippt. Raupe: schwarz (auch die Dornen) mit gelben Längsstreifen.
Lebensraum/Lebensweise: Mittelwälder, Auwälder, aber auch trockenere Laubmischwälder, sofern diese sonnenexponierte, randständige Eschen aufweisen, die gleichzeitig so geschützt stehen, dass sich Luftfeuchtigkeit aufbauen kann (z. B. am Rand kleiner Lichtungen). In Südwestdeutschland isoliertes Vorkommen in nordexponiertem Wiesengebiet mit eschenreichen Gehölzbeständen. Acker-Witwenblume; auch an Tierexkrementen. Esche, nach der Überwinterung polyphag (S. 232) an krautigen Pflanzen. Die Eier werden mehrschichtig in Eispiegeln (Foto; vgl. S. 232) blattunterseits abgelegt.
Nachweis: 1) Suche nach Jungraupengespinsten an exponierten Zweigen der Esche (Foto). 2) Falter.
Gefährdung/Schutz: BArtSchV (1999): streng geschützt, Rote Liste BRD (1998): 1, FFH-Richtlinie: Anhang II + IV. – Starke Verluste in letzten Jahren durch Aufgabe historischer Waldnutzungsformen (Mittel-, Niederwaldnutzung), möglicherweise in Kombination mit großräumigen Klimaveränderungen.
Besonderheiten: Zweimalige Überwinterung der Raupen soll möglich sein.

SH −/+	HH 3/+	MV −/+	NI −/+
ST −/+	BE −/+	BB −/+	SN −/+
TH −/+	HE −/+	NW −/+	RP −/+
SL −/+	BW −/+	BY −/+	D −/+

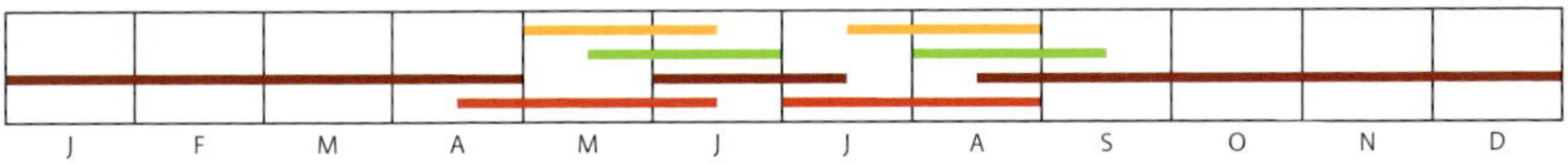

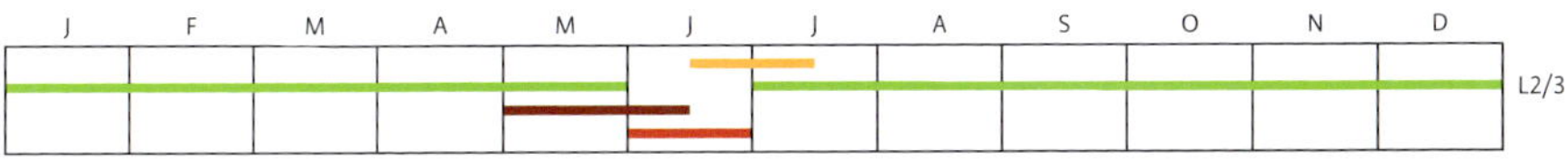

SH 0/x	HH –	MV 1/+	NI 1/+
ST 1/+	BE –	BB 0/o	SN 1/+
TH 0/+	HE 0/x	NW 0/o	RP 0/o
SL –	BW 1/+	BY 1/+	D 1/+

Goldener Scheckenfalter

Euphydryas aurinia (ROTTEMBURG, 1775)

→ Tafel Seite 216

Merkmale Falter: In der rötlichen Submarginalbinde (vgl. Abb. S. 136) befinden sich schwarze, weiß umrandete Flecken. Ei: gelbglänzend, rundlich, längsgerippt. Raupe: schwarz mit blauem Kopf und breiten silbrigen Längsstreifen (Foto).

Lebensraum/Lebensweise: Magere, extensiv genutzte Feucht- und Moorwiesen mit Teufels-Abbiss oder Schwalbenwurz-Enzian einschließlich ihrer Brachestadien (z. B. Alpenvorland, Sachsen) in anderen Regionen (z. B. Thüringen, Saarland, Kaiserstuhl) trockene Kalkmagerrasen mit Tauben-Skabiose. Arnika, Wiesen-Knöterich, Kratzdisteln, Löwenzahn, Labkraut, Witwenblume, Wiesen-Schaumkraut, Hahnenfuß, Fingerkraut, Wundklee, Zypressen-Wolfsmilch. Gewöhnlicher Teufelsabbiss, Tauben-Skabiose, verschiedene Enzian-Arten. Eier in Gelegen auf Blattunterseiten (z. T. mehrschichtige Eispiegel).

Nachweis: 1) Falter. 2) Suche nach Jungraupengespinsten an den Fraßpflanzen.

Gefährdung/Schutz: BArtSchV (1999): besonders geschützt, Rote Liste BRD (1998): 2, FFH-Richtlinie: Anhang II. – Eine Vielzahl von Faktoren führt in den unterschiedlichen Habitattypen zum Rückgang von *E. aurinia*: Drainage von Feuchtwiesen und Mooren sowie allgemein Düngung und Aufforstung von extensiv genutztem Offenland. Da die Art so genannte Metapopulationen bildet, müssen auf großer Fläche immer genügend besiedelbare Habitate vorhanden sein, die beim Verschwinden der Art an anderer Stelle genutzt werden können.

Wegerich-Scheckenfalter

Melitaea cinxia (LINNAEUS, 1758)

→ Tafel Seite 212

Merkmale Falter: *M. cinxia* unterscheidet sich von allen übrigen Scheckenfaltern durch eine Reihe deutlicher schwarzer Punkte in den Feldern der Submarginalbinde (S. 136) der Hinterflügel. Diese sind sowohl auf der Ober- als auch auf der Unterseite erkennbar (Foto: Paarung an Großem Ehrenpreis). Ei: rundlich, fein gerippt. Raupe: schwarz mit silbrig grauen Binden an den Segmenten, erwachsene Raupe mit roter Kopfkapsel.

Lebensraum/Lebensweise: Das Spektrum der Biotope reicht von Trockenrasen bis zu den Rändern von (stets nährstoffarmen) Moorkomplexen. Besonders typisch sind Halbtrockenrasen. Auch auf besonnten Grasstreifen entlang von Waldwegen oder an den Rändern von Schlagfluren. Ehrenpreis, Rot-Klee, Hahnenfuß, Zypressen-Wolfsmilch usw. Wegerich-Arten, Großer Ehrenpreis. In den Keuper- und Muschelkalkgebieten in BW erfolgen Eiablage (Gelege auf Blattunterseiten), Jungraupen-Entwicklung und Überwinterung fast ausschließlich am Großen Ehrenpreis. Erst im Frühjahr fressen die Raupen dort auch Wegerich-Arten.

Nachweis: 1) Falter. 2) Jungraupengespinste: am besten im Spätsommer zu finden (Foto: Jungraupengespinst an Großem Ehrenpreis), Wintergespinste dagegen relativ unauffällig. 3) Ältere Raupen, nach Überwinterung nicht mehr gesellig, oft schon ab März, v. a. aber im April fressend (Foto).

Gefährdung/Schutz: Rote Liste BRD (1998): 2. – Eine Vielzahl von Einflüssen führt zum Verlust von Magerrasen mit der für *M. cinxia* geeigneten Vegetation. Als wichtigste sind Nutzungsaufgabe und -intensivierung sowie Aufforstung zu nennen.

SH 1/+	HH 0/x	MV 2/+	NI 2/+
ST 1/+	BE 0/x	BB 0/+	SN 1/+
TH 2/+	HE 2/+	NW 1/+	RP 2/+
SL 3/+	BW 2/+	BY 2/+	D 2/+

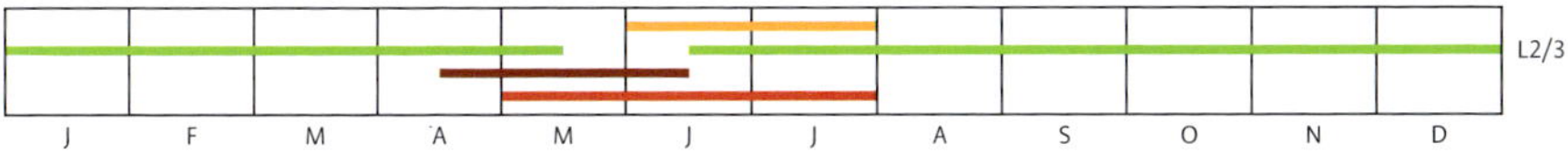

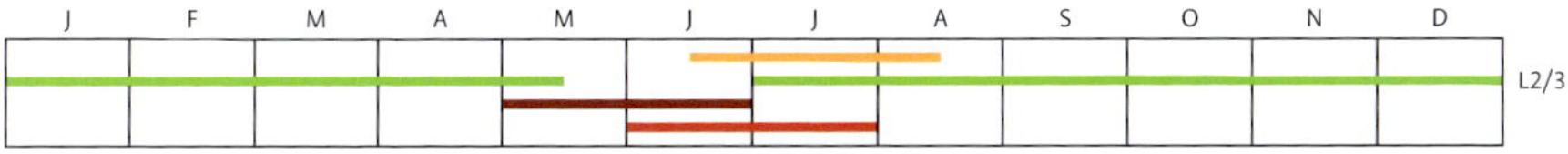

SH 1/+	HH 0/x	MV 3/+	NI 1/+
ST 3/+	BE 0/x	BB 2/+	SN 1/+
TH 2/+	HE 2/+	NW 1/+	RP 3/+
SL 3/+	BW 2/+	BY 2/+	D 2/+

Flockenblumen-Scheckenfalter

Melitaea phoebe ([DENIS & SCHIFFERMÜLLER], 1775) → Tafel Seite 212

Merkmale Falter: Große Scheckenfalter-Art. Submarginalbinde (vgl. Abb. S. 136) auf der Unterseite der Hinterflügel mit kreisrunden roten Punkten in den Feldern (Foto). Am Außenrand der Vorderflügel ein orangefarbenes Feld, deutlich größer als die übrigen. Ei: gelblich, oval, schwach längsgerippt. Raupe: ähnlich *M. cinxia* (S. 132), jedoch mit rötlichem Seitenstreifen (Foto: halberwachsene Raupe).

Lebensraum/Lebensweise: Thermophile Art. Magere Weinbergsbrachen, südexponierte trockenwarme Magerrasen. Skabiosen-Flockenblume, Karthäuser-Nelke. Skabiosen-Flockenblume. Eipakete mit bis zu 300 Eiern werden auf die Blätter der Fraßpflanzen gelegt. Raupen nachtaktiv. Verpuppung an den Wirtspflanzen (Stürzpuppe).

Nachweis: 1) Falter (in wärmebegünstigten Regionen 2 Generationen, siehe Diagramm, weiter nördlich nur 1 Generation von Ende Mai bis Ende Juli). 2) Suche nach Jungraupengespinsten an kräftigen Flockenblumen meist kurzrasiger oder lückiger, „heißer" Standorte.

Gefährdung/Schutz: Rote Liste BRD (1998): 2. – Die verbliebenen Bestände beschränken sich in Deutschland auf einige wenige Flugstellen, vor allem in BW und BY. Zur Erhaltung von *M. phoebe* ist die Offenhaltung trockenheißer Hanglagen durch Beweidung, Entbuschung oder extensive Pflegemahd besonders vordringlich.

Roter Scheckenfalter

Melitaea didyma (ESPER, 1779)
→ Tafel Seite 213

Merkmale Falter: Geschwungenes, aber zusammenhängendes orangefarbenes Band nahe der Basis der Hinterflügelunterseite (Foto). Ei: kugelig, schwach längsgerippt. Raupe: bunt mit behaarten Dornen.

Lebensraum/Lebensweise: Trockene Magerrasen mit recht kurzer, fels- oder gerölldurchsetzter Vegetation. Acker-Witwenblume, Wiesen-Flockenblume. Aufrechter Ziest, Spitz-Wegerich, Mittlerer Wegerich, Großer Ehrenpreis, Gamander-Ehrenpreis, Gewöhnliches Leinkraut, Acker-Wachtelweizen, Gelber Zahntrost, Großblütiger Fingerhut, Königskerzen-Arten. Eier in Gelegen auf Blattunterseiten.

Nachweis: 1) Falter. 2) Suche nach den bunten halberwachsenen und erwachsenen Raupen nach der Überwinterung (Foto).

Gefährdung/Schutz: Rote Liste BRD (1998): 2. – Bedrohung durch den Verlust offener, felsiger oder steiniger Trockenstandorte durch Nutzungsaufgabe, Sukzession und Aufforstung. Die meisten Lebensräume sind von einer Fortsetzung extensiver Beweidung abhängig.

Melitaea phoebe

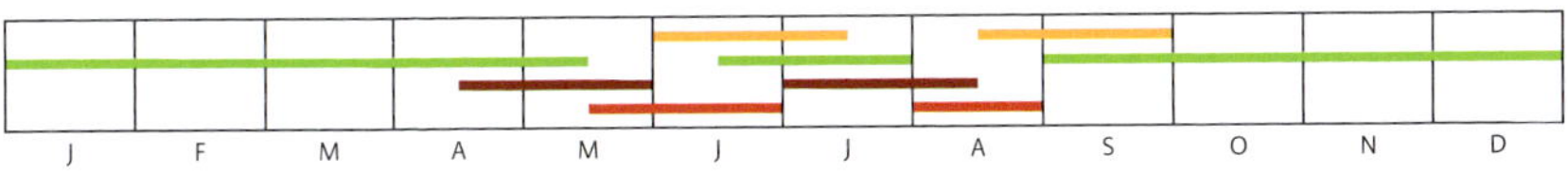

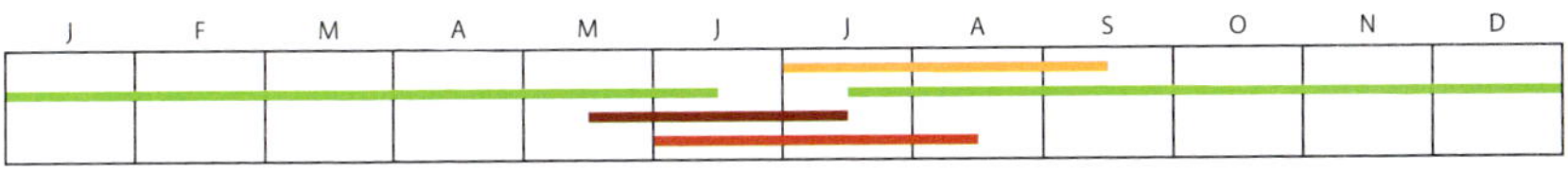

SH	HH	MV	NI
–	–	0/o	1/+
ST	BE	BB	SN
1/+	0/x	1/+	R/E
TH	HE	NW	RP
1/+	2/+	0/o	2/+
SL	BW	BY	D
1/+	3/+	3/+	2/+

Wachtelweizen-Scheckenfalter
Melitaea athalia
(ROTTEMBURG, 1775)

→Tafel Seite 214

Merkmale Falter: *M. athalia* ist sehr schwer von einigen anderen Arten der Gattung zu trennen (*M. aurelia*, *M. britomartis* und *M. parthenoides*). Anhaltspunkte können die Palpen und Marginallinien liefern (s. Abb. rechts). Eindeutige Artdiagnose ist nur durch Spezialisten möglich (s. Abb. S. 138). Ei: glänzend weiß, rundlich. Raupe: gelbbraune Rückendornen, Körper schwärzlich; braun gesprenkelt (Foto).

Lebensraum/Lebensweise: Meist frische bis feuchte, magere Wiesen und Waldlichtungen (*M. aurelia* und *M. britomartis* bevorzugen trockene Magerrasen), in Süddeutschland regelmäßige Vorkommen auch in Mooren. (Besonders in MV fliegt auf Torfwiesen die ähnliche, hier nicht näher betrachtete *Melitaea neglecta* PFAU, 1962.) Breites Nektarpflanzen-Spektrum; auch an Kot beobachtet. Wachtelweizen, Spitz-Wegerich, Gamander-Ehrenpreis. Eigelege an Blattunterseiten.

Nachweis: Falter.

Gefährdung/Schutz: Rote Liste BRD (1998): 3. – Die Mahd von Waldwiesen und Lichtungen und die „Pflege" von Waldwegrändern sollte möglichst selten erfolgen (dadurch Spektrum an Raupenfraß- und Nektarpflanzen über langen Zeitraum verfügbar).

Östlicher Scheckenfalter
Melitaea britomartis
ASSMANN, 1847

→Tafel Seite 214

Merkmale Falter: Siehe bei *M. athalia* (s. o.). Unterseite, besonders der Hinterflügel, ist kontrastreich. Genaue Habitatbeschreibung und Überprüfung durch Spezialisten erforderlich. Ei: ähnlich *M. athalia*. Raupe: weißlich graue Grundfarbe mit schwarzer Äderung; Dornenbasis gelborange (Foto).

Lebensraum/Lebensweise: Kalkmagerrasen (beweidete wie brach gefallene), in Ostdeutschland auch feuchtere Waldlichtungen. Feld-Thymian, Dost, Braunelle, Witwenblume, Sonnenröschen, Margerite, Weiß-Klee, Strand-Nelke. Spitz-Wegerich, Kleiner Klappertopf und verschiedene Ehrenpreis-Arten. Eigelege an Blattunterseiten. Stürzpuppe an Pflanzenstängeln.

Palpen und Marginallinien zur Unterscheidung von *M. athalia*, *M. britomartis* und *M. aurelia*
Palpen mit Palpenhaaren
– schwarz: *M. athalia*, *M. britomartis*.
– rot und schwarz: *M. aurelia*.
Marginallinien (Zwischenraum)
– hell: *M. athalia*.
– dunkel: *M. aurelia*, *M. britomartis*.

Nachweis: 1) Falter. 2) Suche nach Jungraupengespinsten vor allem an Ehrenpreis-Arten und Spitz-Wegerich (Foto).

Gefährdung/Schutz: Rote Liste BRD (1998): 3. – Gefährdet durch Verbuschung der Habitate nach dauerhafter Nutzungsaufgabe. Schafbeweidung ist als Bewirtschaftungsform der Habitate geeignet, sofern sie nicht zu intensiv ist bzw. sich nicht auf die gesamte Fläche zu einem Zeitpunkt erstreckt.

Melitaea athalia

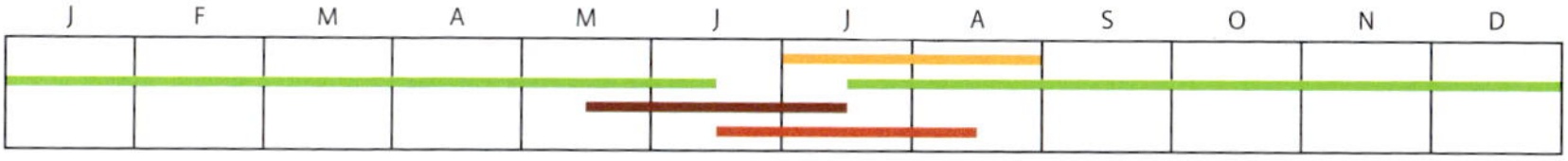

SH –	HH –	MV R/+	NI 1/+
ST –	BE 0/x	BB 0/+	SN R/+
TH 2/+	HE –	NW –	RP 1/+
SL –	BW 3/+	BY 3/+	D 3/+

Westlicher Scheckenfalter

Melitaea parthenoides
KEFERSTEIN, 1851

→ Tafel Seite 215

Merkmale Falter: Siehe bei *M. athalia* (S. 136). Ei: gelb glänzend, kugelig, längsgerippt. Raupe: Dornen an Basis gelborange, Körpersegmente schwarz, Körper weiß gesprenkelt.

Lebensraum/Lebensweise: Kurzrasige Kalkmagerrasen, selten bodensaure Magerrasen (Südschwarzwald), regional Falter-Nachweise auch in feuchten oder moorigen Wiesen. Hier möglicherweise kleinflächige Trockenstandorte mit Spitzwegerich entscheidend. Dost, Acker-Witwenblume, Skabiose, Wiesen-Salbei, Schafgarbe u. a. Wegerich-Arten. Ablage von Eipaketen auf Blattunterseite. Raupen überwintern gemeinsam in Gespinst an alten Blättern.

Nachweis: 1) Falter. 2) Suche nach Raupengespinsten (Foto).

Gefährdung/Schutz: Rote Liste BRD (1998): 3. – Die Art ist schon aufgrund ihrer in Deutschland begrenzten Verbreitung gefährdet. Rückgangsursachen sind insbesondere die Aufgabe extensiver Grünlandnutzungen, lokal auch Aufforstung der Habitate.

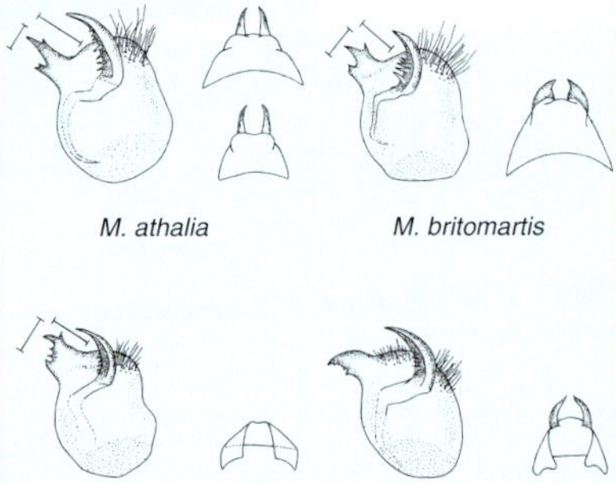

Linke Valve (links) und Tegumenspitze (Uncus-Fortsätze; rechts) der männlichen Genitalien von Scheckenfaltern
(vgl. Abb. S. 21)
Wichtig ist das Verhältnis von Länge zu Basisdurchmesser der Processi, Form und Länge der Uncus-Fortsätze sowie die Gestalt der Stylen.
M. athalia: lange, schlanke Uncus-Fortsätze, die an der Spitze leicht einwärts gebogen sein können; *M. aurelia*: extrem kurz oder fehlend; *M. britomartis*: kurze, zangenartige Fortsätze; *M. parthenoides*: ähnlich wie bei *M. athalia*, jedoch ist der Processus papageienschnabelartig nach unten gezogen.

Ehrenpreis-Scheckenfalter

Melitaea aurelia
NICKERL, 1850

→ Tafel Seite 215

Merkmale Falter: Siehe bei *M. athalia* (S. 136). Ei: rundlich-oval, schwach längsgerippt. Raupe: ähnlich *M. britomartis* (S. 136). Grundfarbe schwärzlich, weiß gesprenkelt, Basis der Dornen rot.

Lebensraum/Lebensweise: Magerrasen, v. a. kalkreiche Standorte, ausnahmsweise auch in Mooren, hier möglicherweise von trockenen Kleinstandorten abhängig. Witwenblume, Liguster, Dost, Karthäuser-Nelke, Weiß-Klee, Natternkopf, Tauben-Skabiose. Spitz-Wegerich, wahrscheinlich auch Kleiner Klappertopf und Wachtelweizen. Eigelege an Blattunterseiten.

Nachweis: 1) Falter. 2) Suche nach Jungraupengespinsten (Überwinterungsstadium) vor allem an Ehrenpreis-Arten (Foto).

Gefährdung/Schutz: Rote Liste BRD (1998): 3. – Gefährdung durch Nutzungsaufgabe oder Intensivierung von Mager- und Trockenstandorten.

SH –	HH –	MV –	NI (E)
ST –	BE –	BB –	SN –
TH –	HE 0/x	NW –	RP 1/+
SL –	BW 3/+	BY 2/+	D 3/+

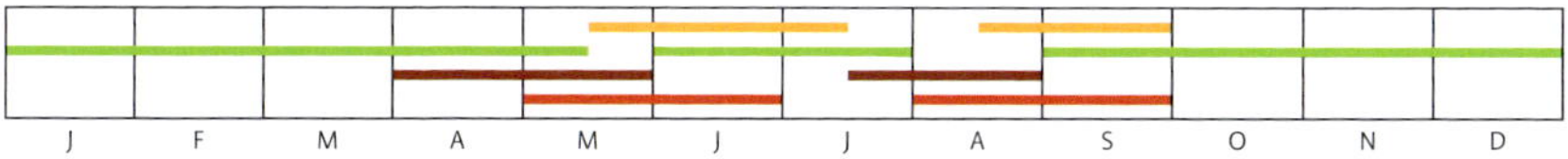

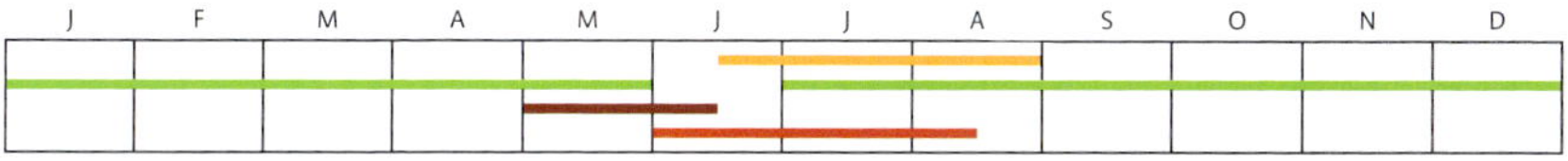

SH –	HH –	MV 1/+	NI 1/+
ST 1/+	BE 0/x	BB 0/x	SN 1/+
TH –/+	HE 3/+	NW 2/+	RP 2/+
SL 3/+	BW 3/+	BY 2/+	D 3/+

Baldrian-Scheckenfalter
Melitaea diamina
(LANG, 1789)

→ Tafel Seite 213

Merkmale Falter: Unterscheidung von den ähnlichen Arten *M. athalia*, *M. britomartis*, *M. aurelia* und *M. parthenoides* (S. 136 ff.) anhand der kleinen schwarzen Flecken in der ockerbraunen Submarginalbinde (vgl. Abb. S. 136). Deutlich schwarz-weiß geringelte Fühler. Falter wirkt oberseits stark verdunkelt. Ei: oval, schwach längsgerippt. Raupe: Dornen gelblich orange. Schwärzliche Grundfarbe mit weißer Äderung.

Lebensraum/Lebensweise: Nicht oder nur extensiv genutzte Wuchsorte von Baldrian-Arten: Moor- und Sumpfwiesen, jedoch auch trockene Biotope, wie versaumte Halbtrockenrasen (Verschiedenbiotop-Bewohner; vgl. S. 232). Stetiges Vorkommen in Pfeifengras-Lichtungen von (ehemaligen) Mittelwäldern (Steigerwald, Südlicher Oberrhein). Arnika, Kratzdistel-Arten, Witwenblume, Jakobs-Greiskraut, Wiesen-Knöterich, Wiesen-Flockenblume, Sumpf-Pippau, Weiden-Alant, Heil-Ziest. Verschiedene Baldrian-Arten. Ablage von Eipaketen. Raupe überwintert am Boden in zusammengerollten Blättern. Stürzpuppe meist an trockenen Pflanzenteilen.

Nachweis: Falter.

Gefährdung/Schutz: Rote Liste BRD (1998): 3. – Gefährdet durch landwirtschaftliche Nutzungsintensivierung und Aufgabe sowie forstliche Nutzungsänderungen. Mit traditionell einschüriger Streuwiesenmahd kommt *M. diamina* gut zurecht, ebenso mit Brache, solange besonnte Bestände der Wirts- und Saugpflanzen nicht abnehmen. Vorkommen in Wäldern sind von Kahlschlag- oder Mittelwaldnutzung abhängig.

Großer Eisvogel
Limenitis populi
(LINNAEUS, 1758)

→ Tafel Seite 208

Merkmale Falter: Männchen mit einigen kleinen, Weibchen mit größeren weißen Flecken und einer breiten weißen Binde auf den Hinterflügeln (Foto). Ei: grünlich-glänzend, kugelförmig, wirkt durch wabenartige Oberflächenstruktur mit feinen Stacheln „igelartig". Raupe: schwarz-grün, (halb) erwachsen: bizarre Form – hinter dem Kopf 2 Nackenhörnchen.

Lebensraum/Lebensweise: Kontinentale, auf kalte Winter angewiesene Art; zitterpappelreiche Waldgesellschaften der Mittelgebirge, in tieferen Lagen Vorkommen v. a. in (ehemaligen) Mittelwäldern oder in Sukzessionswäldern militärischer Übungsplätze. Wichtig ist ein sehr großes Angebot an (Zitter-)Pappeln. Feuchte Wegstellen, Tierexkremente. Pappel-Arten, heute fast ausschließlich Zitter-Pappel. Eiablage i. d. R. auf Blattspitze (Foto).

Nachweis: 1) Suche nach Jungraupen anhand von „Kotrippen" (alle Eisvogel-Raupen lassen beim Fressen die Mittelrippe der Blätter stehen und verlängern diese noch durch zusammengesponnene Kotpartikel; Foto) an Zweigen luftfeucht stehender, nur mäßig besonnter Zitterpappeln in Wäldern oder Waldnähe. 2) Suche nach Hibernacula (Überwinterungsgehäuse von Jungraupen, vgl. S. 232; Foto) im Winterhalbjahr. 3) Falter durch Anlocken mit stark riechenden Käsesorten.

Gefährdung/Schutz: BArtSchV (1999): besonders geschützt, Rote Liste BRD (1998): 2. – Gefährdet durch Änderung der Waldnutzung und Klimaänderungen. Schutz durch Förderung von Massenbeständen der Zitterpappel auf Lichtungen, an Forstwegrändern und auf waldnahen Brachen.

SH 0/+	HH 0/x	MV 2/+	NI 1/+
ST 1/+	BE 0/x	BB 1/+	SN 2/+
TH 2/+	HE 2/+	NW 1/+	RP 3/+
SL V/+	BW 3/+	BY 3/+	D 3/+

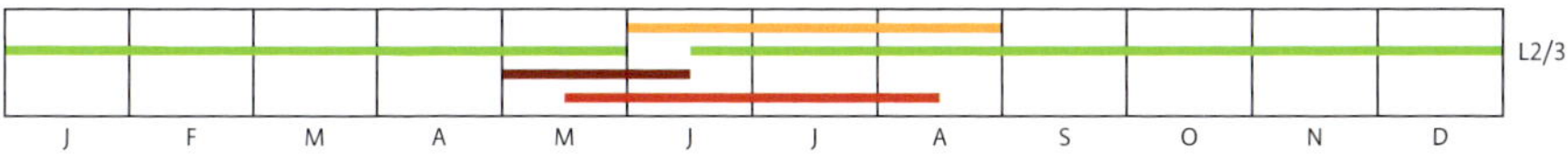

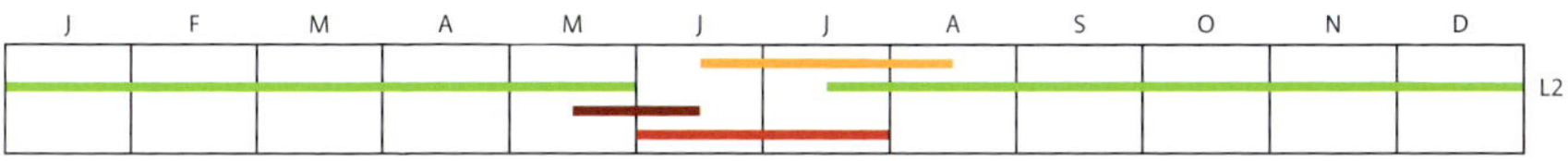

SH 0/+	HH 0/x	MV 1/+	NI 2/+
ST 2/+	BE 0/x	BB R/+	SN 3/+
TH 2/+	HE R/+	NW 2/+	RP 2/+
SL 3/+	BW 2/+	BY 2/+	D 2/+

Kleiner Eisvogel
Limenitis camilla
(LINNAEUS, 1764)
→ Tafel Seite 209

Merkmale Falter: Mittelgroße, dunkelbraune Falter mit breiter weißer Binde auf Vorder- und Hinterflügeln. Unterseite der Hinterflügel trägt in der Marginalbinde (s. Abb. Umschlaginnenseite) 2 Punktreihen. Ei: rundlich mit wabenartiger Struktur und feinen Stacheln. Raupe: von oben grün, an den Seiten schmaler heller Streifen; auf dem Rücken paarige Dornen.

Lebensraum/Lebensweise: Halbschattige bis schattige Plätze in feuchten Laub- und Mischwäldern, wo die Fraßpflanze vorkommt; Hohlwege. Neben feuchter Erde, Schweiß und Tierexkrementen auch an Blüten, z. B. Liguster, Dost, Schafgarbe, Disteln. Rote Heckenkirsche, Deutsches Geißblatt und Schneebeere.

Nachweis: 1) Suche nach Eiern oder Jungraupen (letztere anhand von „Kotrippen", s. Erklärung bei *L. populi*, S. 140; Foto) an Geißblatt-Arten schattiger und luftfeuchter Standorte in Wäldern oder die Suche nach Hibernacula (vgl. S. 232; Foto) im Winterhalbjahr.
2) Falter (selten treten einzelne Falter einer 2. Generation auf; da sich *L. camilla* überwiegend in den unteren Straten der Wälder aufhält, um u. a. auch Nektar zu saugen, ist er als Falter zumindest leichter nachzuweisen als z. B. die vorgenannte Art).

Gefährdung/Schutz: BArtSchV (1999): besonders geschützt, Rote Liste BRD (1998): 3. – Zum Schutz von *L. camilla* sind vor allem Heckenkirschen an luftfeuchten, beschatteten Stellen von Waldrändern und Waldwegen zu erhalten.

Blauschwarzer Eisvogel
Limenitis reducta
STAUDINGER, 1901
→ Tafel Seite 208

Merkmale Falter: Dem Namen entsprechend dunkle Grundfärbung mit Blauschimmer, weißen Flecken auf den Vorder- und einer weißen Binde auf den Hinterflügeln. Unterseite der Hinterflügel trägt in der Marginalbinde (s. Abb. Umschlaginnenseite) eine Punktreihe. Ei: rundlich mit wabenartiger Struktur und langen, feinen Stacheln. Raupe: ähnlich der von *L. camilla* (s. o.), aber etwas bräunlich.

Lebensraum/Lebensweise: Waldmäntel, Lichtungen, Gebüsche, offene Wälder, an deutlich wärmeren, trockeneren Standorten (besonnte Hänge) als die Raupenhabitate von *L. camilla* (s. o.) und *L. populi* (S. 140). In Deutschland aktuell wahrscheinlich nur noch auf der Schwäbischen Alb bodenständig. Feuchte Wegstellen, weiße und violette Blüten. Rote Heckenkirsche, Echtes und Deutsches Geißblatt.

Nachweis: 1) Suche nach Eiern oder Jungraupen (letztere anhand von „Kotrippen", s. Erklärung bei *L. populi*, S. 140; Foto) an Geißblatt-Pflanzen trocken-heißer Standorte oder die Suche nach Hibernacula (vgl. S. 232; Foto) im Winterhalbjahr. 2) Falter.

Gefährdung/Schutz: BArtSchV (1999): besonders geschützt, Rote Liste BRD (1998): 2. – Gefährdet durch Zuwachsen von Trockenhängen und Verzicht auf Kahlschlag/Niederwaldnutzung in trockenen Hangwäldern. Schutz durch Offenhaltung trockener, gebüschreicher Hänge und Waldlichtungen innerhalb des verbliebenen Verbreitungsareals.

SH 1/+	HH 0/x	MV 3/+	NI 3/+
ST 2/+	BE 3/+	BB 2/+	SN 1/+
TH 3/+	HE 2/+	NW 2/+	RP V/+
SL 3/+	BW –/+	BY V/+	D 3/+

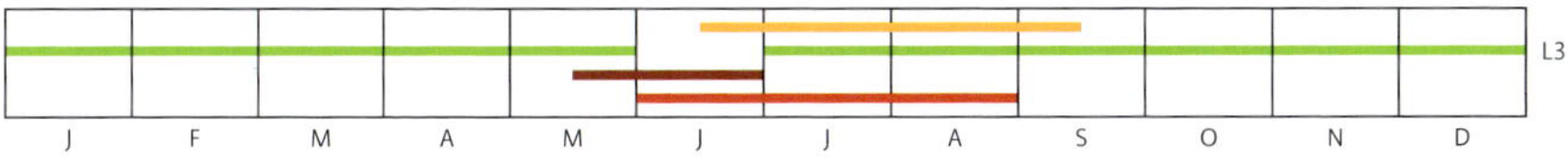

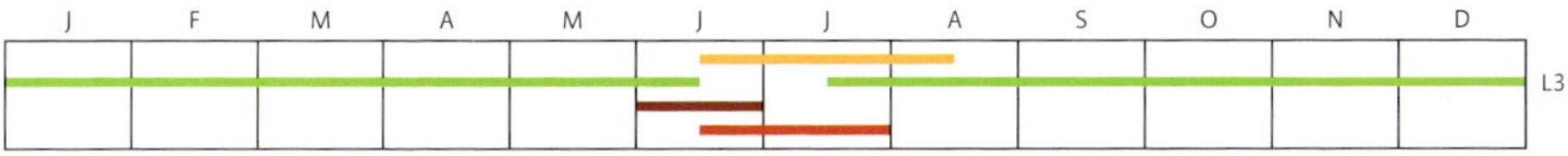

SH –	HH –	MV –	NI –
ST –	BE –	BB –	SN –
TH –	HE 0/x	NW 0/o	RP 1/+
SL R/+	BW 2/+	BY D/E	D 2/+

Großer Schillerfalter

Apatura iris
(LINNAEUS, 1758)
→ Tafel Seite 207

Merkmale Falter: *A. iris* fehlt der deutliche Augenfleck nahe der Hinterkante des Vorderflügels, den *A. ilia* (s. u.) aufweist. Außerdem besitzt die weiße Binde auf dem Hinterflügel bei *A. ilia* deutliche Zacken, während sie bei *A. iris* mehr oder weniger gerade verläuft. Ei: grünlich, kuppelförmig, längsgerippt. Raupe: grün mit 2 Kopfhörnern.

Lebensraum/Lebensweise: Laub-, Misch- und Nadelwaldgesellschaften einschließlich Fichtenforste. Entscheidend sind größere Bestände von Weiden-Arten, insbesondere der Salweide (Lichtungen, Schneisen etc.). Raupen bevorzugt an schattig bis halbschattig stehenden Büschen. Ausnahmsweise an Wasserdost und Kohldistel, sonst feuchte Erde, Exkremente, Kadaver. Verschiedene Weiden-Arten. Zur Eiablage werden Weiden auf der der Sonne abgekehrten Seite ausgewählt. Geschlechterfindung (Balzspiele) an hohen Bäumen („Treetopping"; vgl. S. 232).

Nachweis: 1) Ei oder Jungraupe (Foto mit typischem September-Fraßbild) auf Blattoberseiten meist der unteren Äste von Weiden-Büschen an luftfeuchten, kühlen Standorten in Wäldern; oder im November/Dezember Suche anhand der festgesponnenen Herbst-Sitzblätter (Foto). Letztere auffällig, da sie bei Erschütterung oder Wind am kahlen Zweig „baumeln"; Jungraupe überwintert in Astgabeln oder an Blattknospen (Foto, S. 16). 2) Ködern besonders der männlichen Falter (z. B. mit stark riechenden Käsesorten).

Gefährdung/Schutz: BArtSchV (1999): besonders geschützt, Rote Liste BRD (1998): V. – Förderung von luftfeucht stehenden Salweiden an Forstwegrändern, auf Lichtungen und an nordexponierten Waldrändern.

Kleiner Schillerfalter

Apatura ilia
([DENIS & SCHIFFERMÜLLER], 1775)
→ Tafel Seite 207

Merkmale Falter: Zur Unterscheidung von *A. iris* siehe Text oben. In unserem Faunengebiet kommt die Art in einer blau schillernden (f. *ilia*, Foto) und einer rot schillernden Form (f. *clytie*) vor. Weibchen nicht schillernd. Ei: grünlich, kuppelförmig, längsgerippt. Raupe: grün mit v-förmiger gelber Rückenzeichnung (Foto).

Lebensraum/Lebensweise: Auwälder der größeren Flusstäler, aber auch andere Waldgesellschaften und Forste des Hügel- und Berglandes. Nur ausnahmsweise bodenständige Vorkommen außerhalb größerer Waldgebiete, z. B. ältere Vorwaldstadien aufgelassener Kiesgruben. *A. ilia* ist wärmeliebender als *A. iris* (s. o.) und steigt im Gebirge nicht so hoch. Bisher kein Blütenbesuch beobachtet; Aufnahme von Mineralien an feuchten Bodenstellen, Aas und Exkrementen. Zitter-Pappel, Schwarz-Pappel, Hybrid-Pappeln, ausnahmsweise offenbar auch Sal-Weide. Eiablage erfolgt einzeln auf Blattoberseiten der Fraßpflanzen. Von Käseködern, aber auch von menschlichem Schweiß wird die Art angelockt.

Nachweis: 1) Überwinternde Jungraupe, am besten Suche im November/Dezember anhand der festgesponnenen Herbst-Sitzblätter (Foto). Letztere auffällig, da sie bei Erschütterung oder Wind am kahlen Zweig „baumeln"; Jungraupe überwintert an Blattknospen, meist an der Zweigspitze (Foto). 2) Ködern der Falter (z. B. mit stark riechenden Käsesorten).

Gefährdung/Schutz: BArtSchV (1999): besonders geschützt, Rote Liste BRD (1998): 3. – Schutz von Zitter-Pappeln wichtig.

SH 3/+	HH 1/+	MV 3/+	NI 3/+
ST 2/+	BE 0/x	BB 2/+	SN 3/+
TH 3/+	HE V/+	NW –/+	RP 3/+
SL V/+	BW V/+	BY V/+	D V/+

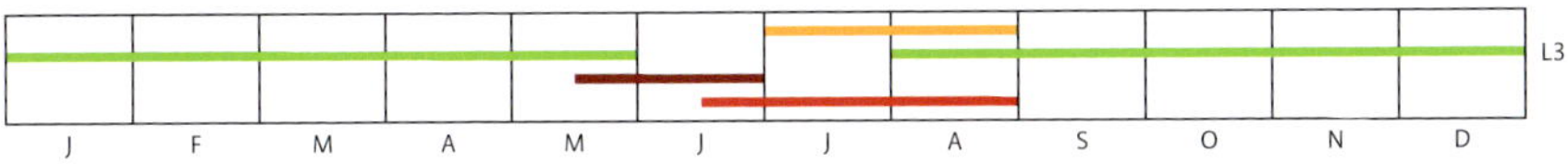

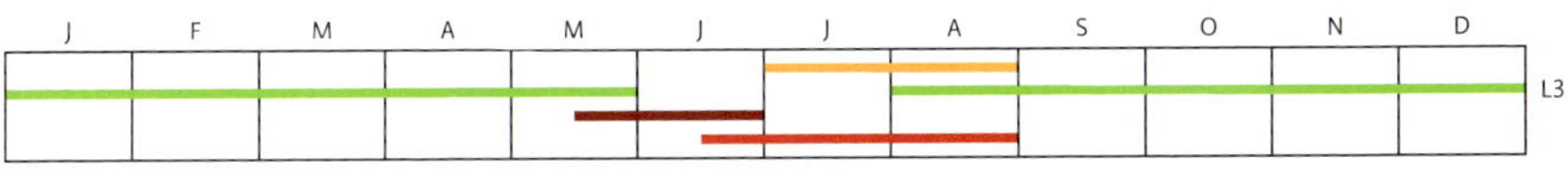

SH –	HH –	MV 1/+	NI 1/+
ST 3/+	BE 3/+	BB V/+	SN 3/+
TH 2/+	HE D/+	NW 1/+	RP 2/+
SL 3/+	BW 3/+	BY V/+	D 3/+

Waldbrettspiel
Pararge aegeria
(LINNAEUS, 1758)
→ Tafel Seite 218

Merkmale Falter: Braune Grundfarbe mit mehreren hellbeigen Flecken auf dem Vorderflügel (Foto). In unserem Faunengebiet kommt die Unterart *tircis* vor. Ei: weißlich, kugelförmig, glatt. Raupe: grün, feine hellere Längslinien (Foto).
Lebensraum/Lebensweise: Besiedelt die mit Gräsern durchsetzte Bodenvegetation fast aller in Deutschland anzutreffenden Waldgesellschaften und Forste, auch Nadelwälder, sofern die Bäume lückig genug stehen. Schattenbedürftige, typische Waldart. Von einer Sitzwarte aus „verteidigen" die Männchen ihr Revier. ✿ Selten beim Saugen an Blüten zu beobachten; saugt an feuchten Erdstellen, Baumwunden, Honigtau, reifen Früchten wie Brombeeren. 🍃 Wald-Segge, Riesen-Schwingel, Fieder-Zwenke, Wald-Zwenke, Falt-Schwaden, Hain-Rispengras, Gewöhnliches Rispengras, Wiesen-Knäuelgras, Wald-Knäuelgras, Rohr-Pfeifengras, Hunds-Quecke, Kriechende Quecke, Wolliges Honiggras, Glatthafer, Weißes- und Riesen-Straußgras, Land- und Wald-Reitgras. Die Eier werden einzeln an Gräser geheftet.
Nachweis: Falter (mancherorts und in manchen Jahren eine partielle 3. Generation; oft kontinuierliches Auftreten der Falter von April bis Anfang Oktober).
Gefährdung/Schutz: Rote Liste BRD (1998): nicht gefährdet. – Der beginnende Rückbau der „Kiefern- und Fichten-Äcker" in Wirtschaftswäldern zu stabilen und naturnäheren Laubmischwäldern wirkt sich für *P. aegeria* und andere an den Wald gebundene Arten günstig aus.

Mauerfuchs
Lasiommata megera
(LINNAEUS, 1767)
→ Tafel Seite 219

Merkmale Falter: Insgesamt heller als *L. maera* (S. 148). Männchen mit deutlichem Duftschuppenfleck. Ei: weißgelb, kugelförmig mit sehr feiner Struktur aus Längs- und einzelnen Querrippen. Raupe: grünlich, weiß punktiert (hieraus kurze Borsten) und mit hellem Seitenstreifen (Foto).
Lebensraum/Lebensweise: Steinbrüche, natürliche Felsstandorte, Trocken- und Halbtrockenrasen, vorzugsweise auf sonnenexponierten Hängen, Böschungen, Sand- und Kieswegen, in alten Weinbergen und Streuobstwiesen. Auch sitzt der Mauerfuchs (Name!) gern auf Felsen, Mauern oder einzelnen Steinen in der Sonne. Wo diese fehlen, setzen sich die Falter auf den Sand offener Bodenstellen oder auch an Hauswände. ✿ Wiesen-Flockenblume, Dost, Sommerflieder, Rot-Klee, Witwenblume, Rainfarn u. a. 🍃 Schaf-Schwingel und Fieder-Zwenke. Stürzpuppe unter Steinen oder an Grasstängeln.
Nachweis: 1) Falter (in Ausnahmejahren 3 Faltergenerationen). 2) Suche nach Eiern an Grashalmen, vor allem an der Basis von Felsen und Mauern, im Fußbereich besonnter Baumstämme oder unter überhängenden Böschungen.
Gefährdung/Schutz: Rote Liste BRD (1998): nicht gefährdet. – Lokal gefährdet durch Zuwachsen von Trockenstandorten.

SH	HH	MV	NI
−/+	2/+	−/+	−/+
ST	BE	BB	SN
−/+	−/+	−/+	−/+
TH	HE	NW	RP
−/+	−/+	−/+	−/+
SL	BW	BY	D
−/+	−/+	−/+	−/+

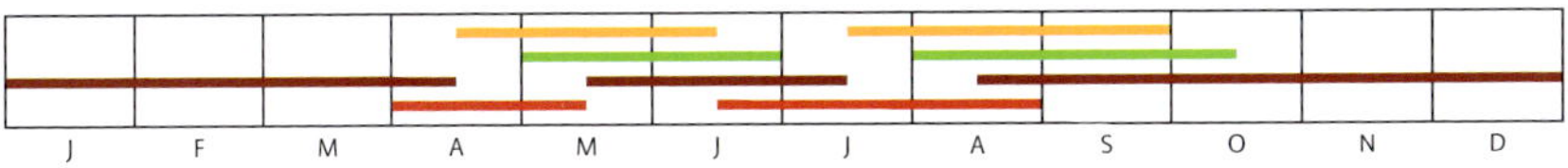

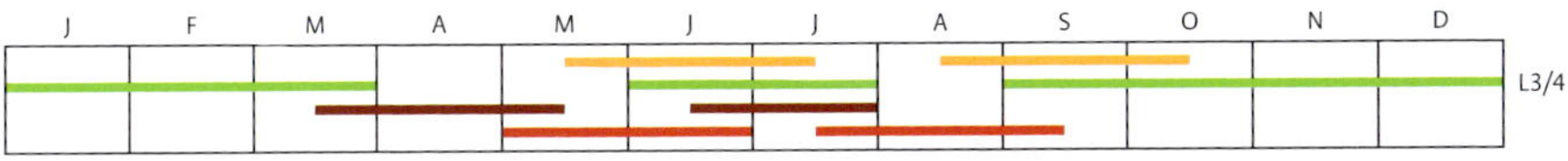

SH	HH	MV	NI
3/+	−/+	−/+	−/+
ST	BE	BB	SN
−/+	−/+	−/+	−/+
TH	HE	NW	RP
−/+	V/+	V/+	−/+
SL	BW	BY	D
−/+	V/+	−/+	−/+

Braunauge
Lasiommata maera
(LINNAEUS, 1758)
→ Tafel Seite 219

Merkmale Falter: Oberseite der Vorderflügel überwiegend braun gefärbt mit breiter orangefarbener Binde, in der der große, manchmal zweikernige Augenfleck liegt (Foto). Ei: weißgrünlich (kurz vor dem Schlupf dunkel; Foto), kugelförmig, sehr fein längsgerippt. Raupe: grün, fein kurz behaart.
Lebensraum/Lebensweise: Verschiedenbiotop-Bewohner (S. 232). Trockene Hänge mit frei liegenden Felsen; Natursteinmauern, Geröllhalden, Weinberge bzw. Schneisen im Hang- und Schluchtwald, luftfeuchte Waldsäume montan geprägter Gebiete. In Nordostdeutschland in Kiefernwäldern. Felsen an vegetationsfreien Stellen sind Sitzwarten, von denen aus die Männchen ihr Revier verteidigen. Witwenblume, Kugeldistel, Alpen-Greiskraut, Storchschnabel, Rot-Klee u.a. Verschiedene Gräser, z.B. Rot-Schwingel. Die Eier werden einzeln an Gräsern abgelegt. Stürzpuppen an Grasstängeln oder überhängenden Steinen.
Nachweis: 1) Falter (tritt nur 1 Generation auf, so fliegen die Falter im Juni und Juli. 2) Suche nach Eiern an Grashalmen (Foto), vor allem an der Basis von Felsen und Mauern oder unter überhängenden Böschungen.
Gefährdung/Schutz: Rote Liste BRD (1998): V. – Die größte Gefahr für *L. maera* besteht darin, dass trockene Hänge mit anstehendem Fels zuwachsen oder aufgeforstet werden.

Weitere Art: Im Voralpenland und alpinen Bereich Verwechslung mit dem Braunscheckauge *Lasiommata petropolitana* (FABRICIUS, 1787) möglich (vgl. SETTELE et al. 2000, S. 354 f.; siehe Literatur S. 248).

Gelbringfalter
Lopinga achine
(SCOPOLI, 1763)
→ Tafel Seite 217

Merkmale Falter: Brauner Falter mit einer schwachen Binde am Flügelrand, in der sich eine dichte Reihe großer Augenflecken befindet. Ei: gelblich, kugelförmig, glatt. Raupe: grün, dünn behaart.
Lebensraum/Lebensweise: Lichte Wälder mit von Gräsern dominierter Bodenvegetation, insbesondere (ehemalige) Mittel- und Weidewälder. Die Falter sind in ihrer Umgebung leicht zu übersehen, in manchen Jahren jedoch hohe Populationsdichten. Bisher keine Beobachtung der Nektaraufnahme an Blüten. Berichtet wird über Saugen an feuchtem Sand oder Erde, Baumsäften, Vogelkot und anderen Exkrementen. Bevorzugt Seggen und Fieder-Zwenke. Eier werden auf den Boden fallen gelassen. Verpuppung als Stürzpuppe im Gras.
Nachweis: Falter.
Gefährdung/Schutz: BArtSchV (1999): streng geschützt, Rote Liste BRD (1998): 1, FFH-Richtlinie, Anhang IV. – In allen Verbreitungsgebieten Mitteleuropas ist die Art in der Vergangenheit stark zurückgegangen. Von größter Wichtigkeit für die Erhaltung der letzten Vorkommen ist die Aufrechterhaltung oder Wiederaufnahme der Mittelwaldnutzung (z.B. im Steigerwald) bzw. von Waldweide (Nordalpen) und extensiver Nutzung der Moorränder (Alpenvorland).

SH –	HH –	MV 1/+	NI 2/+
ST 3/+	BE –	BB 1/+	SN 3/+
TH 3/+	HE 2/+	NW 2/+	RP V/+
SL 1/+	BW V/+	BY V/+	D V/+

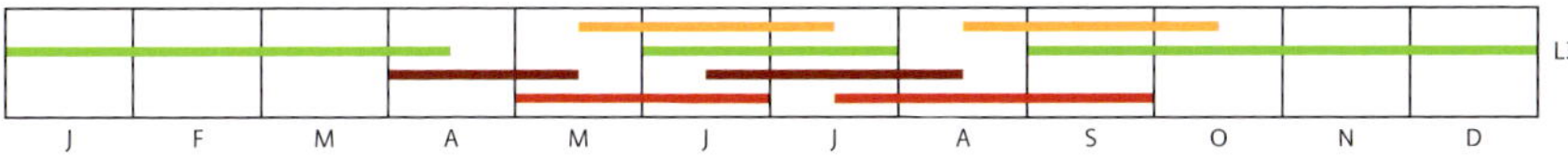

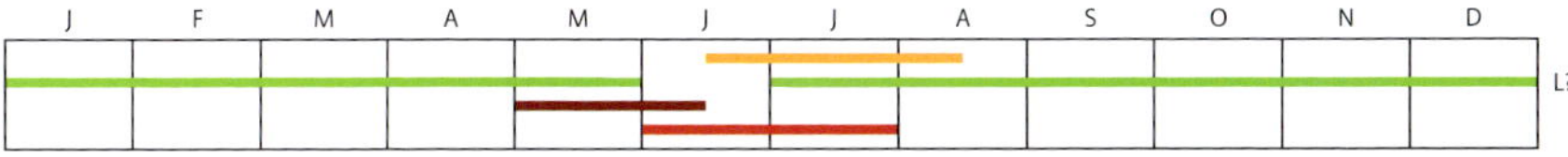

SH –	HH –	MV 0/o	NI –/E
ST 0/x	BE –	BB 0/o	SN 0/o
TH 0/x	HE 0/x	NW 0/o	RP 1/+
SL 0/o	BW 2/+	BY 2/+	D 1/+

Kleines Wiesenvögelchen
Coenonympha pamphilus (LINNAEUS, 1758) →Tafel Seite 220

Merkmale Falter: Unterseite der Hinterflügel mehr oder weniger einfarbig grau mit kaum wahrnehmbaren Augenflecken. Randbinden fehlen (Foto). Ei: kegelförmig, oben abgeflacht, gelblich weiß mit einem dunklen Streifen um die Mitte, Längsrippen und Querleisten schwach erkennbar. Raupe: grün, dunkler von hellen Linien eingefasster Rückenstreifen (Foto).

Lebensraum/Lebensweise: Besiedelt ein breites Spektrum offener Graslandbiotope trockener bis mäßig feuchter Standorte. Abhängig von lückiger oder niedrigwüchsiger Vegetation durch sporadische „Störungen" (z. B. Ränder unbefestigter Graswege) bzw. von regelmäßiger Mahd oder Beweidung. Es werden eine Vielzahl verschiedener Blüten als Nektarquelle genutzt, z. B. Thymian, Teufelsabbiss, Sommerflieder, Hahnenfuß-Arten, Habichtskraut-Arten, Margerite, Heidekraut, Zypressen-Wolfsmilch. Gras-Arten wie Rot-Schwingel, Wiesen-Rispengras, Weißes Straußgras und Rot-Straußgras. Die Eier werden an Gras-Arten geheftet. Verpuppung als Stürzpuppe an Grasstängeln.

Nachweis: Falter (ineinander übergehende Flugzeiten der Generationen).

Gefährdung/Schutz: BArtSchV (1999): besonders geschützt, Rote Liste BRD (1998): nicht gefährdet. Vielerorts sind rückläufige Falterdichten erkennbar.

Großes Wiesenvögelchen
Coenonympha tullia (O. F. MÜLLER, 1764)
→Tafel Seite 220

Merkmale Falter: Weiße Binde auf der Unterseite der Hinterflügel beginnt bereits an der Vorderkante; ohne glänzende Randbinde (Foto). Ei: relativ groß, grünlich gelb, fassförmig. Raupe: grün mit gelben Längsstreifen (Foto).

Lebensraum/Lebensweise: Nieder- und Zwischenmoore, die extensiv genutzt werden (Schwarzwald, Alpenvorland); nicht im Hochmoor bodenständig. Sehr standorttreue Art mit geringem Aktivitätsradius. Heidekraut, Glockenheide, Moosbeere, Blutweiderich, Heil-Ziest, Hornklee, Weiden-Alant, Vogel-Wicke u. v. a. Sauergräser wie Wollgras- und Kopfriet-Arten, regional auch magere Süßgräser wie Borstgras. Eiablage auf Raupenfraßpflanzen. Verpuppung als Stürzpuppe an Grasstängeln.

Nachweis: Falter.

Gefährdung/Schutz: BArtSchV (1999): besonders geschützt, Rote Liste BRD (1998): 2. – Konsequenter Schutz extensiv gemähter oder beweideter Moorstandorte vor Entwässerung und Intensivierung; wo noch machbar auch Wiedervernässung trockengelegter Moore. – In vielen Teilen des Landes dramatischer Rückgang in den letzten Jahren.

SH −/+	HH −/+	MV −/+	NI −/+
ST −/+	BE −/+	BB −/+	SN −/+
TH −/+	HE −/+	NW V/+	RP −/+
SL −/+	BW −/+	BY −/+	D −/+

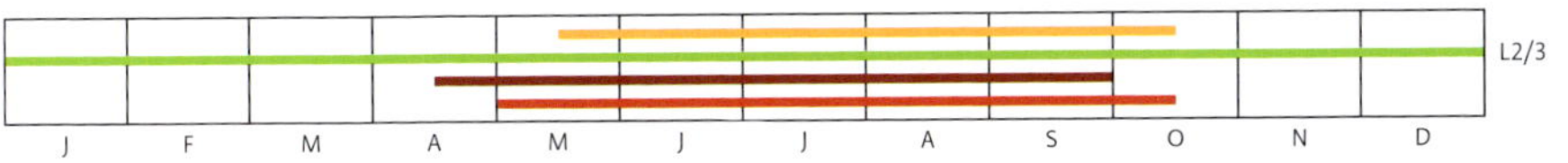

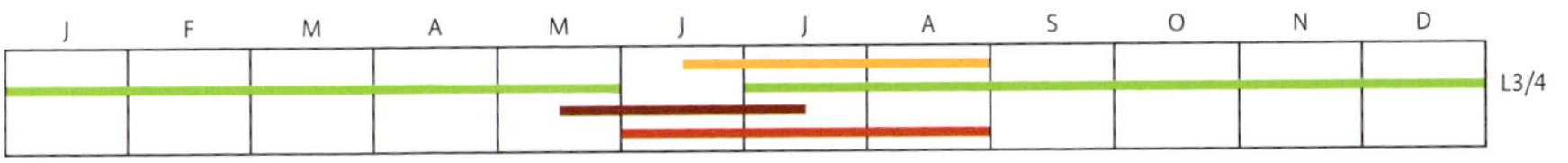

SH 2/+	HH 2/+	MV 2/+	NI 3/+
ST 0/x	BE 0/x	BB 2/+	SN 1/+
TH 0/x	HE 0/x	NW 1/+	RP 1/+
SL 0/x	BW 2/+	BY 2/+	D 2/+

Wald-Wiesenvögelchen

Coenonympha hero (LINNAEUS, 1761)

→Tafel Seite 221

Merkmale Falter: Die Augenflecken auf der Unterseite der Hinterflügel, die wie bei *C. glycerion* (S. 154) und *C. tullia* (S. 150) in einer Reihe stehen, sind viel größer als bei diesen Arten (großes Foto). Ei: relativ groß, bläulich hellgrün, fassförmig, mit feinen Längsrippen (Foto: Freilandablage an Moos). Raupe: gelblich grün mit hellem Seitenstreifen.

Lebensraum/Lebensweise: Streu- und Feuchtwiesen-Brachen, Mittel- und Niederwälder, Wald-Hutungen, grasige Freiflächen, v. a. in Feucht-, Bruch- und Auwäldern. Keine Beob. zu Blütenbesuch oder sonstiger Nahrungsaufnahme. Winkelsegge, Zittergras-Segge, Rasen-Schmiele u. a. Gras-Arten. Stürzpuppe an Grasstängeln.

Nachweis: Falter (hüpfender bodennaher Flug).

Gefährdung/Schutz: BArtSchV (1999): streng geschützt, Rote Liste BRD (1998): 1, FFH-Richtlinie, Anhang IV. – Schutz von extensiv genutzten Mooren, Bruch- und Auwald-Lichtungen. Besiedelte Streuwiesen nur in mehrjährigem Abstand mähen. Traditionelle Waldbewirtschaftungsformen müssen wieder aufgenommen oder aufrecht erhalten werden.

Weitere Art: Das Stromtal-Wiesenvögelchen *Coenonympha oedippus* (FABRICIUS, 1787), Tafel S. 221 ist *C. hero* ähnlich, aber größer; Merkmal: silbrige Binde auf der Hinterflügelunterseite mit Augenflecken (kleines Foto), sonst ähnlich dem größeren *Aphantopus hyperantus* (S. 154). Die Art fliegt in 1 Generation von Ende Juni bis August. BArtSchV (1999): streng geschützt, Rote Liste BRD (1998): 0, FFH-Richtlinie: Anhang II + IV. – Letzter Nachweis in Deutschland: 1921.

Weißbindiges Wiesenvögelchen

Coenonympha arcania (LINNAEUS, 1761)

→Tafel Seite 220

Merkmale Falter: Auf der Hinterflügelunterseite großer isolierter Augenfleck nahe der Vorderkante unterhalb der weißen Binde. Silberfarbene Randbinde (Foto: Paarung). Ei: fassförmig, weißlich, mit bräunlichen Pünktchen übersät; feine Längsrippen erkennbar (Foto). Raupe: grasgrün mit hellem Seitenstreifen (Foto).

Lebensraum/Lebensweise: Buschreiche Grasfluren und Saumbiotope warm-trockener Lagen; Hecken- und Waldsäume, Schneisen, Kahlschläge. Die Art hält sich besonders gern in denjenigen Bereichen auf, wo das Gras nicht oder nur sehr selten gemäht wird. Dabei fliegen die Falter träge zwischen den Grashalmen. Männchen zeigen Territorialverhalten. Färberginster, Flockenblume, Witwenblume, Liguster, Thymian, Dost, Brombeere, Zwerg-Holunder. Verschiedene Gras-Arten trockener Standorte. Eier werden einzeln an Gräser geheftet. Verpuppung als Stürzpuppe an Grasstängeln.

Nachweis: Falter.

Gefährdung/Schutz: BArtSchV (1999): besonders geschützt, Rote Liste BRD (1998): V. – Gefährdet durch Änderung der Waldnutzung (Verzicht auf Kahlschlag, Abschaffung von Nieder- und Mittelwald) sowie durch Zuwachsen von Trockenhängen nach Aufgabe extensiver Beweidung.

SH –	HH –	MV ?	NI 1/+
ST 0/x	BE –	BB –	SN 0/x
TH 0/+	HE 1/+	NW 0/x	RP 1/+
SL 0/o	BW 2/+	BY 2/+	D 1/+

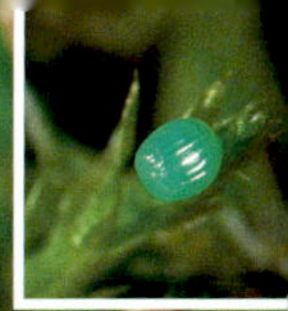

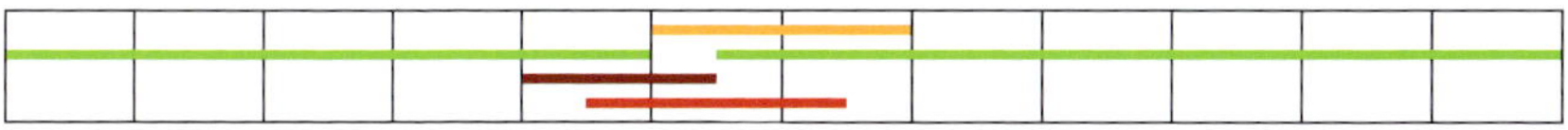

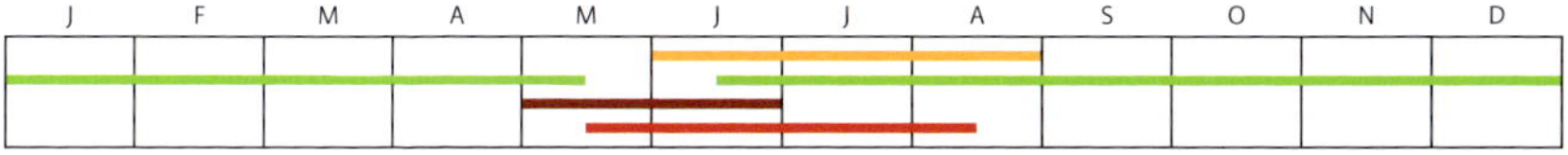

SH 2/+	HH 1/+	MV 3/+	NI 2/+
ST –/+	BE 1/+	BB 2/+	SN 1/+
TH –/+	HE V/+	NW 3/+	RP –/+
SL –/+	BW 3/+	BY V/+	D V/+

Rotbraunes Wiesenvögelchen *Coenonympha glycerion*

(BORKHAUSEN, 1788) ⟶ Tafel Seite 221

Merkmale Falter: Unvollständige weiße Binde auf der Unterseite der Hinterflügel, die nicht bis zur Vorderkante reicht. Schmale Randbinde mit Bleiglanz (Foto). Ei: hellgrün, fassförmig mit undeutlichen Längsrippen. Raupe: ähnlich *C. pamphilus* (S. 150), aber etwas heller (gelblicher; Foto: Jungraupe).

Lebensraum/Lebensweise: Verschiedenbiotop-Bewohner (S. 232). In Nordostdeutschland auf Sandtrockenrasen, zum Beispiel an den Oderhängen. In BW Halbtrockenrasen auf Jura und Muschelkalk. Regional, jedoch mit stark abnehmender Tendenz, auch in mageren, extensiv genutzten Feucht- und Moorwiesen (z. B. wechselfeuchte Streuwiesen des Alpenvorlandes). Thymian, Dost, Braunelle, Wasserdost. Verschiedene Süßgräser, z. B. Aufrechte Trespe. Eier werden einzeln an die Fraßpflanzen geheftet. Verpuppung als Stürzpuppe an Grasstängeln.

Nachweis: Falter.

Gefährdung/Schutz: BArtSchV (1999): besonders geschützt, Rote Liste BRD (1998): 3. – An den potenziellen und nachgewiesenen Flugstellen ist eine extensive Nutzung oder Pflege sicherzustellen (Streumahd in Feuchtgebieten, Schaf- oder Rinderbeweidung in trockenen Habitaten).

Schornsteinfeger *Aphantopus hyperantus*

(LINNAEUS, 1758)

⟶ Tafel Seite 217

Merkmale Falter: Flügel einheitlich samtbraun. 3 Augenflecken auf dem Vorder-, 5 auf dem Hinterflügel; diese auf den Unterseiten stets deutlich erkennbar (Foto). Ei: weißlich, halbkugelförmig, an der Basis nach innen eingebuchtet; feine Längsrippen erkennbar. Raupe: gräulich, beborstet mit dunklem Rückenstreifen (Foto).

Lebensraum/Lebensweise: Ein breites Spektrum von trockenen bis feuchten Biotopen. Saumgesellschaften, Schneisen und Lichtungen, auch ruderalisierte Flächen wie Wegränder und Böschungen. Ebenfalls in komplexen Sekundärlebensräumen wie Kiesgruben und Steinbrüchen. Frisch gemähte Bereiche werden gemieden. Violette Blüten werden den gelben vorgezogen, insgesamt wird aber ein breites Spektrum von der eifrig Blüten besuchenden Art genutzt; Brombeerblüten spielen eine vorrangige Rolle. Kratzdistel-Arten, Dost, Wiesen-Knöterich, Himbeere, Sumpf-Storchschnabel, Sommerflieder, Fetthenne, Wasserdost, Ringelblume, Glocken-Heide, Schafgarbe usw. Verschiedene Gras-Arten. Im Gras sitzend lassen die Weibchen die Eier einzeln auf den Boden fallen. Puppe in einem Gespinst aus Graspartikeln am Grunde von Grasbüscheln.

Nachweis: Falter.

Gefährdung/Schutz: Rote Liste BRD (1998): nicht gefährdet. – Die Tatsache, dass *A. hyperantus* häufig auch in Gärten und Parks der Städte gefunden wird, ist ein Hinweis darauf, dass die ökologische Potenz der Art ausreicht, um Ersatzhabitate zu finden, wenn naturnahe Bereiche durch Übernutzung und Zersiedlung der Landschaft verloren gehen.

SH 1/+	HH –	MV 3/+	NI 2/+
ST 2/+	BE 1/+	BB –/+	SN 3/+
TH 3/+	HE 0/x	NW 0/o	RP 1/+
SL –	BW 3/+	BY V/+	D 3/+

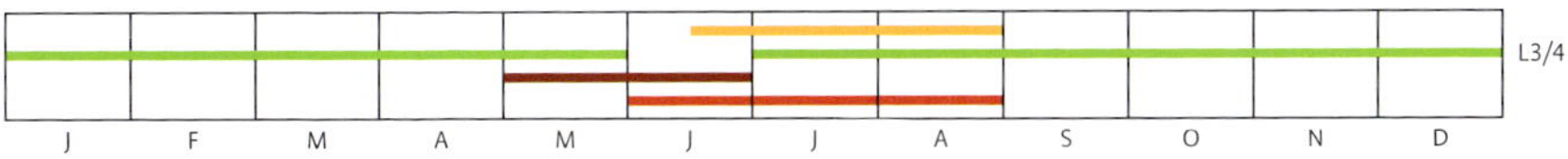

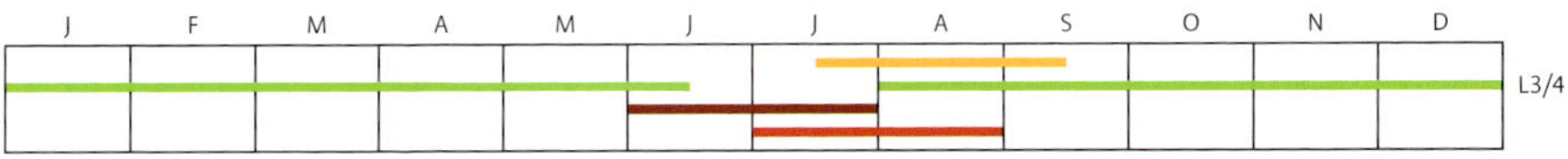

SH –/+	HH –/+	MV –/+	NI –/+
ST –/+	BE –/+	BB –/+	SN –/+
TH –/+	HE –/+	NW –/+	RP –/+
SL –/+	BW –/+	BY –/+	D –/+

Großes Ochsenauge

Maniola jurtina
(LINNAEUS, 1758)
→ Tafel Seite 222 und 223

Merkmale Falter: Variable Art bezüglich der Augenflecken; siehe *M. lycaon* (unten). Nicht selten treten – besonders bei Weibchen – albinotische (weißliche) Tiere auf (großes Foto: Männchen, Unterseite; kleines Foto: Weibchen). Ei: an beiden Polen abgeplattet, kegelförmig, deutlich längsgerippt. Raupe: hellgrün, fein behaart.

Lebensraum/Lebensweise: Besiedelt ein breites Spektrum offener Graslandbiotope trockener bis mäßig feuchter Standorte. Typisch in extensiv genutztem Grünland (Heuwiesen, Magerrasen), gern auch an sonnigen, einmal jährlich gemähten Forstwegrändern. Aus der Vielzahl der festgestellten Nektarpflanzen können nur einige aufgezählt werden (offenbar werden aber violette Blüten bevorzugt): Kratzdistel-Arten, Witwenblume, Flockenblume, Dost, Ringelblume, Schafgarbe, Sommerflieder, Wasserdost, Brombeere, Weiß-Klee, Rot-Klee, Glocken-Heide, Tauben-Skabiose, Sandköpfchen, Thymian, Margerite, Rainfarn, Teufelsabbiss, Baldrian usw. Eine Fülle verschiedener Gras-Arten. Eier werden einzeln entweder kurz über dem Boden an trockene Grasteile gelegt oder aber auf den Boden fallen gelassen. Zur Eiablage bevorzugt werden Wiesen, deren Mahd nicht allzu lange zurückliegt. Gürtelpuppe an trockenen Pflanzenteilen, dicht über dem Boden.

Nachweis: Falter.

Gefährdung/Schutz: Rote Liste BRD (1998): nicht gefährdet. – *M. jurtina* profitiert von traditioneller Heuwiesennutzung, verschwindet aber bei intensiver Düngung und mehr als dreimal jährlicher Mahd.

Kleines Ochsenauge

Maniola lycaon
(ROTTEMBURG, 1774)
→ Tafel Seite 222 und 223

Merkmale Falter: Das Weibchen hat im Unterschied zu *M. jurtina* (s. o.) 2 statt 1 Augenfleck auf dem Vorderflügel. Die Färbung der Hinterflügelunterseite des Männchens ist kontrastreicher als bei *M. jurtina*. Besonders bei Männchen Überprüfung durch Spezialisten wegen der Verwechslungsmöglichkeiten empfohlen. Ei: längsgerippt, kegelförmig, am oberen Pol abgeplattet. Raupe: grün mit schmalem Seitenstreifen; oben rot, unten weißlich (Foto).

Lebensraum/Lebensweise: Trockenrasen und Steppenheiden mit Vegetationslücken, trocken-warme Saum- und Buschgesellschaften unter anderem entlang von Bahndämmen. Das Vorhandensein von offenen Bodenstellen ist bei dieser Art ein wichtiger Faktor der Habitatqualität. In Deutschland häufiger fast nur noch in den östlichen Bundesländern vorkommend, hier bis an die Ostsee (Westgrenze des Areals). Sand-Thymian, Sandköpfchen. Gräser magerer Standorte wie z. B. Schwingel-Arten. Die Eier werden an dürre Grasblätter geheftet.

Nachweis: Falter (im Gelände nach Weibchen suchen wegen eindeutiger Bestimmbarkeit).

Gefährdung/Schutz: Rote Liste BRD (1998): 2. – Bei Beständen an der Grenze des Artenareals ist mit starken Populationsschwankungen zu rechnen, insbesondere dann, wenn die Verbreitung so stark vom Klima abzuhängen scheint wie bei dieser kontinentalen Art. Die Erhaltung von Xerothermstandorten mit lückiger Vegetation ist auf jeden Fall der Bestandspflege dieser wie auch vieler anderer Arten dienlich.

SH –/+	HH –/+	MV –/+	NI –/+
ST –/+	BE –/+	BB –/+	SN –/+
TH –/+	HE –/+	NW –/+	RP –/+
SL –/+	BW –/+	BY –/+	D –/+

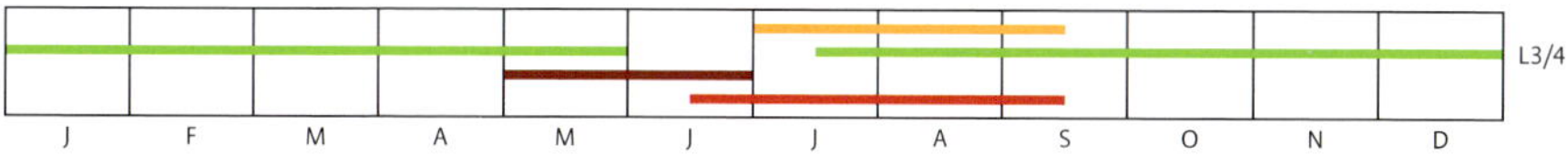

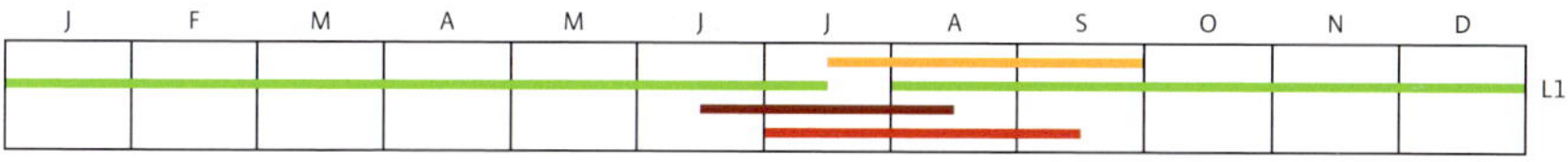

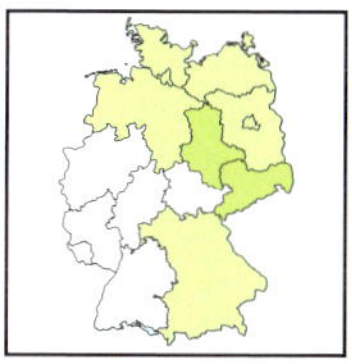

SH 1/+	HH 1/+	MV 2/+	NI 1/+
ST 3/+	BE 1/+	BB 2/+	SN 3/+
TH 0/o	HE –	NW 0/o	RP –
SL –	BW –/?	BY 0/+	D 2/+

Rotbraunes Ochsenauge
Maniola tithonus (LINNAEUS, 1771)

→ Tafel Seite 223

Merkmale Falter: Augenfleck bei beiden Geschlechtern doppelt gekernt. Männchen mit breitem dunklem Duftschuppenstreifen im orangefarbenen Feld auf dem Vorderflügel (kleines Foto). Ei: längsgerippt, ähnlich *M. jurtina* (S. 156). Raupe: grau oder grün, mit dunklem Rückenstreifen. Nachtaktiv.

Lebensraum/Lebensweise: Deutliche Präferenz für Saumgesellschaften im mäßig feuchten, aber warmen Klima, vor allem Waldsäume sowie in Sandkiefernwäldern, regional aber auch Brachen und Böschungen im Offenland. Zur Nektaraufnahme fliegen die Falter auch auf angrenzende blumenreiche Wiesen. In Norddeutschland, BB und SN stößt die Art an ihre nordöstliche Arealgrenze. Acker-Kratzdistel, Dost, Thymian, Wiesen-Bärenklau, Greiskraut-Arten, Flockenblumen, Wasserdost, Sonnenhut usw. Breites Spektrum unterschiedlicher Gras-Arten (z. B. Schwingel-Arten, Straußgras, Lieschgras, Lolch). Die Eier werden fallen gelassen oder an trockene Grasteile geheftet. Stürzpuppe an Gräsern, der Anheftungsfaden wird mit braunen Fasern getarnt. Die Art unterliegt in manchen Gebieten starken Abundanzschwankungen.

Nachweis: Falter.

Gefährdung/Schutz: Rote Liste BRD (1998): 3. – Wie für eine große Zahl anderer heimischer Tagfalter muss zum Schutz von *M. tithonus* auch Wert auf die Erhaltung bzw. Gestaltung artenreicher Waldsäume und Lichtungen gelegt werden.

Weißbindiger Mohrenfalter
Erebia ligea (LINNAEUS, 1758)

→ Tafel Seite 224

Merkmale Falter: *E. ligea* unterscheidet sich von den übrigen bei uns heimischen Arten der Gattung durch die unregelmäßige weiße Binde auf der Hinterflügelunterseite (Foto). Ei: bauchig-kegelförmig, am oberen Pol abgeplattet mit Längsrippen; kurz nach der Ablage weißlich, später bräunlich gemustert. Raupe: hell, gelbbraune, behaarte schwache Querbinden; Stigmen gut sichtbar.

Lebensraum/Lebensweise: Lichtungen und Saumbiotope (z. B. breite Forstwegränder) in Mittelgebirgswäldern. Präferenz für eher feuchte Bereiche. Violette und gelbe Staudenblüten, z. B. Kratzdisteln, Witwenblume, Flockenblumen, Heil-Ziest, Alpen-Milchlattich, Greiskraut-Arten, Arnika. Rot-Schwingel, Aufrechte Trespe, Dreizahn, Pfeifengras und Reitgras. Die Eier werden einzeln an Pflanzenteile dicht über dem Boden geheftet. Verpuppung in der Streuschicht.

Nachweis: Falter. Es wird beobachtet, dass die Art in ungeraden Jahren häufiger fliegt als in geraden. Als Ursache wird die zweijährige Entwicklungszeit der Raupen angenommen.

Gefährdung/Schutz: BArtSchV (1999): besonders geschützt, Rote Liste BRD (1998): V. – Gefährdet v. a. durch geänderte Waldnutzung, Aufforstung und Düngung von Waldwiesen. Schutz durch extensive Pflege von Forstweg-Rändern, Schaffung von Lichtungen und Pflege ungedüngter Waldwiesen in Mittelgebirgen.

SH R/+	HH 0/x	MV 0/x	NI 2/+
ST 2/+	BE –/+	BB 3/+	SN 3/+
TH 0/o	HE V/+	NW 3/+	RP 3/+
SL –/+	BW –/+	BY 2/+	D 3/+

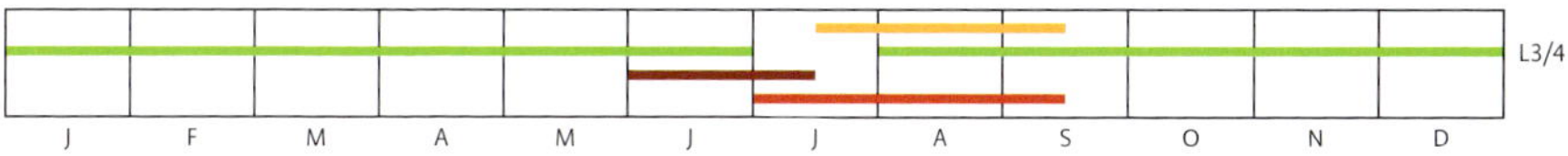

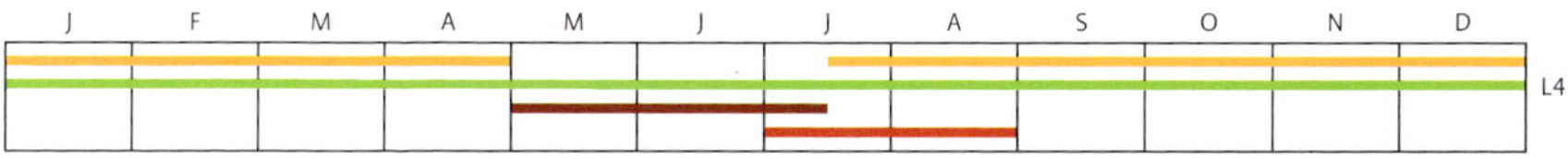

SH –	HH –	MV –	NI V/+
ST 3/+	BE –	BB –	SN –/+
TH –/+	HE 3/+	NW 2/+	RP 2/+
SL –	BW V/+	BY V/+	D V/+

Weißbindiger Bergwald-Mohrenfalter
Erebia euryale (ESPER, [1805])

→ Tafel Seite 225

Merkmale Falter: Kleinere Schwesterart zu *E. ligea* (S. 158); dieser sehr ähnlich, die weiße Binde ist jedoch in einzelne Flecke aufgelöst oder fehlt. Männchen ohne Duftschuppenfleck auf der Vorderflügeloberseite. Überprüfung durch Spezialisten wird wegen der Verwechslungsmöglichkeiten empfohlen. Ei: bauchig-kegelförmig, oben abgeplattet mit Längsrippen. Raupe: behaart, bräunlich mit Seitenlinie und gut sichtbaren Stigmen (Foto).

Lebensraum/Lebensweise: Auf Grasplätzen der montanen Stufe, wahrscheinlich auf die Alpen und den Bayerischen Wald (900 bis 1100 m über NN) beschränkt. Primärhabitat sind senkrechte Gneiswände mit Felsspalten-Gesellschaften und Pfeifengras-Rieselfluren. Fliegen besonders in der Mittagssonne an den Felsen und rasten dann am Fuße der Felsen auf Pfeifengras. Keine Angaben verfügbar. Es ist jedoch anzunehmen, dass die Art – ähnlich *E. ligea* – die blühenden Stauden und Hochstauden ihres Lebensraumes zur Nektaraufnahme nutzt. Rot-Schwingel, Aufrechte Trespe, Dreizahn, Pfeifengras und Reitgras.

Nachweis: Falter (es soll eine zweijährige Entwicklungszeit geben).

Gefährdung/Schutz: BArtSchV (1999): besonders geschützt, Rote Liste BRD (1998): V. – Vernichtung und Eutrophierung montaner, artenreicher Wiesen gefährden die Art.

Graubindiger Mohrenfalter
Erebia aethiops (ESPER, [1777])

→ Tafel Seite 224

Merkmale Falter: Morphologisch ist diese Art leicht mit *E. medusa* (S. 162) zu verwechseln. Das sicherste Unterscheidungsmerkmal bieten die Flugzeiten, die keine Überschneidung aufweisen. Gegebenenfalls wird die Überprüfung durch Spezialisten wegen der Verwechslungsmöglichkeiten empfohlen. Ei: bauchig-kegelförmig, am oberen Pol abgerundet, feine Längsrippen sind erkennbar; anfangs weißlich, später bräunlich gefleckt. Raupe: schmutzig grau mit seitlichen Flecken.

Lebensraum/Lebensweise: Sonnige, grasige Saumbiotope im Inneren von Wäldern (v. a. trockenen Kiefernwäldern) sowie Wald-Offenland-Übergangsbereiche, z. B. mit angrenzendem Kalkmagerrasen. Silberdistel, Dost, Flockenblumen, Tauben-Skabiose, Acker-Witwenblume, Nickende Distel, Kratzdistel-Arten. Aufrechte Trespe, Fieder-Zwenke und Land-Reitgras. Raupe nachtaktiv. Überwinterung und Verpuppung in der Streuschicht.

Nachweis: Falter.

Gefährdung/Schutz: BArtSchV (1999): besonders geschützt, Rote Liste BRD (1998): 3. – Erhaltung bzw. Renaturierung von inneren und äußeren Saumbiotopen von Laubmisch- und Kiefernwäldern. Möglichst breite Säume unter Einbeziehung des angrenzenden Offenlandes sind extensiv zu pflegen. Fortschreitende Verbuschung und Verdichtung der lockeren Kiefernforsten bedroht die Existenz der Art.

SH	HH	MV	NI
–	–	–	–/E
ST	BE	BB	SN
–	–	–	–
TH	HE	NW	RP
–	–	–	–
SL	BW	BY	D
–	–	V/+	V/+

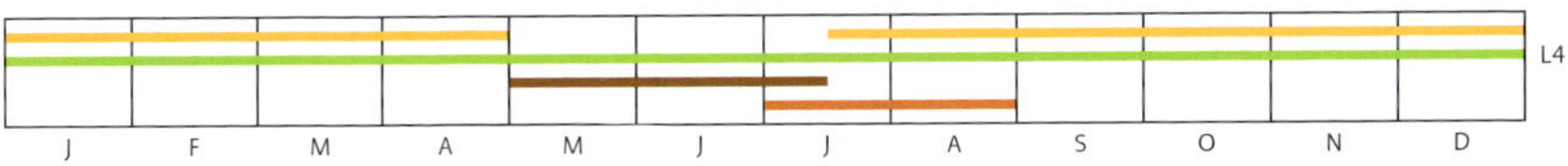

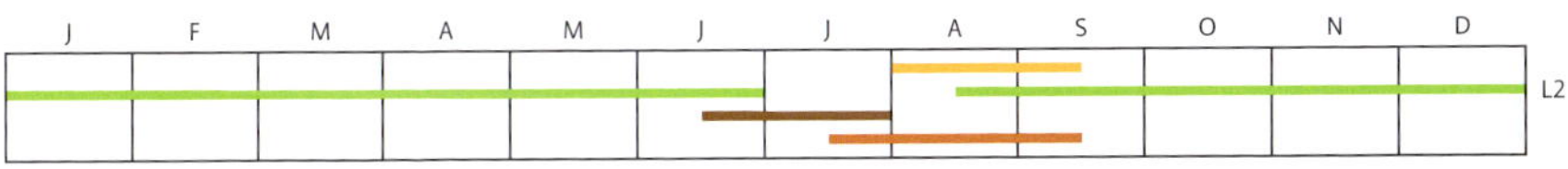

SH	HH	MV	NI
–	–	0/o	2/+
ST	BE	BB	SN
2/+	–/x	0/+	R/+
TH	HE	NW	RP
3/+	2/+	1/+	1/+
SL	BW	BY	D
0/x	V/+	V/+	3/+

Rundaugen-Mohrenfalter
Erebia medusa ([Denis & Schiffermüller], 1775) → Tafel Seite 225

Merkmale Falter: Sicheres Unterscheidungsmerkmal von den vier übrigen heimischen, außeralpinen *Erebia*-Arten: Ober- und Unterseiten gleich, die Grundfarbe der Flügel ist einheitlich braun, die weiß gekernten Augenflecken liegen zentriert in einer meist in Flecken aufgelösten orangefarbenen Binde. Die Überprüfung durch Spezialisten wird wegen der Verwechslungsmöglichkeiten empfohlen. Ei: schwach längsgerippt, oben abgeplattet; frisch gelegt weißlich, später bräunlich mit rötlicher Musterung. Raupe: hellgrün bis beige, kurz behaart, dunkle Rückenlinie (Foto).

Lebensraum/Lebensweise: Das Spektrum der von *E. medusa* besiedelten Biotope reicht von Trocken- bis zu mageren Feuchtstandorten und vom Offenlandbereich bis in das Innere lichter Wälder. Typisch sind magere grasige Brachen mit kniehoher Vegetation und Vorkommen der Raupenfraßpflanzen. Bevorzugung gelber Blüten, z. B. Hahnenfuß-, Fingerkraut-, Habichtskraut-Arten. Aufrechte Trespe, Schaf-Schwingel. Die Puppe steht senkrecht in der Streu.

Nachweis: 1) Falter. 2) Suche nach Eiern an Halmen oder Blütenständen von Schaf- und Rotschwingel.

Gefährdung/Schutz: BArtSchV (1999): besonders geschützt, Rote Liste BRD (1998): V. – Wie bei vielen anderen Arten auch, kommt der Offenhaltung von Trockenstandorten sowie von mageren Waldlichtungen und -säumen (z. B. Stromtrassen im Wald) durch extensive Nutzung oder Pflege besondere Bedeutung zu.

Gelbbindiger Mohrenfalter
Erebia meolans (De Prunner, 1798)
→ Tafel Seite 226

Merkmale Falter: Im Gegensatz zu *E. medusa* (s. o.) Augenflecken am Außenrand der orangefarbenen Flecken. Flügelunterseiten – beim Weibchen deutlicher als beim Männchen – unterschiedlich braun marmoriert. Überprüfung durch Spezialisten mitunter wichtig. Ei: kegelförmig-oval, am oberen Pol abgerundet, feine Längsrippen erkennbar; anfangs weißlich, später bräunlich gefleckt. Raupe: grün, kurz behaart, dunkle nach hinten deutliche Rückenlinie, dünne Seitenlinie.

Lebensraum/Lebensweise: Saumbiotope und Waldfreiflächen wie Schlagfluren, Lichtungen, Heiden und Blockhalden in Mittelgebirgslagen. In größeren Höhen Präferenz für offenere Bereiche. Arnika, Grauer Alpendost, Rauer Löwenzahn, Witwenblume, Kriechender Hahnenfuß u. a. Borstgras, Draht-Schmiele, Rot-Straußgras; vielleicht auch Schwingel-Arten. Eier werden einzeln an die Grasblüten geheftet.

Nachweis: 1) Falter. 2) Suche nach Eiern in Blütenständen v. a. der Draht-Schmiele (Fotos).

Gefährdung/Schutz: BArtSchV (1999): besonders geschützt, Rote Liste BRD (1998): V. – Gestaltung von Saumbiotopen aus artenschutzfachlicher Sicht. Art kann auch in Fichtenforsten gefördert werden durch sonnige Wegränder und kleinere Kahlschläge. Im Schwarzwald derzeit ungefährdet.

Besonderheiten zur Gattung *Erebia*: Im alpinen Bereich zahlreiche weitere Arten, so auch der einst zusätzlich im Harz vorkommende, aber dort seit langem ausgestorbene „Knochs Mohrenfalter“ *Erebia epiphron* (Knoch, 1783), Tafel Seite 226.

SH	HH	MV	NI
–	–	1/+	2/+
ST	BE	BB	SN
3/+	–/x	0/x	2/+
TH	HE	NW	RP
–/+	2/+	2/+	V/+
SL	BW	BY	D
3/+	V/+	V/+	V/+

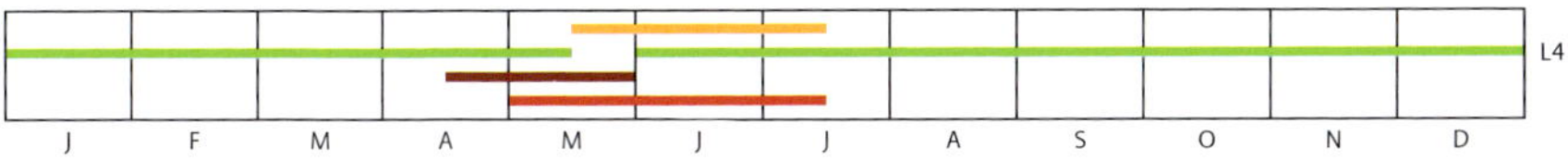

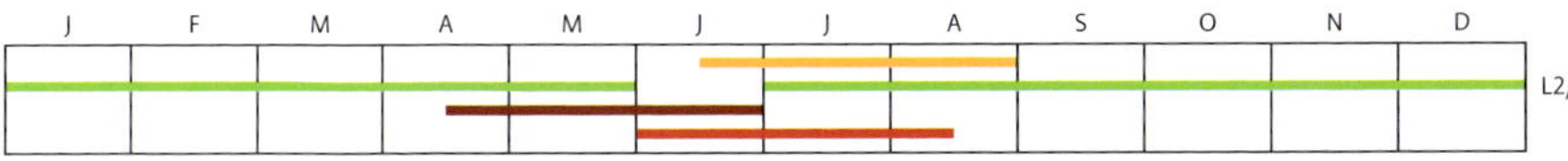

SH	HH	MV	NI
–	–	–	–
ST	BE	BB	SN
–	–	–	–
TH	HE	NW	RP
0/x	–	–	2/+
SL	BW	BY	D
0/x	–/+	3/+	V/+

Großer Waldportier

Hipparchia fagi
(SCOPOLI, 1763)
→Tafel Seite 231

Merkmale Falter: *H. fagi* kann nur durch das Jullien'sche Organ am männlichen Hinterleib sicher von *H. hermione* (s. u.) unterschieden werden (Abb. rechts). Ei: groß, weiß, gerippt. Raupe: die nachtaktiven Raupen können anhand der bei *H. fagi* schwächer ausgeprägten Rücken- und Seitenstreifen gut unterschieden werden (Abb. unten rechts; Foto).
Lebensraum/Lebensweise: Waldränder und trockene Sukzessionsflächen (Rebböschungen) in niederschlagsarmen, warmen Gebieten (Art mit südeuropäischem Verbreitungsschwerpunkt; in D vor allem noch im Kaiserstuhl). Im Gegensatz zu den übrigen *Hipparchia*-Arten bewachen die Männchen ihr Revier nicht nur vom unteren Stammbereich aus, sondern nehmen auch Sitzwarten in der Kronenschicht ein. Wenig bekannt; Dost, Kronwicke, Wilde Möhre, Wirbeldost, aber auch an feuchten Erdstellen und Baumsäften. Z. B. Aufrechte Trespe. Eiablage meist an dürre Grasblätter. Verpuppung in einer mit Gespinst ausgekleideten Erdhöhle.
Nachweis: Falter.
Gefährdung/Schutz: BArtSchV (1999): streng geschützt, Rote Liste BRD (1998): 1. – Wesentliche Gefährdungsursache für eines der letzten in Deutschland noch bekannten Vorkommen: Verbuschung und Bewaldung von Trockenstandorten.

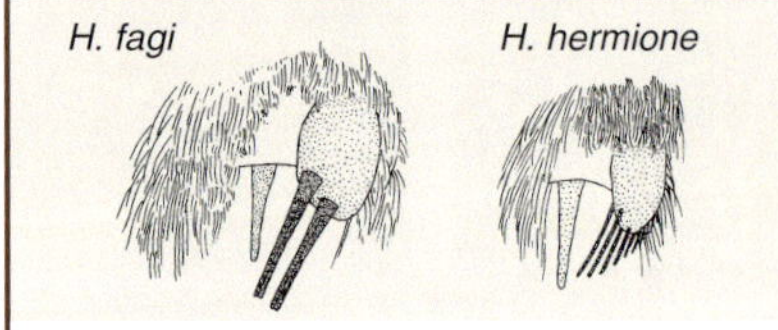

Dorsalansicht des männlichen Abdomens von *Hipparchia fagi* und *H. hermione*
H. fagi (links) besitzt nur wenige große Stäbchenschuppen (Jullien'sches Organ, Haare z. T. entfernt.)

Kleiner Waldportier

Hipparchia hermione
(LINNAEUS, 1764)
→Tafel Seite 231

Merkmale Falter: Siehe *H. fagi* (oben). Gegebenenfalls Überprüfung durch Spezialisten erforderlich. Ei: sehr ähnlich *H. fagi*. Raupe: siehe *H. fagi* (oben) und kleines Foto.
Lebensraum/Lebensweise: Lichte, heiß-trockene Sand-Kiefernwälder oder Eichenwälder; Waldsäume in Verbindung mit Trockenrasen und Heideflächen, die freie Bodenstellen aufweisen. Vorwiegend an violetten Blüten, z. B. Witwenblume, Flockenblumen-Arten; Thymian. Gräser nährstoffarmer Böden, z. B. Schaf-Schwingel. Eiablage auf trockene Pflanzenteile in der Nähe der Raupenfraßpflanzen. Verpuppung in einer Erdhöhle. Männchen in Krautschicht mit Territorialverhalten (*H. fagi* in höheren Schichten).

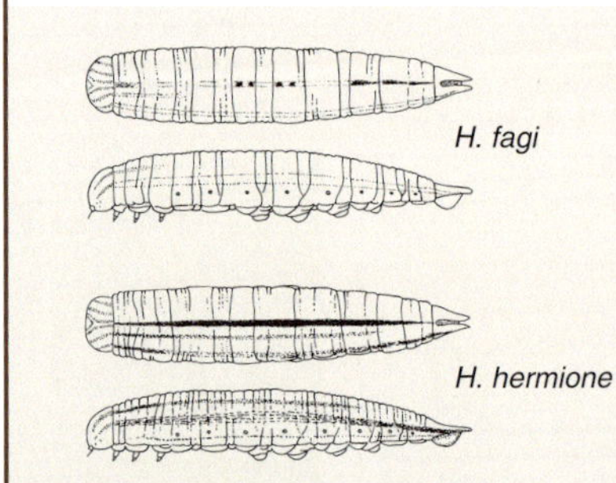

Dorsal- und Lateralansicht der Raupen
Hipparchia fagi (oben) und *H. hermione* (unten).

Nachweis: Falter.
Gefährdung/Schutz: BArtSchV (1999): streng geschützt, Rote Liste BRD (1998): 1. – Förderung offener Kiefernwälder in enger Verzahnung mit Sandtrockenrasen und -heiden (breite Forstwegränder und Schneisen freihalten, Kahlschlagnutzung).

SH	HH	MV	NI
–	–	–	–
ST	BE	BB	SN
–	–	–	–
TH	HE	NW	RP
0/o	0/x	0/o	1/+
SL	BW	BY	D
1/+	1/+	0/+	1/+

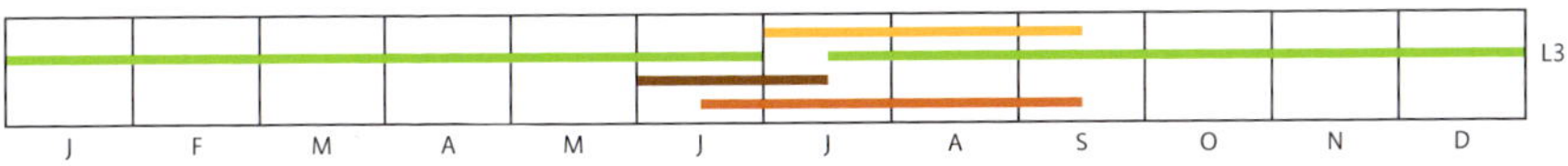

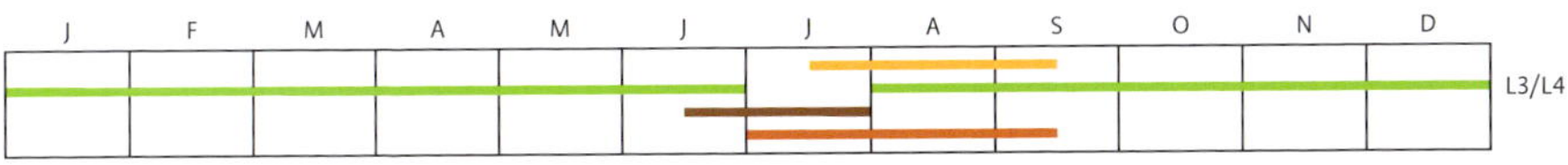

SH	HH	MV	NI
0/x	0/x	1/+	1/+
ST	BE	BB	SN
1/+	1/+	1/+	2/+
TH	HE	NW	RP
–	0/o	0/o	1/+
SL	BW	BY	D
0/o	–	0/x	1/+

Ockerbindiger Samtfalter

Hipparchia semele (LINNAEUS, 1758)

→ Tafel Seite 227

Merkmale Falter: Binden auf den Flügeln nicht beigegelb wie bei den drei übrigen heimischen *Hipparchia*-Arten, sondern deutlich orange gefärbt. Kontrastreiche Marmorierung auf der Hinterflügelunterseite (Foto). Ei: kalkweiß, tönnchenförmig, unten wie oben abgeplattet mit Längsrippen. Raupe: braun mit dunkleren, pastellfarbigen Streifen (Foto).

Lebensraum/Lebensweise: Felsige Trocken- und Halbtrockenrasen, lückige Zwergstrauchheiden und Lichtungen oder Schneisen von Kiefernwäldern. Gemeinsames Merkmal der Habitate sind trocken-warme Fels- und Sandböden, wozu auch Küstendünen zählen. Violette Blüten, z. B. Heidekraut, Thymian, Sommerflieder, Wasserdost. Süßgräser wie Schaf-Schwingel, Silbergras und Aufrechte Trespe, an der Küste auch Strandhafer. Raupen dämmerungsaktiv.

Nachweis: Falter (längere Trockenperioden können zu sommerlicher Dormanz führen).

Gefährdung/Schutz: Rote Liste BRD (1998): 3. – Offenhaltung von Halbtrockenrasen, Zwergstrauchheiden sowie Schneisen und Lichtungen in trocken-warmen Wäldern. Vegetationslücken, z.B. für „perching" (S. 232), sind wichtige Habitatstrukturen. Eutrophierung von Flächen durch Düngung und intensive Beweidung führt zum Verlust der Raupenfraßpflanzen.

Weitere Art: Der Rotbindige Samtfalter *Arethusana arethusa* ([DENIS & SCHIFFERMÜLLER], 1775), Tafel S. 228, der *H. semele* ähnelt, gilt in Deutschland als ausgestorben. 1975/76 letzte sichere Nachweise. BArtSchV (1999): streng geschützt.

Eisenfarbener Samtfalter

Hipparchia statilinus (HUFNAGEL, 1766)

→ Tafel S. 228

Merkmale Falter: Hinterflügelunterseite einfarbig eisengrau; im Gegensatz zu den anderen Arten der Gattung weiße Binde nicht oder nur extrem schwach vorhanden. Auf dem Vorderflügel 2 kleine weiße Punkte zwischen den Augenflecken (Foto). Ei: kalkweiß, tönnchenförmig, unten wie oben abgeplattet mit deutlichen Längsrippen. Raupe: bunt in Brauntönen, Längsstreifen, Rückenstreifen deutlich, dunkel (Foto).

Lebensraum/Lebensweise: Extrem nährstoffarme, trockene Standorte, z. B. Silbergrasrasen auf Truppenübungsplätzen, Kahlschlägen und Waldbrandflächen. Sehr späte Flugzeit während der Heidekrautblüte (reiches Nektarangebot). Heidekraut, Glocken-Heide, Sand-Thymian. Silbergras und Schaf-Schwingel. Die Eier werden bodennah an tote Pflanzenteile geheftet.

Nachweis: Falter (wenn mit zusammengelegten Flügeln am Boden sitzend, ist er wie *H. semele* durch die Zeichnung seiner Hinterflügelunterseite hervorragend getarnt).

Gefährdung/Schutz: BArtSchV (1999): streng geschützt, Rote Liste BRD (1998): 1. – Viele ehemalige Truppenübungsplätze erfüllen die extremen Standortansprüche der Art. Da diese Flächen aber zusehends aufgegeben werden und verbuschen, müssen schnellstmöglich Hilfsmaßnahmen auf Basis von Pflege- und Schutzkonzepten umgesetzt werden. Auch vegetationsarme Böschungen und Bankette von Verkehrswegen werden besiedelt. Sie sollten deshalb durch sporadische Störungen der Vegetation offen gehalten, keinesfalls aber bepflanzt oder begrünt werden.

SH V/+	HH 1/+	MV 3/+	NI 3/+
ST –/+	BE 2/+	BB V/+	SN 2/+
TH 2/+	HE 2/+	NW 2/+	RP 2/+
SL 1/+	BW 2/+	BY 2/+	D 3/+

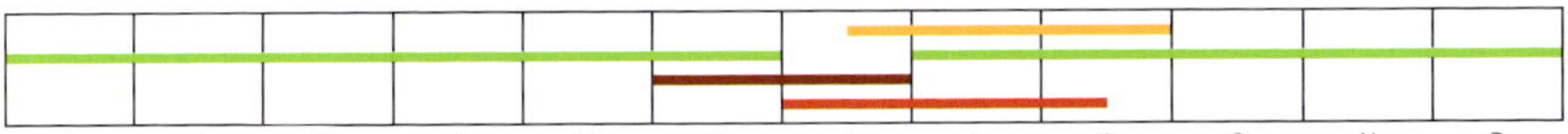

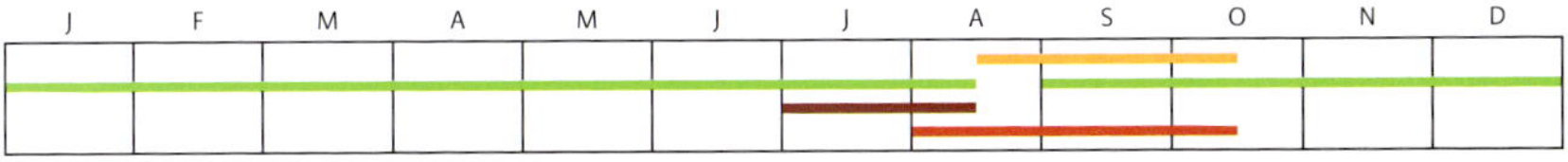

SH 0/x	HH 0/x	MV 1/+	NI 0/+
ST 1/+	BE 0/x	BB 1/+	SN 1/+
TH –	HE –/E	NW 0/o	RP 0/o
SL –	BW –	BY 2/+	D 1/+

Berghexe

Chazara briseis
(LINNAEUS, 1764)
⟶ Tafel Seite 230

Merkmale Falter: Hinterflügelunterseite fein hellbraun-grau marmoriert mit einer schwachen Binde beim Weibchen und einigen dunklen Flecken beim Männchen. Ei: kalkweiß, tönnchenförmig, mit deutlichen Längsrippen (Foto). Raupe: bräunlich mit an den Segmenten unterbrochenen Längslinien (Foto).

Lebensraum/Lebensweise: Habitate immer heiß und trocken. Kurzrasige, lückige, meist fels- oder gerölldurchsetzte und beweidete Magerrasen auf Kalk, seltener auch auf silikatischen Gesteinen (z. B. Porphyr). An der Saale bei Halle stößt die Art an ihre nordöstliche Verbreitungsgrenze. Kratzdisteln, Tauben-Skabiose, Flockenblume sowie Luzerne. Aufrechte Trespe, Schaf-Schwingel, Blaugras. Die Eier werden bodennah an dürre Grasblätter geheftet. Die Raupen überwintern als L1 oder L2, entwickeln sich langsam und fressen nur nachts. Puppe in einem Gespinst im Oberboden.

Nachweis: Falter.

Gefährdung/Schutz: BArtSchV (1999): besonders geschützt, Rote Liste BRD (1998): 2. – Für die Larven ist es nötig, die Vegetation kurz und lückig zu halten (Beweidung, Mahd, Feuer) und gelegentlich neue frühe Sukzessionsstadien zu schaffen. Höhere Vegetation in der Umgebung sichert die Nektarversorgung. Die Flächenansprüche für einzelne überlebensfähige Kolonien der Art liegen bei mindestens einem Hektar. Isolation ist von geringerer Bedeutung.

Weißer Waldportier

Aulocera circe
(FABRICIUS, 1775)
⟶ Tafel Seite 230

Merkmale Falter: Größter Augenfalter mit kontrastreicher Schwarz-Weiß-Zeichnung. Ei: kugelig, frisch gelegt weißlich, strukturlos (Foto). Raupe: bunte Raupe mit klarer Linienzeichnung (einschließlich Kopfkapsel).

Lebensraum/Lebensweise: Südexponierte Hänge mit Trocken- und Halbtrockenrasenvegetation („Steppenheide"), höherwüchsige Magerrasen in Flusstälern, trockene, grasige Waldlichtungen. Männchen besuchen z. B. Disteln bzw. Kratzdisteln, Wasserdost, Dost, Streichköder (für Nachtfalterfang); Weibchen an Baumausfluss (Eichen), Dost. Flugzeit in den frühen Vormittags- und späten Nachmittagsstunden, daher nicht in der Mittagshitze. „Hilltopping" (vgl. S. 232). Aufrechte Trespe und Schaf-Schwingel. Weibchen lässt Eier zu Boden fallen (Eistreuer wie *Minois dryas* (S. 170) im Gegensatz zu den heimischen *Hipparchia*-Arten und *Chazara briseis*, welche die Eier an Grashalme heften). Verpuppung im Oberboden in einer ausgekleideten Erdhöhle.

Nachweis: Falter (langlebige Weibchen; Einzeltiere können sporadisch fernab von bekannten Vorkommen auftreten).

Gefährdung/Schutz: BArtSchV (1999): besonders geschützt, Rote Liste BRD (1998): 2. – Die Art besiedelt weder völlig freie Magerrasen oder Heideflächen noch zu stark verbuschte Gebiete, sodass zu ihrer Erhaltung Erfahrung und Fingerspitzengefühl bei der Biotopgestaltung bzw. -pflege nötig sind.

SH –	HH –	MV –	NI 0/+
ST 2/+	BE –	BB –	SN 0/x
TH 1/+	HE 1/+	NW 1/+	RP 1/+
SL 0/x	BW 1/+	BY 1/+	D 2/+

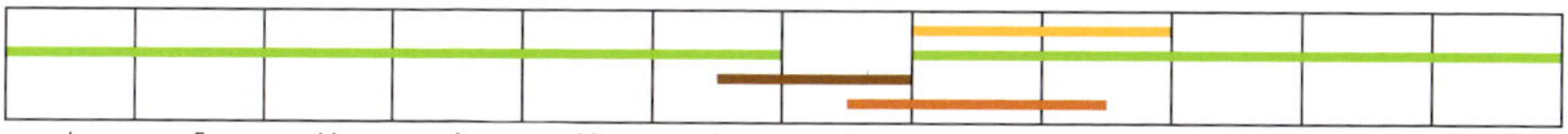

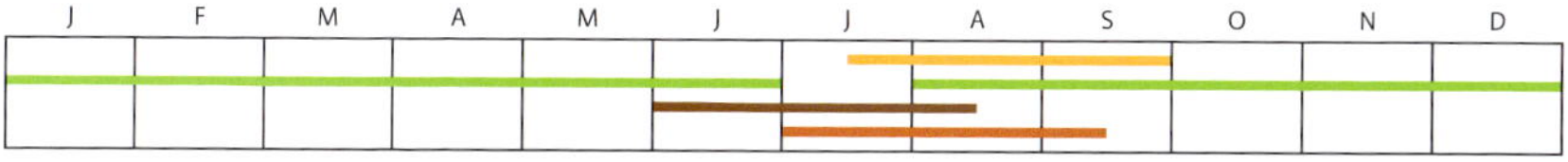

SH –	HH –	MV –	NI –
ST (E)	BE –	BB –/+	SN –
TH –	HE 1/+	NW 0/o	RP 1/+
SL 1/+	BW 2/+	BY 2/+	D 2/+

Blaukernauge
Minois dryas
(SCOPOLI, 1763)
→ Tafel Seite 229

Merkmale Falter: Wie aus dem deutschen Namen hervorgeht, Augenflecken mit leuchtend blauen Kernen (Foto: Weibchen). Ei: sehr klein, kugelig bis dreieckig, frisch gelegt fahlgelb, später bräunlich rosa; sehr feine Längsrippen erkennbar. Raupe: bräunlich, längs gestreift, Stigmen gut sichtbar (Foto).
Lebensraum/Lebensweise: Verschiedenbiotopbewohner (S. 232): Pfeifengraswiesen (Streuwiesen) in Nieder- und Zwischenmooren des Alpenvorlandes, Waldlichtungen mit grasiger Bodenvegetation (z. B. Mittelwälder im südlichen Steigerwald), aber auch höherwüchsige Trocken- und Halbtrockenrasen (Kaiserstuhl, Kyffhäuser). Letzte lokale Vorkommen in MV und TH; in BW und BY dagegen regional noch weit verbreitet. Vorzugsweise violette Blüten, z. B. Skabiose, Teufelsabbiss, Sumpf-Kratzdistel, Dost, Wasserdost usw. Pfeifengras, Seggen, Rot-Schwingel, Aufrechte Trespe und Land-Reitgras. Das Weibchen lässt das Ei in die Vegetation fallen. Verpuppung in einer nicht mit Gespinst ausgekleideten Erdhöhle.
Nachweis: Falter.
Gefährdung/Schutz: Rote Liste BRD (1998): 2. – Insbesondere die bereits weiträumig isolierten Vorkommen der Art sind meist hochgradig gefährdet und schutzbedürftig. Bestandssicherung durch Fortführung oder Wiederaufnahme extensiver Formen von Mahd und Beweidung bzw. der Mittelwaldnutzung.

Schachbrettfalter
Melanargia galathea
(LINNAEUS, 1758)
→ Tafel Seite 180

Merkmale Falter: Unverwechselbar, schwarz-weiß gefleckt. Ei: kugelig, weiß. Raupe: mit deutlichem Seitenstreifen; treten etwa gleich häufig in graubrauner oder grüner Farbvariante auf (Foto).
Lebensraum/Lebensweise: Magerrasen, Brachflächen, Zwergstrauchheiden, Wegränder, Böschungen, Waldschneisen. Entscheidend für die Eiablage ist das Vorhandensein von Altgrasbeständen. Eine Vielzahl von Nektarpflanzen. Unterschiedliche Gras-Arten, wobei ihre Präferenzen je nach eigenem Entwicklungsstand und Nährstoffgehalt der Pflanzen wechseln. Eier werden einzeln auf den Boden fallen gelassen. Überwinterung als Jungraupe ohne Nahrungsaufnahme. Während die Raupen in den frühen Entwicklungsstadien auch tagsüber fressen, sind sie im vorletzten und letzten Larvenstadium nur noch nachts aktiv. Die Verpuppung findet an der Basis eines Grasbüschels in einem Gespinst aus zusammengewobenen Graspartikeln statt.
Nachweis: Falter.
Gefährdung/Schutz: Rote Liste BRD (1998): nicht gefährdet. – Durch Düngung und intensive Nutzung werden blumenreiche Magerwiesen zu artenarmen Fettwiesen, die dieser Art keine Lebensgrundlage mehr bieten können. Häufige Mahd beeinträchtigt weniger die Raupen – da sie gegen Ende der Entwicklung nachtaktiv sind – als vielmehr die erwachsenen Falter, denen die Nektarquellen entzogen werden.

SH –	HH –	MV 1/+	NI 1/+
ST 0/E	BE –	BB 0/x	SN 0/x
TH 1/+	HE 0/o	NW 0/o	RP 1/+
SL –	BW 2/+	BY 2/+	D 2/+

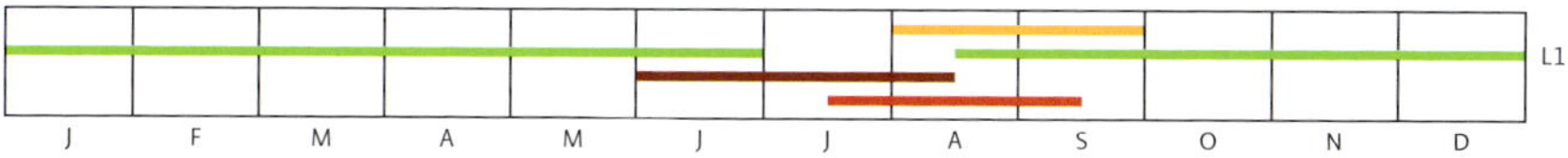

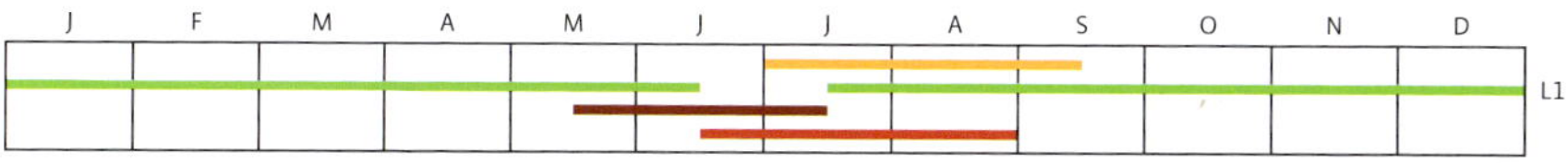

SH –/+	HH 1/+	MV –/+	NI –/+
ST –/+	BE –/+	BB –/+	SN –/+
TH –/+	HE –/+	NW –/+	RP –/+
SL –/+	BW –/+	BY –/+	D –/+

O
U
deutliche, ± gleichmäßige Punktreihe
Roter Würfel-Dickkopffalter (S. 26)
Spialia sertorius
O
U
Flecken im Hfl. weiß, scharf konturiert
Kleiner Würfel-Dickkopffalter (S. 26)
Pyrgus malvae
O
U
großer, ± viereckiger Zellenfleck
Spätsommer-Würfel-Dickkopff. (S. 32)
Pyrgus cirsii
O
U
weißer Rand
Steppenheiden-Würfel-Dickkopff. (S. 34)
Pyrgus carthami
O
U
Grundfarbe olivgrün
Schwarzbrauner Würfel-Dickkopff. (S. 32)
Pyrgus serratulae
O
U
Sonnenröschen- / Veritys / Zweibrütiger / Warrens Würfel-D. (S. 28ff)
Pyrgus alveus / accretus / armoricanus / trebevicensis

Malven-Dickkopffalter (S. 34)
Carcharodus alceae

Dunkler Dickkopffalter (S. 36)
Erynnis tages

Heilziest-Dickkopffalter (S. 36)
Carcharodus flocciferus

Ziest-Dickkopffalter (S. 34)
Carcharodus lavatherae

Spiegelfleck-Dickkopffalter (S. 38)
Heteropterus morpheus

♂
♀
U
U - Fühlerspitze
schwarz
Schwarzkolbiger Braun-Dickkopff. (S. 42)
Thymelicus lineola
♂
♀
U
U - Fühlerspitze
orange
Braunkolbiger Braun-Dickkopff. (S. 42)
Thymelicus sylvestris
♂
halbkreisförmige Zeichnung
♀
U
Mattscheckiger Braun-Dickkopff. (S. 40)
Thymelicus acteon
♂
♀
U
gelbliche Flecken
Rostfarbiger Dickkopffalter (S. 44)
Ochlodes sylvanus

silbrige Flecken
♂
♀
U
Komma-Dickkopffalter (S. 44)
Hesperia comma
♂
O
U
Gelbwürfeliger Dickkopffalter (S. 38)
Carterocephalus palaemon
Fleck an Hfl. Vorderkante
♂
♀
U
Gold-Dickkopffalter (S. 40)
Carterocephalus silvicolus

Apollofalter (S. 46)
Parnassius apollo

Schwarzer Apollofalter (S. 46)
Parnassius mnemosyne

Baum-Weißling (S. 58)
Aporia crataegi

Großer Kohl-Weißling (S. 60)
Pieris brassicae

Großer Kohl-Weißling (S. 60)
Pieris brassicae

♂
♀
U
Kleiner Kohl-Weißling (S. 60)
Pieris rapae
Adern enden mit grauen Dreiecken
♂
♀
U
Grünader-Weißling (S. 62)
Pieris napi
Adern grüngrau bestäubt
runder Spitzenfleck, sonst ohne Zeichnung
♂
♀
U
Leguminosen- / Reals Schmalflügel-Weißling (S. 50)
Leptidea sinapis / reali

Reseda-Weißling (S. 62)
Pontia edusa / daplidice

Aurorafalter (S. 64)
Anthocharis cardamines

Zitronenfalter (S. 58)
Gonepteryx rhamni

Schachbrettfalter (S. 170)
Melanargia galathea

Weißklee-Gelbling (S. 54)
Colias hyale

Hufeisenklee-Gelbling (S. 54)
Colias alfacariensis

Wander-Gelbling (S. 56)
Colias crocea

Regensburger Gelbling (S. 56)
Colias myrmidone

Hochmoor-Gelbling (S. 52)
Colias palaeno

Östlicher Gelbling (S. 52)
Colias erate

Dukaten-Feuerfalter (S. 66)
Lycaena virgaureae

Großer Feuerfalter (S. 64)
Lycaena dispar

Lilagold-Feuerfalter (S. 70)
Lycaena hippothoe

Violetter Feuerfalter (S. 68)
Lycaena alciphron

Kleiner Feuerfalter (S. 66)
Lycaena phlaeas

Brauner Feuerfalter (S. 68)
Lycaena tityrus

Blauschillernder Feuerfalter (S. 70)
Lycaena helle

Segelfalter (S. 48)
Iphiclides podalirius

Schwalbenschwanz (S. 48)
Papilio machaon

♂ ♀ U

Blauer Eichen-Zipfelfalter (S. 72)
Neozephyrus quercus

♂ ♀ U

Nierenfleck-Zipfelfalter (S. 72)
Thecla betulae

Kreuzdorn-Zipfelfalter (S. 76)
Satyrium spini

Brauner Eichen-Zipfelfalter (S. 74)
Satyrium ilicis

Pflaumen-Zipfelfalter (S. 76)
Satyrium pruni

Kleiner Schlehen-Zipfelfalter (S. 78)
Satyrium acaciae

Ulmen-Zipfelfalter (S. 74)
Satyrium w-album

Grüner Zipfelfalter (S. 78)
Callophrys rubi

♂
♀
U
Zwerg-Bläuling (S. 80)
Cupido minimus
Schwänzchen
orange Flecken
Kurzschwänziger Bläuling (S. 80)
Cupido argiades
Faulbaum-Bläuling (S. 82)
Celastrina argiolus
O
heller Streifen
Punktreihe
Storchschnabel-Bläuling (S. 98)
Polyommatus eumedon

♂
♀
U
heller Streifen
Streifen-Bläuling (S. 98)
Polyommatus damon
♂
U ♂
deutliche
Ecke
Zahnflügel-Bläuling (S. 100)
Polyommatus daphnis
♀
U ♀
doppelt
gezackt
Zahnflügel-Bläuling (S. 100)
Polyommatus daphnis

Rotklee-Bläuling (S. 100)
Polyommatus semiargus

Dunkler Wiesenknopf-Ameisenbläuling (S. 84)
Maculinea nausithous

Heller Wiesenknopf-Ameisenbläuling (S. 84)
Maculinea teleius

U
U
U
♀
♀
♀
♂
♂
♂
Kreuzenzian- / Lungenenzian-Ameisenb. (S. 86)
Maculinea rebeli / alcon
alle Flecken groß
Flügelbasis blau bestäubt
Thymian-Ameisenbläuling (S. 88)
Maculinea arion
markante Fleckenreihe
smaragdgrün bestäubt
Alexis-Bläuling (S. 82)
Glaucopsyche alexis

Hochmoor-Bläuling (S. 94)
Plebeius optilete

Geißklee-Bläuling (S. 94)
Plebeius argus

Ginster-Bläuling (S. 92)
Plebeius idas

Kronwicken-Bläuling (S. 92)
Plebeius argyrognomon

Kleiner / Großer Sonnenröschen-B. (S. 96)
Polyommatus agestis / artaxerxes

Westlicher / Östlicher Quendel-B. (S. 90)
Scolitantides baton / schiffermuelleri

Fetthennen-Bläuling (S. 88)
Scolitantides orion

Wundklee-Bläuling (S. 104)
Polyommatus dorylas

Vogelwicken-Bläuling (S. 104)
Polyommatus amandus

Esparsetten-Bläuling (S. 106)
Polyommatus thersites

Silbergrüner Bläuling (S. 102)
Polyommatus coridon

Himmelblauer Bläuling (S. 102)
Polyommatus bellargus

Hauhechel-Bläuling (S. 106)
Polyommatus icarus

♂

♀

Kaisermantel (S. 108)
Argynnis paphia

U

Kaisermantel (S. 108)
Argynnis paphia

♀

Kaisermantel (S. 108)
Argynnis paphia f. *valesina*

Östlicher Perlmutterfalter (S. 108)
Argynnis laodice

Östlicher Perlmutterfalter (S. 108)
Argynnis laodice

Großer Perlmutterfalter (S. 110)
Argynnis aglaja

Feuriger Perlmutterfalter (S. 110)
Argynnis adippe

U

Feuriger Perlmutterfalter (S. 110)
Argynnis adippe f. *cleodoxa*

U

meist mit
schwarzem Punkt

Mittlerer Perlmutterfalter (S. 112)
Argynnis niobe

O

Mittlerer Perlmutterfalter (S. 112)
Argynnis niobe

deutliche
Linie

U

Mittlerer Perlmutterfalter (S. 112)
Argynnis niobe f. *eris*

Kleiner Perlmutterfalter (S. 112)
Issoria lathonia

Brombeer-Perlmutterfalter (S. 114)
Brenthis daphne

Mädesüß-Perlmutterfalter (S. 114)
Brenthis ino

O

U

Hochmoor-Perlmutterfalter (S. 116)
Boloria aquilonaris

O

U

Magerrasen-Perlmutterfalter (S. 122)
Boloria dia

O

U

Alpen-Perlmutterfalter (S. 120)
Boloria thore

Natterwurz-Perlmutterfalter (S. 120)
Boloria titania

Braunfleckiger Perlmutterfalter (S. 118)
Boloria selene

Silberfleck-Perlmutterfalter (S. 118)
Boloria euphrosyne

Randring-Perlmutterfalter (S. 116)
Boloria eunomia

Randring-Perlmutterfalter (S. 116)
Boloria eunomia

Randring-Perlmutterfalter (S. 116)
Boloria eunomia

Schlüsselblumen-Würfelfalter (S. 108)
Hamearis lucina

Tagpfauenauge (S. 124)
Nymphalis io

Admiral (S. 122)
Vanessa atalanta

Trauermantel (S. 126)
Nymphalis antiopa

Distelfalter (S. 124)
Vanessa cardui

Großer Schillerfalter (S. 144)
Apatura iris

Kleiner Schillerfalter (S. 144)
Apatura ilia

Großer Eisvogel (S. 140)
Limenitis populi

Blauschwarzer Eisvogel (S. 142)
Limenitis reducta

Kleiner Eisvogel (S. 142)
Limenitis camilla

Landkärtchenfalter (2. Gen.; S. 130)
Araschnia levana

Landkärtchenfalter (1. Gen.; S. 130)
Araschnia levana

C-Falter (S. 126)
Nymphalis c-album

Kleiner Fuchs (S. 128)
Nymphalis urticae

Großer Fuchs (S. 128)
Nymphalis polychloros

Östlicher Großer Fuchs (S. 128)
Nymphalis xanthomelas

Wegerich-Scheckenfalter (S. 132)
Melitaea cinxia

Flockenblumen-Scheckenfalter (S. 134)
Melitaea phoebe

Roter Scheckenfalter (S. 134)
Melitaea didyma

Baldrian-Scheckenfalter (S. 140)
Melitaea diamina

Wachtelweizen-Scheckenfalter (S. 136)
Melitaea athalia

Östlicher Scheckenfalter (S. 136)
Melitaea britomartis

Ehrenpreis-Scheckenfalter (S. 138)
Melitaea aurelia

Westlicher Scheckenfalter (S. 138)
Melitaea parthenoides

Eschen-Scheckenfalter (S. 130)
Euphydryas maturna

Goldener Scheckenfalter (S. 132)
Euphydryas aurinia

O

U

Gelbringfalter (S. 148)
Lopinga achine

O

U

Schornsteinfeger (S. 154)
Aphantopus hyperantus

Waldbrettspiel (S. 146)
Pararge aegeria

Mauerfuchs (S. 146)
Lasiommata megera

Braunauge (S. 148)
Lasiommata maera

Kleines Wiesenvögelchen (S. 150)
Coenonympha pamphilus

Weißbindiges Wiesenvögelchen (S. 152)
Coenonympha arcania

Großes Wiesenvögelchen (S. 150)
Coenonympha tullia

Rotbraunes Wiesenvögelchen (S. 154)
Coenonympha glycerion

Wald-Wiesenvögelchen (S. 152)
Coenonympha hero

Stromtal-Wiesenvögelchen (S. 152)
Coenomympha oedippus

Großes Ochsenauge (S. 156)
Maniola jurtina

Kleines Ochsenauge (S. 156)
Maniola lycaon

Großes Ochsenauge (S. 156)
Maniola jurtina

Kleines Ochsenauge (S. 156)
Maniola lycaon

Rotbraunes Ochsenauge (S. 158)
Maniola tithonus

Weißbindiger Mohrenfalter (S. 158)
Erebia ligea

Graubindiger Mohrenfalter (S. 160)
Erebia aethiops

Weißbindiger Bergwald-Mohrenfalter (S. 160)
Erebia euryale

Rundaugen-Mohrenfalter (S. 162)
Erebia medusa

Gelbbindiger Mohrenfalter (S. 162)
Erebia meolans

Knochs Mohrenfalter (S. 162)
Erebia epiphron

♂

♀

Ockerbindiger Samtfalter (S. 166)
Hipparchia semele

U

Ockerbindiger Samtfalter (S. 166)
Hipparchia semele

Rotbindiger Samtfalter (S. 166)
Arethusana arethusa

Eisenfarbener Samtfalter (S. 166)
Hipparchia statilinus

Blaukernauge (S. 170)
Minois dryas

Weißer Waldportier (S. 168)
Aulocera circe

Berghexe (S. 168)
Chazara briseis

Großer Waldportier (S. 164)
Hipparchia fagi

Kleiner Waldportier (S. 164)
Hipparchia hermione

Glossar

Ameisengarde: Raupen bestimmter Bläulinge werden von Ameisen begleitet, die dem Kartierer das Auffinden der Raupen erleichtern können (vgl. Myrmekophilie).

Begattungstasche: Eine vor dem Hinterleibsende des Weibchens liegende Einsenkung, in die vom Männchen die Samenkapsel eingelegt wird.

Dormanz: Physiologischer Zustand, in welchem ungünstige Witterungsbedingungen überdauert werden (Sommerruhe, Winterstarre).

Duftschuppenfleck: Stellen mit Duftstoffe freisetzenden Schuppen auf den Flügeln.

Einbiotop-Bewohner: Arten, die sich in allen Stadien (Ei, Raupe, Puppe, Falter) in einem einzigen Biotop aufhalten und diesen in der Regel nicht verlassen.

Eispiegel: Zusammenhängendes Eigelege mit mehr oder weniger gleichmäßigem Muster.

Gürtelpuppe: Schmetterlingspuppe, die mit einem Spinnfaden um die Körpermitte an Pflanzenstängeln oder anderen Substraten befestigt ist. Bei Weißlingen, zahlreichen Bläulingen und Ritterfaltern (vgl. Fotos S. 13).

Hibernaculum: Zusammengesponnenes Blatt (o. Ä.) als Überwinterungsversteck.

Hilltopping (= Gipfelbalz): Männliche Falter führen Balzflüge über Bergkuppen, Hügeln und Halden durch. Dort setzen sich die stärksten Falter gegenüber ihren Geschlechtsgenossen durch und besetzen die attraktivsten Reviere – meist die höchsten Stellen. Frisch geschlüpfte Weibchen suchen ebenfalls diese Orte auf und finden so auch in Gegenden mit niedriger Populationsdichte ihren Geschlechtspartner.

Klopfen von Raupen: Unter einen vom Boden aus erreichbaren Ast eines Wirtsbaumes oder -strauches wird ein umgekehrt aufgespannter Schirm oder ein Tuch gehalten, dann mit einem Stock zwei- bis dreimal auf den Ast geschlagen. Günstig sind kühle Morgenstunden, da dann die Raupen meist lockerer sitzen.

Kotrippe: Die Raupen der drei in Deutschland heimischen Eisvogel-Arten (S. 140 ff) lassen beim Fressen die Mittelrippe der Blätter stehen und verspinnen diese zusätzlich durch Kot.

Mesophile Standorte/Arten: Standorte/Arten mit mittleren Feuchtigkeits- und Temperaturbedingungen bzw. -ansprüchen.

Metapopulation: Zusammenhängendes dynamisches System von mit Teilpopulationen besetzten Flächen, von denen einzelne zeitweise unbesetzt sind und wiederbesiedelt werden können.

Monophagie: Raupen nutzen nur eine einzige Pflanzenart als Fraßpflanze.

Myrmekophilie: Die Raupen zahlreicher Bläulinge werden von Ameisen vor Feinden geschützt. Als Ausgleich geben die Raupen ein süßes Sekret ab, das den Ameisen als Nahrung dient. Bei den Ameisenbläulingen (S. 84 ff) werden die Raupen sogar in den Ameisenbau eingetragen. Dort werden sie gefüttert oder ernähren sich von der Ameisenbrut.

Osmaterium: Larven einiger Ritterfalter besitzen hinter dem Kopf eine ausstülpbare Nackengabel. Daraus bei Gefahr abgesondertes Sekret löst z. B. bei Ameisen eine Fluchtreaktion aus.

Perching: Männchen lauern auf Ansitz-Plätzen in ihrem Revier auf vorbeifliegende Weibchen.

Polyphagie: Raupen nutzen ein (sehr) breites Spektrum an Fraßpflanzen.

Stürzpuppe: Schmetterlingspuppe, die mit dem Hinterende an Pflanzen oder einem anderen Substrat befestigt ist und herunterhängt (vgl. Foto S. 15 oben). V. a. bei Edelfaltern.

Treetopping: Abwandlung des Hilltopping (s. o.); als Rendevouz-Plätze dienen nicht Geländeerhebungen, sondern aus dem Wipfeldach des Waldes ragende Baumkronen.

Verschiedenbiotop-Bewohner: Arten, die in verschiedenen Stadien unterschiedliche Biotope bewohnen und sich in diesen wie Einbiotop-Bewohner verhalten.

Xerotherme Standorte/Arten: Standorte/Arten, die trockenwarme Bedingungen bzw. Ansprüche aufweisen.

Die wichtigsten Raupenfraßpflanzen

Pflanzenart		Tagfalterart	
Deutscher Name	**Wissenschaftlicher Name**	**Deutscher Name**	**Wissenschaftlicher Name**
Ampfer, Fluss-	*Rumex hydrolapathum*	Großer Feuerfalter	*Lycaena dispar*
Ampfer, Krauser	*Rumex crispus*	Dukaten-Feuerfalter	*Lycaena virgaureae*
		Großer Feuerfalter	*Lycaena dispar*
		Kleiner Feuerfalter	*Lycaena phlaeas*
		Lilagold-Feuerfalter	*Lycaena hippothoe*
Ampfer, Rispen-	*Rumex thyrsiflorus*	Brauner Feuerfalter	*Lycaena tityrus*
		Kleiner Feuerfalter	*Lycaena phlaeas*
Ampfer, Stumpfblättriger	*Rumex obtusifolius*	Großer Feuerfalter	*Lycaena dispar*
		Kleiner Feuerfalter	*Lycaena phlaeas*
Baldrian-Arten	*Valeriana* spec.	Baldrian-Scheckenfalter	*Melitaea diamina*
Bärenschote	*Astragalus glycyphyllos*	Faulbaum-Bläuling	*Celastrina argiolus*
		Kronwicken-Bläuling	*Plebejus argyrognomon*
Bauernsenf, Kahler	*Teesdalia nudicaulis*	Reseda-Weißling	*Pontia edusa/daplidice*
Besenginster	*Cytisus scoparius*	Ginster-Bläuling	*Plebejus idas*
Besenrauke	*Descurainia sophia*	Reseda-Weißling	*Pontia edusa/daplidice*
Birke	*Betula pendula*	Nierenfleck-Zipfelfalter	*Thecla betulae*
		Trauermantel	*Nymphalis antiopa*
Blasenstrauch	*Colutea arborescens*	Zwerg-Bläuling	*Cupido minimus*
Blaugras, Kalk-	*Sesleria albicans*	Berghexe	*Chazara briseis*
Borstgras	*Nardus stricta*	Gelbbindiger Mohrenfalter	*Erebia meolans*
		Großes Wiesenvögelchen	*Coenonympha tullia*
		Komma-Dickkopffalter	*Hesperia comma*
Brennnessel, Große	*Urtica dioica*	Admiral	*Vanessa atalanta*
		C-Falter	*Nymphalis c-album*
		Kleiner Fuchs	*Nymphalis urticae*
		Landkärtchenfalter	*Araschnia levana*
		Tagpfauenauge	*Nymphalis io*
Brennnessel, Kleine	*Urtica urens*	Kleiner Fuchs	*Nymphalis urticae*
Brombeere	*Rubus fruticosus*	Brombeer-Perlmutterfalter	*Brenthis daphne*

Pflanzenart		Tagfalterart	
Deutscher Name	**Wissenschaftlicher Name**	**Deutscher Name**	**Wissenschaftlicher Name**
Brombeere	*Rubus fruticosus*	Faulbaum-Bläuling Grüner Zipfelfalter Kleiner Würfel-Dickkopffalter	*Celastrina argiolus* *Callophrys rubi* *Pyrgus malvae*
Brombeere, Sand-	*Rubus ulmifolius*	Brombeer-Perlmutterfalter	*Brenthis daphne*
Dill	*Anethum graveolens*	Schwalbenschwanz	*Papilio machaon*
Dost, Gewöhnlicher	*Origanum vulgare*	Thymian-Ameisenbläuling	*Maculinea arion*
Dreizahn	*Danthonia decumbens*	Weißbindiger Bergwald-Mohrenfalter Weißbindiger Mohrenfalter	*Erebia euryale* *Erebia ligea*
Eberesche	*Sorbus aucuparia*	Baum-Weißling Segelfalter	*Aporia crataegi* *Iphiclides podalirius*
Efeu	*Hedera helix*	Faulbaum-Bläuling	*Celastrina argiolus*
Ehrenpreis, Gamander-	*Veronica chamaedrys*	Roter Scheckenfalter Wachtelweizen-Scheckenfalter	*Melitaea didyma* *Melitaea athalia*
Ehrenpreis, Großer	*Veronica teucrium*	Östlicher Scheckenfalter Roter Scheckenfalter Wegerich-Scheckenfalter	*Melitaea britomartis* *Melitaea didyma* *Melitaea cinxia*
Ehrenpreis-Arten	*Veronica* spec.	Östlicher Scheckenfalter	*Melitaea britomartis*
Eibisch	*Alcea rosea*	Malven-Dickkopffalter	*Carcharodus alceae*
Eiche, Stiel- (Blätter)	*Quercus robur*	Brauner Eichen-Zipfelfalter	*Satyrium ilicis*
Eiche, Stiel- (Blüten)	*Quercus robur*	Blauer Eichen-Zipfelfalter	*Neozephyrus quercus*
Eiche, Trauben- (Blätter)	*Quercus petraea*	Blauer/Brauner Eichen-Zipfelfalter	*Neozephyrus quercus*, *Satyrium ilicis*
Enzian, Kreuz-	*Gentiana cruciata*	Kreuzenzian-Ameisenbläuling	*Maculinea rebeli*
Enzian, Lungen-	*Gentiana pneumonanthe*	Lungenenzian-Ameisenbläuling	*Maculinea alcon*
Enzian, Schwalbenwurz-	*Gentiana asclepiadea*	Lungenenzian-Ameisenbläuling	*Maculinea alcon*
Enzian-Arten	*Gentiana* spec.	Goldener Scheckenfalter	*Euphydryas aurinia*

Pflanzenart		Tagfalterart	
Deutscher Name	**Wissenschaftlicher Name**	**Deutscher Name**	**Wissenschaftlicher Name**
Erdbeere, Hügel-	*Fragaria viridis*	Kleiner Würfel-Dickkopffalter	*Pyrgus malvae*
Erdbeere, Wald-	*Fragaria vesca*	Kleiner Würfel-Dickkopffalter	*Pyrgus malvae*
Erika-Arten	*Erica* spec.	Ginster-Bläuling	*Plebejus idas*
Esche	*Fraxinus excelsior*	Eschen-Scheckenfalter	*Euphydryas maturna*
Esparsette, Saat-	*Onobrychis viciifolia*	Alexis-Bläuling	*Glaucopsyche alexis*
		Esparsetten-Bläuling	*Polyommatus thersites*
		Streifen-Bläuling	*Polyommatus damon*
Esparsette, Sand-	*Onobrychis arenaria*	Esparsetten-Bläuling	*Polyommatus thersites*
Faulbaum	*Frangula alnus*	Faulbaum-Bläuling	*Celastrina argiolus*
		Zitronenfalter	*Gonepteryx rhamni*
Fenchel	*Foeniculum vulgare*	Schwalbenschwanz	*Papilio machaon*
Fetthenne, Große	*Sedum maximum*	Fetthennen-Bläuling	*Scolitantides orion*
Fetthenne, Purpur-	*Sedum telephium*	Fetthennen-Bläuling	*Scolitantides orion*
Fetthenne, Weiße	*Sedum album*	Apollofalter	*Parnassius apollo*
Fingerhut, Großblütiger	*Digitalis grandiflora*	Roter Scheckenfalter	*Melitaea didyma*
Fingerkraut, Gänse-	*Potentilla anserina*	Kleiner Würfel-Dickkopffalter	*Pyrgus malvae*
Fingerkraut, Kriechendes	*Potentilla reptans*	Kleiner Würfel-Dickkopffalter	*Pyrgus malvae*
		Schwarzbrauner Würfel-Dickkopffalter	*Pyrgus serratulae*
		Spätsommer-Würfel-Dickkopffalter	*Pyrgus cirsii*
Fingerkraut-Arten	*Potentilla* spec.	Steppenheiden-Würfel-Dickkopffalter	*Pyrgus carthami*
		Zweibrütiger Würfel-Dickkopffalter	*Pyrgus armoricanus*
Flattergras, Wald-	*Milium effusum*	Gold-Dickkopffalter	*Carterocephalus silvicolus*
Flockenblume, Skabiosen-	*Centaurea scabiosa*	Flockenblumen-Scheckenfalter	*Melitaea phoebe*
Fuchsschwanz, Wiesen-	*Alopecurus pratensis*	Gelbwürfeliger Dickkopffalter	*Carterocephalus palaemon*
Gänsekresse, Rauhaarige	*Arabis hirsuta*	Aurorafalter	*Anthocharis cardamines*
Geißblatt, Deutsches	*Lonicera periclymenum*	Blauschwarzer Eisvogel	*Limenitis reducta*
		Kleiner Eisvogel	*Limenitis camilla*
Geißblatt, Echtes	*Lonicera caprifolium*	Blauschwarzer Eisvogel	*Limenitis reducta*
Geißklee, Regensburger	*Chamaecytisus ratisbonensis*	Regensburger Gelbling	*Colias myrmidone*

Pflanzenart		Tagfalterart	
Deutscher Name	**Wissenschaftlicher Name**	**Deutscher Name**	**Wissenschaftlicher Name**
Ginster, Färber-	*Genista tinctoria*	Alexis-Bläuling Faulbaum-Bläuling	*Glaucopsyche alexis* *Celastrina argiolus*
Glatthafer	*Arrhenatherum elatius*	Waldbrettspiel	*Pararge aegeria*
Goldregen	*Laburnum anagyroides*	Ginster-Bläuling	*Plebejus idas*
Hartriegel, Blutroter	*Cornus sanguinea*	Faulbaum-Bläuling Grüner Zipfelfalter	*Celastrina argiolus* *Callophrys rubi*
Hasel	*Corylus avellana*	C-Falter Nierenfleck-Zipfelfalter	*Nymphalis c-album* *Thecla betulae*
Hauhechel, Dornige	*Ononis spinosa*	Hauhechel-Bläuling	*Polyommatus icarus*
Hauhechel, Kriechende	*Ononis repens*	Hauhechel-Bläuling	*Polyommatus icarus*
Heckenkirsche, Rote	*Lonicera xylosteum*	Blauschwarzer Eisvogel Kleiner Eisvogel	*Limenitis reducta* *Limenitis camilla*
Heidekraut	*Calluna vulgaris*	Faulbaum-Bläuling Geißklee-Bläuling Ginster-Bläuling	*Celastrina argiolus* *Plebejus argus* *Plebejus idas*
Heidelbeere	*Vaccinium myrtillus*	Grüner Zipfelfalter	*Callophrys rubi*
Himbeere	*Rubus idaeus*	Brombeer-Perlmutterfalter Grüner Zipfelfalter Kleiner Würfel-Dickkopffalter Magerrasen-Perlmutterfalter	*Brenthis daphne* *Callophrys rubi* *Pyrgus malvae* *Boloria dia*
Honiggras, Wolliges	*Holcus lanatus*	Gelbwürfeliger Dickkopffalter Waldbrettspiel	*Carterocephalus palaemon* *Pararge aegeria*
Hopfen	*Humulus lupulus*	Faulbaum-Bläuling Kleiner Fuchs	*Celastrina argiolus* *Nymphalis urticae*
Hopfenklee	*Medicago lupulina*	Hauhechel-Bläuling Weißklee-Gelbling	*Polyommatus icarus* *Colias hyale*
Hornklee, Gewöhnlicher	*Lotus corniculatus*	Dunkler Dickkopffalter Geißklee-Bläuling Ginster-Bläuling Hauhechel-Bläuling Kurzschwänziger Bläuling Leguminosen-Weißling	*Erynnis tages* *Plebejus argus* *Plebejus idas* *Polyommatus icarus* *Cupido argiades* *Leptidea sinapis*

Pflanzenart		Tagfalterart	
Deutscher Name	**Wissenschaftlicher Name**	**Deutscher Name**	**Wissenschaftlicher Name**
Hornklee, Gewöhnlicher	*Lotus corniculatus*	Reals Schmalflügel-Weißling	*Leptidea reali*
		Wander-Gelbling	*Colias crocea*
		Weißklee-Gelbling	*Colias hyale*
Hornklee, Sumpf-	*Lotus uliginosus*	Dunkler Dickkopffalter	*Erynnis tages*
		Hauhechel-Bläuling	*Polyommatus icarus*
		Kurzschwänziger Bläuling	*Cupido argiades*
Hufeisenklee	*Hippocrepis comosa*	Dunkler Dickkopffalter	*Erynnis tages*
		Geißklee-Bläuling	*Plebejus argus*
		Hauhechel-Bläuling	*Polyommatus icarus*
		Himmelblauer Bläuling	*Polyommatus bellargus*
		Hufeisenklee-Gelbling	*Colias alfacariensis*
		Silbergrüner Bläuling	*Polyommatus coridon*
		Wander-Gelbling	*Colias crocea*
		Weißklee-Gelbling	*Colias hyale*
Johannisbeere	*Ribes rubrum*	C-Falter	*Nymphalis c-album*
Kapuzinerkresse	*Tropaeolum majus*	Großer Kohl-Weißling	*Pieris brassicae*
Kirsche, Felsen-	*Prunus mahaleb*	Segelfalter	*Iphiclides podalirius*
Kirschen-Arten	*Prunus* spec.	Baum-Weißling	*Aporia crataegi*
		Großer Fuchs	*Nymphalis polychloros*
		Nierenfleck-Zipfelfalter	*Thecla betulae*
Klappertopf, Kleiner	*Rhinanthus minor*	Ehrenpreis-Scheckenfalter	*Melitaea aurelia*
		Östlicher Scheckenfalter	*Melitaea britomartis*
Klee, Faden-	*Trifolium dubium*	Hauhechel-Bläuling	*Polyommatus icarus*
Klee, Feld-	*Trifolium campestre*	Ginster-Bläuling	*Plebejus idas*
Klee, Hasen-	*Trifolium arvense*	Hauhechel-Bläuling	*Polyommatus icarus*
Klee, Rot-	*Trifolium pratense*	Kurzschwänziger Bläuling	*Cupido argiades*
		Rotklee-Bläuling	*Polyommatus semiargus*
		Weißklee-Gelbling	*Colias hyale*
Klee, Weiß-	*Trifolium repens*	Hauhechel-Bläuling	*Polyommatus icarus*
		Weißklee-Gelbling	*Colias hyale*
Klee, Zickzack-	*Trifolium medium*	Rotklee-Bläuling	*Polyommatus semiargus*
Knabenkraut, Steifblättriges	*Dactylorhiza incarnata*	Mädesüß-Perlmutterfalter	*Brenthis ino*
Knäuelgras, Wald-	*Dactylis polygama*	Waldbrettspiel	*Pararge aegeria*

Pflanzenart		Tagfalterart	
Deutscher Name	**Wissenschaftlicher Name**	**Deutscher Name**	**Wissenschaftlicher Name**
Knäuelgras, Wiesen-	*Dactylis glomerata*	Gelbwürfeliger Dickkopffalter Rostfarbiger Dickkopffalter	*Carterocephalus palaemon* *Ochlodes sylvanus*
Knäuelgras-Arten	*Dactylis* spec.	Braunkolbiger Braun-Dickkopffalter	*Thymelicus sylvestris*
Knoblauchsrauke	*Alliaria petiolata*	Aurorafalter	*Anthocharis cardamines*
Kohl-Arten	*Brassica* spec.	Großer Kohl-Weißling Kleiner Kohl-Weißling	*Pieris brassicae* *Pieris rapae*
Königskerze, Mehlige	*Verbascum lychnitis*	Roter Scheckenfalter	*Melitaea didyma*
Königskerzen-Arten	*Verbascum* spec.	Roter Scheckenfalter	*Melitaea didyma*
Kratzdistel-Arten	*Cirsium* spec.	Distelfalter	*Vanessa cardui*
Kresse, Virginische	*Lepidium virginicum*	Reseda-Weißling	*Pontia edusa/daplidice*
Kreuzdorn, Echter	*Rhamnus cathartica*	Faulbaum-Bläuling Kreuzdorn-Zipfelfalter Zitronenfalter	*Celastrina argiolus* *Satyrium spini* *Gonepteryx rhamni*
Kronwicke, Bunte	*Securigera varia*	Alexis-Bläuling Dunkler Dickkopffalter Geißklee-Bläuling Hauhechel-Bläuling Himmelblauer Bläuling Hufeisenklee-Gelbling Kronwicken-Bläuling Leguminosen-Weißling Reals Schmalflügel-Weißling Silbergrüner Bläuling Wander-Gelbling Weißklee-Gelbling Zahnflügel-Bläuling	*Glaucopsyche alexis* *Erynnis tages* *Plebejus argus* *Polyommatus icarus* *Polyommatus bellargus* *Colias alfacariensis* *Plebejus argyrognomon* *Leptidea sinapis* *Leptidea reali* *Polyommatus coridon* *Colias crocea* *Colias hyale* *Polyommatus daphnis*
Kümmel, Wiesen-	*Carum carvi*	Schwalbenschwanz	*Papilio machaon*
Leinkraut, Gewöhnliches	*Linaria vulgaris*	Roter Scheckenfalter	*Melitaea didyma*
Lerchensporn-Arten	*Corydalis* spec	Schwarzer Apollofalter	*Parnassius mnemosyne*
Lieschgras, Wiesen-	*Phleum pratense*	Gelbwürfeliger Dickkopffalter Rostfarbiger Dickkopffalter	*Carterocephalus palaemon* *Ochlodes sylvanus*
Lieschgras-Arten	*Phleum* spec.	Rotbraunes Ochsenauge	*Maniola tithonus*

Pflanzenart		Tagfalterart	
Deutscher Name	**Wissenschaftlicher Name**	**Deutscher Name**	**Wissenschaftlicher Name**
Liguster	*Ligustrum vulgare*	Faulbaum-Bläuling	*Celastrina argiolus*
Luzerne	*Medicago sativa*	Alexis-Bläuling	*Glaucopsyche alexis*
		Faulbaum-Bläuling	*Celastrina argiolus*
		Hauhechel-Bläuling	*Polyommatus icarus*
		Kurzschwänziger Bläuling	*Cupido argiades*
		Östlicher Gelbling	*Colias erate*
		Wander-Gelbling	*Colias crocea*
		Weißklee-Gelbling	*Colias hyale*
Luzerne, Sichel-	*Medicago falcata*	Alexis-Bläuling	*Glaucopsyche alexis*
		Hauhechel-Bläuling	*Polyommatus icarus*
		Leguminosen-Weißling	*Leptidea sinapis*
		Reals Schmalflügel-Weißling	*Leptidea reali*
Mädesüß, Echtes	*Filipendula ulmaria*	Faulbaum-Bläuling	*Celastrina argiolus*
		Kleiner Würfel-Dickkopffalter	*Pyrgus malvae*
		Mädesüß-Perlmutterfalter	*Brenthis ino*
Malve, Moschus-	*Malva moschata*	Malven-Dickkopffalter	*Carcharodus alceae*
Malve, Rosen-	*Malva alcea*	Malven-Dickkopffalter	*Carcharodus alceae*
Malve, Weg-	*Malva neglecta*	Malven-Dickkopffalter	*Carcharodus alceae*
Meerkohl	*Crambe maritima*	Großer Kohl-Weißling	*Pieris brassicae*
Möhre, Wilde	*Daucus carota*	Schwalbenschwanz	*Papilio machaon*
Moosbeere	*Vaccinium macrocarpon*	Hochmoor-Bläuling	*Plebejus optilete*
		Hochmoor-Perlmutterfalter	*Boloria aquilonaris*
Odermennig, Kleiner	*Agrimonia eupatoria*	Kleiner Würfel-Dickkopffalter	*Pyrgus malvae*
Pappel, Hybrid-	*Populus × canadensis*	Großer Schillerfalter	*Apatura iris*
Pappel, Schwarz-	*Populus nigra*	Großer Eisvogel	*Limenitis populi*
		Kleiner Schillerfalter	*Apatura ilia*
Pappel, Zitter-	*Populus tremula*	Großer Eisvogel	*Limenitis populi*
		Kleiner Schillerfalter	*Apatura ilia*
Petersilie	*Petroselinum crispum*	Schwalbenschwanz	*Papilio machaon*
Pfeifengras, Blaues	*Molinia caerulea*	Blaukernauge	*Minois dryas*
		Gelbwürfeliger Dickkopffalter	*Carterocephalus palaemon*
		Großes Wiesenvögelchen	*Coenonympha tullia*

Pflanzenart		Tagfalterart	
Deutscher Name	**Wissenschaftlicher Name**	**Deutscher Name**	**Wissenschaftlicher Name**
Pfeifengras, Blaues	*Molinia caerulea*	Spiegelfleck-Dickkopffalter	*Heteropterus morpheus*
		Weißbindiger Bergwald-Mohrenfalter	*Erebia euryale*
		Weißbindiger Mohrenfalter	*Erebia ligea*
Pfeifengras, Rohr-	*Molinia arundinacea*	Gelbwürfeliger Dickkopffalter	*Carterocephalus palaemon*
		Waldbrettspiel	*Pararge aegeria*
Pflaumen-Arten	*Prunus* spec.	Baum-Weißling	*Aporia crataegi*
		Nierenfleck-Zipfelfalter	*Thecla betulae*
Pimpinelle, Kleine	*Pimpinella saxifraga*	Schwalbenschwanz	*Papilio machaon*
Platterbse, Wiesen-	*Lathyrus pratensis*	Vogelwicken-Bläuling	*Polyommatus amandus*
Porst, Sumpf-	*Ledum palustre*	Grüner Zipfelfalter	*Callophrys rubi*
Preiselbeere	*Vaccinium vitis-idaea*	Grüner Zipfelfalter	*Callophrys rubi*
Primel, Wald-	*Primula elatior*	Schlüsselblumen-Würfelfalter	*Hamearis lucina*
Quecke, Hunds-	*Elymus caninus*	Waldbrettspiel	*Pararge aegeria*
Quecke, Kriechende	*Elymus repens*	Mattscheckiger Braun-Dickkopffalter	*Thymelicus acteon*
		Schwarzkolbiger Braun-Dickkopffalter	*Thymelicus lineola*
		Waldbrettspiel	*Pararge aegeria*
Rauschbeere	*Vaccinium uliginosum*	Grüner Zipfelfalter	*Callophrys rubi*
		Hochmoor-Bläuling	*Plebejus optilete*
		Hochmoor-Gelbling	*Colias palaeno*
Reiherschnabel, Gewöhnlicher	*Erodium cicutarium*	Kleiner Sonnenröschen-Bläuling	*Polyommatus agestis*
Reitgras, Land-	*Calamagrostis epigejos*	Blaukernauge	*Minois dryas*
		Gelbwürfeliger Dickkopffalter	*Carterocephalus palaemon*
		Graubindiger Mohrenfalter	*Erebia aethiops*
		Rostfarbiger Dickkopffalter	*Ochlodes sylvanus*
		Schwarzkolbiger Braun-Dickkopffalter	*Thymelicus lineola*
		Wald-Wiesenvögelchen	*Coenonympha hero*
		Waldbrettspiel	*Pararge aegeria*

Pflanzenart		Tagfalterart	
Deutscher Name	**Wissenschaftlicher Name**	**Deutscher Name**	**Wissenschaftlicher Name**
Reitgras, Sumpf-	*Calamagrostis canescens*	Spiegelfleck-Dickkopffalter	*Heteropterus morpheus*
		Gold-Dickkopffalter	*Carterocephalus silvicolus*
		Waldbrettspiel	*Pararge aegeria*
Reitgras-Arten	*Calamagrostis* spec.	Weißbindiger Bergwald-Mohrenfalter	*Erebia euryale*
		Weißbindiger Mohrenfalter	*Erebia ligea*
Resede	*Reseda* spec.	Reseda-Weißling	*Pontia edusa/daplidice*
Rispengras, Gewöhnliches	*Poa trivialis*	Waldbrettspiel	*Pararge aegeria*
Rispengras, Hain-	*Poa nemoralis*	Waldbrettspiel	*Pararge aegeria*
Rispengras, Wiesen-	*Poa pratensis*	Kleines Wiesenvögelchen	*Coenonympha pamphilus*
Rispengras-Arten	*Poa* spec.	Braunkolbiger Braun-Dickkopffalter	*Thymelicus sylvestris*
Sauerampfer, Großer	*Rumex acetosa*	Brauner Feuerfalter	*Lycaena tityrus*
		Dukaten-Feuerfalter	*Lycaena virgaureae*
		Kleiner Feuerfalter	*Lycaena phlaeas*
		Lilagold-Feuerfalter	*Lycaena hippothoe*
		Violetter Feuerfalter	*Lycaena alciphron*
Sauerampfer, Kleiner	*Rumex acetosella*	Brauner Feuerfalter	*Lycaena tityrus*
		Dukaten-Feuerfalter	*Lycaena virgaureae*
		Kleiner Feuerfalter	*Lycaena phlaeas*
		Lilagold-Feuerfalter	*Lycaena hippothoe*
		Violetter Feuerfalter	*Lycaena alciphron*
Schaumkraut, Wiesen-	*Cardamine pratensis*	Aurorafalter	*Anthocharis cardamines*
Schlehe	*Prunus spinosa*	Kleiner Schlehen-Zipfelfalter	*Satyrium acaciae*
		Nierenfleck-Zipfelfalter	*Thecla betulae*
		Pflaumen-Zipfelfalter	*Satyrium pruni*
		Segelfalter	*Iphiclides podalirius*
Schlüsselblume, Frühlings-	*Primula veris*	Schlüsselblumen-Würfelfalter	*Hamearis lucina*
Schmiele, Draht-	*Deschampsia flexuosa*	Gelbbindiger Mohrenfalter	*Erebia meolans*
Schmiele, Rasen-	*Deschampsia cespitosa*	Großes Wiesenvögelchen	*Coenonympha tullia*
		Wald-Wiesenvögelchen	*Coenonympha hero*

Pflanzenart		**Tagfalterart**	
Deutscher Name	**Wissenschaftlicher Name**	**Deutscher Name**	**Wissenschaftlicher Name**
Schneeball, Wolliger	*Viburnum lantana*	Grüner Zipfelfalter	*Callophrys rubi*
Schneebeere	*Symphoricarpos albus*	Kleiner Eisvogel	*Limenitis camilla*
Schwaden, Falt-	*Glyceria notata*	Waldbrettspiel	*Pararge aegeria*
Schwingel, Riesen-	*Festuca gigantea*	Waldbrettspiel	*Pararge aegeria*
Schwingel, Rot-	*Festuca rubra*	Blaukernauge	*Minois dryas*
		Braunauge	*Lasiommata maera*
		Großer Waldportier	*Hipparchia fagi*
		Kleines Wiesenvögelchen	*Coenonympha pamphilus*
		Komma-Dickkopffalter	*Hesperia comma*
		Weißbindiger Bergwald-Mohrenfalter	*Erebia euryale*
		Weißbindiger Mohrenfalter	*Erebia ligea*
Schwingel, Schaf-	*Festuca ovina*	Berghexe	*Chazara briseis*
		Eisenfarbener Samtfalter	*Hipparchia statilinus*
		Kleiner Waldportier	*Hipparchia hermione*
		Komma-Dickkopffalter	*Hesperia comma*
		Mauerfuchs	*Lasiommata megera*
		Ockerbindiger Samtfalter	*Hipparchia semele*
		Rundaugen-Mohrenfalter	*Erebia medusa*
		Weißer Waldportier	*Aulocera circe*
Segge, Sumpf-	*Carex acutiformis*	Blaukernauge	*Minois dryas*
Segge, Wald-	*Carex sylvatica*	Waldbrettspiel	*Pararge aegeria*
Segge, Weiße	*Carex alba*	Blaukernauge	*Minois dryas*
Segge, Winkel-	*Carex remota*	Wald-Wiesenvögelchen	*Coenonympha hero*
Seggen-Arten	*Carex* spec.	Gelbringfalter	*Lopinga achine*
		Blaukernauge	*Minois dryas*
Silbergras	*Corynephorus canescens*	Eisenfarbener Samtfalter	*Hipparchia statilinus*
		Komma-Dickkopffalter	*Hesperia comma*
		Ockerbindiger Samtfalter	*Hipparchia semele*
Skabiose, Tauben-	*Scabiosa columbaria*	Goldener Scheckenfalter	*Euphydryas aurinia*

Pflanzenart		Tagfalterart	
Deutscher Name	**Wissenschaftlicher Name**	**Deutscher Name**	**Wissenschaftlicher Name**
Sonnenröschen, Gewöhnliches	*Helianthemum nummularium*	Kleiner Sonnenröschen-Bläuling	*Polyommatus agestis*
Sonnenröschen-Arten	*Helianthemum* spec.	Ginster-Bläuling	*Plebejus idas*
		Großer Sonnenröschen-Bläuling	*Polyommatus artaxerxes*
		Grüner Zipfelfalter	*Callophrys rubi*
		Sonnenröschen-Würfel-Dickkopffalter	*Pyrgus alveus*
Stachelbeere	*Ribes uva-crispa*	C-Falter	*Nymphalis c-album*
Steinklee, Echter	*Melilotus officinalis*	Alexis-Bläuling	*Glaucopsyche alexis*
Steinklee, Weißer	*Melilotus albus*	Alexis-Bläuling	*Glaucopsyche alexis*
		Faulbaum-Bläuling	*Celastrina argiolus*
Steinklee-Arten	*Melilotus* spec.	Ginster-Bläuling	*Plebejus idas*
Stiefmütterchen, Garten-	*Viola wittrockiana*	Kleiner Perlmutterfalter	*Issoria lathonia*
Storchschnabel, Blut-	*Geranium sanguineum*	Storchschnabel-Bläuling	*Polyommatus eumedon*
Storchschnabel, Schlitzblättriger	*Geranium dissectum*	Kleiner Sonnenröschen-Bläuling	*Polyommatus agestis*
Storchschnabel, Sumpf-	*Geranium palustre*	Storchschnabel-Bläuling	*Polyommatus eumedon*
Storchschnabel, Weicher	*Geranium molle*	Kleiner Sonnenröschen-Bläuling	*Polyommatus agestis*
Storchschnabel, Wiesen-	*Geranium pratense*	Kleiner Sonnenröschen-Bläuling	*Polyommatus agestis*
		Storchschnabel-Bläuling	*Polyommatus eumedon*
Storchschnabel, Zwerg-	*Geranium pusillum*	Kleiner Sonnenröschen-Bläuling	*Polyommatus agestis*
Strandhafer	*Ammophila arenaria*	Ockerbindiger Samtfalter	*Hipparchia semele*
Straußgras, Riesen-	*Agrostis gigantea*	Waldbrettspiel	*Pararge aegeria*
Straußgras, Rotes	*Agrostis capillaris*	Gelbbindiger Mohrenfalter	*Erebia meolans*
		Kleines Wiesenvögelchen	*Coenonympha pamphilus*
		Rostfarbiger Dickkopffalter	*Ochlodes sylvanus*
Straußgras, Weißes	*Agrostis stolonifera*	Kleines Wiesenvögelchen	*Coenonympha pamphilus*
		Waldbrettspiel	*Pararge aegeria*
Straußgras-Arten	*Agrostis* spec.	Braunkolbiger Braun-Dickkopffalter	*Thymelicus sylvestris*

Pflanzenart		Tagfalterart	
Deutscher Name	**Wissenschaftlicher Name**	**Deutscher Name**	**Wissenschaftlicher Name**
Straußgras-Arten	*Agrostis* spec.	Rotbraunes Ochsenauge	*Maniola tithonus*
Teufelsabbiss, Gewöhnlicher	*Succisa pratensis*	Goldener Scheckenfalter	*Euphydryas aurinia*
Thymian, Gewöhnlicher	*Thymus pulegioides*	Westlicher Quendel-Bläuling	*Scolitantides baton*
Thymian, Sand-	*Thymus serpyllum*	Östlicher Quendel-Bläuling	*Scolitantides schiffermuelleri*
Thymian-Arten	*Thymus* spec.	Thymian-Ameisenbläuling	*Maculinea arion*
Tragant, Esparsetten-	*Astragalus onobrychis*	Ginster-Bläuling	*Plebejus idas*
Tragant-Arten	*Astragalus* spec.	Alexis-Bläuling	*Glaucopsyche alexis*
Traubenkirsche	*Prunus padus*	Nierenfleck-Zipfelfalter	*Thecla betulae*
		Pflaumen-Zipfelfalter	*Satyrium pruni*
Traubenkirsche, Späte	*Prunus serotina*	Segelfalter	*Iphiclides podalirius*
Trespe, Aufrechte	*Bromus erectus*	Berghexe	*Chazara briseis*
		Blaukernauge	*Minois dryas*
		Graubindiger Mohrenfalter	*Erebia aethiops*
		Großer Waldportier	*Hipparchia fagi*
		Ockerbindiger Samtfalter	*Hipparchia semele*
		Rotbraunes Wiesenvögelchen	*Coenonympha glycerion*
		Rundaugen-Mohrenfalter	*Erebia medusa*
		Weißbindiger Bergwald-Mohrenfalter	*Erebia euryale*
		Weißbindiger Mohrenfalter	*Erebia ligea*
		Weißer Waldportier	*Aulocera circe*
Ulme, Berg-	*Ulmus glabra*	C-Falter	*Nymphalis c-album*
		Großer Fuchs	*Nymphalis polychloros*
		Ulmen-Zipfelfalter	*Satyrium w-album*
Ulme, Feld-	*Ulmus minor*	C-Falter	*Nymphalis c-album*
		Großer Fuchs	*Nymphalis polychloros*
		Ulmen-Zipfelfalter	*Satyrium w-album*
Ulme, Flatter-	*Ulmus laevis*	C-Falter	*Nymphalis c-album*
		Großer Fuchs	*Nymphalis polychloros*
		Ulmen-Zipfelfalter	*Satyrium w-album*

Pflanzenart		Tagfalterart	
Deutscher Name	**Wissenschaftlicher Name**	**Deutscher Name**	**Wissenschaftlicher Name**
Veilchen, Hunds-	*Viola canina*	Großer Perlmutter-falter	*Argynnis aglaja*
Veilchen, Rauhaa-riges	*Viola hirta*	Großer Perlmutter-falter	*Argynnis aglaja*
		Kaisermantel	*Argynnis paphia*
		Silberfleck-Perlmutter-falter	*Boloria euphrosyne*
Veilchen, Wald-	*Viola reichenbachiana*	Großer Perlmutter-falter	*Argynnis aglaja*
		Kaisermantel	*Argynnis paphia*
Veilchen, Wohl-riechendes	*Viola odorata*	Feuriger Perlmutter-falter	*Argynnis adippe*
		Kaisermantel	*Argynnis paphia*
		Silberfleck-Perlmutter-falter	*Boloria euphrosyne*
Veilchen, Zweiblü-tiges	*Viola biflora*	Alpen-Perlmutterfalter	*Boloria thore*
Veilchen-Arten	*Viola* spec.	Braunscheckiger Perl-mutterfalter	*Boloria selene*
		Feuriger Perlmutter-falter	*Argynnis adippe*
		Kleiner Perlmutter-falter	*Issoria lathonia*
		Magerrasen-Perlmutterfalter	*Boloria dia*
		Mittlerer Perlmutter-falter	*Argynnis niobe*
Wachtelweizen, Acker-	*Melampyrum arvense*	Roter Scheckenfalter	*Melitaea didyma*
Wachtelweizen-Arten	*Melampyrum* spec.	Ehrenpreis-Schecken-falter	*Melitaea aurelia*
		Wachtelweizen-Scheckenfalter	*Melitaea athalia*
Wegerich, Breit-	*Plantago major*	Wegerich-Schecken-falter	*Melitaea cinxia*
Wegerich, Mittlerer	*Plantago media*	Roter Scheckenfalter	*Melitaea didyma*
		Wegerich-Schecken-falter	*Melitaea cinxia*
Wegerich, Spitz-	*Plantago lanceolata*	Ehrenpreis-Schecken-falter	*Melitaea aurelia*
		Östlicher Schecken-falter	*Melitaea britomartis*
		Roter Scheckenfalter	*Melitaea didyma*

Pflanzenart		Tagfalterart	
Deutscher Name	**Wissenschaftlicher Name**	**Deutscher Name**	**Wissenschaftlicher Name**
Wegerich, Spitz-	*Plantago lanceolata*	Wachtelweizen-Scheckenfalter	*Melitaea athalia*
		Wegerich-Scheckenfalter	*Melitaea cinxia*
		Westlicher Scheckenfalter	*Melitaea parthenoides*
Weide, Bruch-	*Salix fragilis*	Großer Schillerfalter	*Apatura iris*
Weide, Grau-	*Salix cinerea*	Großer Fuchs	*Nymphalis polychloros*
		Großer Schillerfalter	*Apatura iris*
Weide, Korb-	*Salix viminalis*	Großer Fuchs	*Nymphalis polychloros*
Weide, Ohr-	*Salix aurita*	Großer Schillerfalter	*Apatura iris*
Weide, Purpur-	*Salix purpurea*	Großer Schillerfalter	*Apatura iris*
Weide, Sal-	*Salix caprea*	C-Falter	*Nymphalis c-album*
		Großer Fuchs	*Nymphalis polychloros*
		Großer Schillerfalter	*Apatura iris*
		Kleiner Schillerfalter	*Apatura ilia*
Weide, Silber-	*Salix alba*	Großer Fuchs	*Nymphalis polychloros*
Weiden-Arten	*Salix* spec.	Großer Fuchs	*Nymphalis polychloros*
		Großer Schillerfalter	*Apatura iris*
		Trauermantel	*Nymphalis antiopa*
Weidelgras, Deutsches	*Lolium perenne*	Komma-Dickkopffalter	*Hesperia comma*
		Rotbraunes Ochsenauge	*Maniola tithonus*
Weiderich, Blut-	*Lythrum salicaria*	Faulbaum-Bläuling	*Celastrina argiolus*
Weißdorn-Arten	*Crataegus* spec.	Baum-Weißling	*Aporia crataegi*
Wicke, Rauhaarige	*Vicia hirsuta*	Weißklee-Gelbling	*Colias hyale*
Wicke, Viersamige	*Vicia tetrasperma*	Weißklee-Gelbling	*Colias hyale*
Wicke, Vogel-	*Vicia cracca*	Alexis-Bläuling	*Glaucopsyche alexis*
		Leguminosen-Weißling	*Leptidea sinapis*
		Reals Schmalflügel-Weißling	*Leptidea reali*
		Vogelwicken-Bläuling	*Polyommatus amandus*
		Weißklee-Gelbling	*Colias hyale*
Wiesenknopf, Großer	*Sanguisorba officinalis*	Dunkler Wiesenknopf-Ameisenbläuling	*Maculinea nausithous*
		Heller Wiesenknopf-Ameisenbläuling	*Maculinea teleius*
		Mädesüß-Perlmutterfalter	*Brenthis ino*
Wiesenknopf, Kleiner	*Sanguisorba minor*	Kleiner Würfel-Dickkopffalter	*Pyrgus malvae*

Pflanzenart		Tagfalterart	
Deutscher Name	**Wissenschaftlicher Name**	**Deutscher Name**	**Wissenschaftlicher Name**
Wiesenknopf, Kleiner	*Sanguisorba minor*	Roter Würfel-Dickkopffalter	*Spialia sertorius*
Wiesenknöterich, Schlangen-	*Bistorta officinalis*	Blauschillernder Feuerfalter	*Lycaena helle*
		Natterwurz-Perlmutterfalter	*Boloria titania*
		Randring-Perlmutterfalter	*Boloria eunomia*
Wundklee, Gewöhnlicher	*Anthyllis vulneraria*	Ginster-Bläuling	*Plebejus idas*
		Wundklee-Bläuling	*Polyommatus dorylas*
		Zwerg-Bläuling	*Cupido minimus*
Zahntrost, Gelber	*Odontites lutea*	Roter Scheckenfalter	*Melitaea didyma*
Ziest, Aufrechter	*Stachys recta*	Roter Scheckenfalter	*Melitaea didyma*
Ziest, Heil-	*Stachys officinalis*	Heilziest-Dickkopffalter	*Carcharodus flocciferus*
Zwenke, Fieder-	*Brachypodium pinnatum*	Gelbringfalter	*Lopinga achine*
		Gelbwürfeliger Dickkopffalter	*Carterocephalus palaemon*
		Graubindiger Mohrenfalter	*Erebia aethiops*
		Mattscheckiger Braun-Dickkopffalter	*Thymelicus acteon*
		Mauerfuchs	*Lasiommata megera*
		Rostfarbiger Dickkopffalter	*Ochlodes sylvanus*
		Waldbrettspiel	*Pararge aegeria*
Zwenke, Wald-	*Brachypodium sylvaticum*	Waldbrettspiel	*Pararge aegeria*

Anhang

Literatur

Zitierte Arbeiten und weiterführende Literatur

ALS, T. D., R. VILA, N. P. KANDUL, D. R. NASH, S.-H. YEN, Y.-F. HSU, A. A. MIGNAULT, J. J. BOOMSMA & N. E. PIERCE (2004): The evolution of alternative parasitic life histories in large blue butterflies. – Nature 432: 386–390.

BINK, F. A. (1992): Ecologische Atlas van de Dagvlinders van Noordwest-Europa. – Schuyt, Haarlem.

EBERT, G. & E. RENNWALD (1991): Die Schmetterlinge Baden-Württembergs. Band 1 und 2: Tagfalter I und II. – Ulmer, Stuttgart.

HERMANN, G. (2000): Methoden der qualitativen Erfassung von Tagfaltern. – In: J. SETTELE, R. FELDMANN & R. REINHARDT (eds.). Die Tagfalter Deutschlands. – Ulmer, Stuttgart, 124–143.

LAFRANCHIS, T. (2004): Butterflies of Europe. – Diatheo, Paris.

LEOPOLD, P. (2004): Arbeitskreis Tagfalter-Monitoring Nordrhein-Westfalen. – LÖBF-Mitteilungen 2/2004: 51.

LÖBF (1997): Praxishandbuch Schmetterlingsschutz. – LÖBF-Reihe Artenschutz, Band 1. Recklinghausen.

PECH, P., Z. FRIC, M. KONVICKA & J. ZRZAVY (2004): Phylogeny of *Maculinea* blues (Lepidoptera: Lycaenidae) based on morphological and ecological characters: evolution of parasitic myrmecophily. – Cladistics 20: 362–375.

POLLARD, E. & T. J. YATES (1993): Monitoring Butterflies for Ecology and Conservation. – Chapman & Hall, London.

SBN Schweizerischer Bund für Naturschutz (1991): Tagfalter und ihre Lebensräume. 3. Aufl. – Fotorotar, Egg.

SBN (Pro Natura – Schweizerischer Bund für Naturschutz; 1997): Schmetterlinge und ihre Lebensräume. Band 2. – Fotorotar, Egg.

SETTELE, J. (2000): Zur Bedeutung von Systematik und Belegsammlungen im Kontext von Ökologie und Naturschutz – erläutert am Beispiel der Tagfalter. – In: J. SETTELE, R. FELDMANN & R. REINHARDT (eds.). Die Tagfalter Deutschlands. – Ulmer, Stuttgart, 34–59.

SETTELE, J., R. FELDMANN & R. REINHARDT (Hrsg., 2000): Die Tagfalter Deutschlands. – Ulmer, Stuttgart.

VAN SWAAY, C. & M. WARREN (2003): Prime Butterfly Areas (Karte und Tabelle in der hinteren Umschlaginnenseite).

WEIDEMANN, H. J. (1995): Tagfalter beobachten, bestimmen. – Naturbuch, Augsburg.

Angaben zu den Roten Listen

AUTORENKOLLEKTIV (1992): Rote Liste der bestandsgefährdeten Schmetterlinge (Lepidoptera; Tagfalter, Spinnerartige, Eulen, Spanner) in **Rheinland-Pfalz**. Stand: Februar 1992). – Mainz (Ministerium für Umwelt).

BOLZ, R. & GEYER, A. (2004): Rote Liste gefährdeter Tagfalter (Lepidoptera: Rhopalocera) Bayerns. In: Rote Liste gefährdeter Tierarten **Bayerns**. – Schriftenreihe Bayrisches Landesamt für Umweltschutz 166: 217–222.

DUDLER, H., KINKLER, H., LECHNER, R., RETZLAFF, H., SCHMITZ, W. & SCHUMACHER, H. (1999): Rote Liste der gefährdeten Schmetterlinge (Lepidoptera) in **Nordrhein-Westfalen**. 3.Fassung mit Artenverzeichnis. – Schriftenreihe der Landesanstalt für Ökologie, Bodenordnung und Forsten/Landesamt für Agrarordnung 17: 575–626.

EBERT, G. & RENNWALD, E. (1991): Rote Liste der in **Baden-Württemberg** gefährdeten Schmetterlingsarten (Macrolepidoptera). Zweite Fassung. Stand 1. 11. 1989, I. Teil: Tagfalter (Lep./Diurna). – In: EBERT, G. & RENNWALD, E. [Hrsg.]: Die Schmetterlinge Baden-Württembergs. Band 1: Tagfalter 1. – Stuttgart (Ulmer): 116–127.

GELBRECHT, J., EICHSTÄDT, D., GÖRITZ, U., KALLIES, A., KÜHNE, L., RICHERT, A., RÖDEL, I., SOBCZYK, T. & WEIDLICH, M. (2001): Gesamtartenliste und Rote Liste der Schmetterlinge („Macrolepidoptera") des Landes **Brandenburg**. – Naturschutz und Landschaftspflege in Brandenburg, Beilage zu Heft 3.

GERSTBERGER, M., STIESY, L., THEIMER, F. & WOELKY, M. (1991): Standardliste und Rote Liste der Schmetterlinge von **Berlin** (West): Großschmetterlinge und Zünsler. In: Rote Listen der gefährdeten Pflanzen und Tiere in Berlin. – Landschaftsentwicklung und Umweltforschung S 6: 207–218.

KOLLIGS, D. (1998): Rote Liste der Tagfalter **Schleswig-Holsteins**. – Kiel 1998.

KRISTAL, P. M. & BROCKMANN, E. (1996): Rote Liste der Tagfalter Lepidoptera: Rhopalocera) **Hessens** (Zweite Fassung, Stand 31.10.1995). – Wiesbaden (Hessisches Ministerium des Inneren und für Landwirtschaft, Forsten und Naturschutz).

LOBENSTEIN, U. (1986): Rote Liste der in **Niedersachsen** gefährdeten Großschmetterlinge. – Niedersächsisches Landesverwaltungsamt Hannover.

PRETSCHER, P. (1998): Rote Liste der Großschmetterlinge (Macrolepidoptera). In: BINOT, M., BLESS, R., BOYE, P., GRUTTKE, H. & PRETSCHER, P.: Rote Liste gefährdeter Tiere **Deutschlands**. – Schriftenreihe für Landschaftspflege Naturschutz 55: 87–111.

REINHARDT, R. (1998): Rote Liste Tagfalter [**Sachsen**]. – Materialien zu Naturschutz und Landschaftspflege 1998. Dresden, LfUG: 4–18.

SCHMIDT, P., SCHÖNBORN, C., HÄNDEL, J., KARISCH, T., KELLNER, J. & STADIE, D. (2004): Rote Liste der Schmetterlinge (Lepidoptera) des Landes **Sachsen-Anhalt** (2. Fassung, Stand: Februar 2004). – Berichte des Landesamtes für Umweltschutz Sachsen-Anhalt 39: 388–402.

STÜBINGER, R. (1989): Rote Liste der gefährdeten Großschmetterlinge in **Hamburg**. – Naturschutz und Landschaftspflege Hamburg 28.

THUST, R., KUNA, G., FRIEDRICH, E. & ROMMEL, R.-P. (2001): Rote Liste der Tagfalter (Lepidoptera: Papilionidea et Hesperioidea) **Thüringens.** – Naturschutzreport 18: 216–219.

ULRICH, R. & CASPARI, S. (1997): Rote Liste der gefährdeten Tagfalter (Rhopalocera und Hesperiidae) und Widderchen (Zygaenidae) des **Saarlandes** (3. Fassung: 1997). – Natur und Landschaft im Saarland, Sonderband 7: 37–60.

WACHLIN, V., DEUTSCHMANN, U., KALLIES, A. & TABBERT, H. (1993): Rote Liste der gefährdeten Tagfalter **Mecklenburg-Vorpommerns.** Schwerin.

Danksagung

Ein herzliches Dankeschön geht an alle Freunde und Kollegen, die zum Gelingen des Werkes beigetragen haben. Insbesondere wollen wir uns für die zum Teil sehr schnelle Reaktion auf unsere Anfrage nach Bildern noch fehlender Arten bedanken bei: Andreas Nunner, Bernhard Jost, Chris Van Swaay, David Jutzeler, Detlef Kolligs, Eddie John, Erwin Rennwald, Helmut Höttinger, Jeroen Mentens, Josef Pennerstorfer, Jürgen Trautner, Karl-Heinz Salpeter, Kars Veling, Martin Albrecht, Matthias Dolek, Michael Rommel, Niels Anthes, Otakar Kudrna, Patrick Gros, Ralf Bolz, Rudolf Bryner, Rudolf Thust, Ted Benton, Thomas Schmitt, Thomas Sobczyk und Valérie Goethals. Auch wenn wir letztlich nicht alle Fotos verwenden konnten, hat uns die Bereitschaft zu schneller Unterstützung sehr weitergeholfen!

Für die Anfertigung der Zeichnungen bedanken wir uns bei Doris Böhme, Ewa Sliwinska, Helmuth Flubacher und Gerhard Raschpichler. Für die Anfertigung der Farbtafeln bei Christoph Sandig.

Für konstruktive Kommentare und andere Hilfestellungen bedanken wir uns des weiteren bei Dirk Maes, Gabriel Hermann, Jörg Gelbrecht, Noah Feldmann und Roger Dennis.

Für die Bereitstellung der Sammlungstiere des Tafelteils geht unserer besonderer Dank an das Pfalzmuseum für Naturkunde, das Entomologische Museum Ulf Eitschberger, das Naturkundemuseum Leipzig sowie an Wolfgang Seufert und Martin Brändle.

Ganz besonders möchten wir noch die intensive und sehr gute Betreuung durch den Ulmer Verlag hervorheben und uns hierfür speziell bei Ina Vetter, Thomas Eisele und Nadja Kneissler bedanken.

Dieses Buchprojekt wurde ideell oder auch materiell unterstützt durch das UFZ-Umweltforschungszentrum Leipzig-Halle (www.ufz.de), Butterfly Conservation Europe (www.Europeanbutterflies.net), die Aktion „Abenteuer Schmetterling" (die vom ZDF, dem BUND e. V. und dem UFZ getragen wird; www.abenteuer-schmetterling.de), sowie durch die EU-Projekte EuMon (www.EuMon.net; Förderkennzeichen: 006463-SSPI), MacMan (www.macman-project.de; Förderkennzeichen: EVK2-CT-2001-00126) und ALARM (www.alarmproject.net; Förderkennzeichen: GOCE-CT-2003-506675).

Anmerkung der Autoren zur Gattung *Maculinea*

Abweichend von SETTELE et al. (2000) werden die Ameisenbläulinge hier wieder unter der Gattung *Maculinea* geführt. Nach ALS et al. (2004) wie auch PECH et al. (2004) gehören die Ameisenbläulinge nicht zur Gattung *Glaucopsyche*. Allerdings sind die Gattungen *Maculinea* und *Phengaris* zusammengenommen eine Einheit bezüglich ihrer Abstammung; dies kann dazu führen, dass sich bei dieser Gattung nach weiteren Untersuchungen und Ergebnissen, z. B. auch aus dem EU-Projekt MacMan (www.macman-project.de), noch Einiges auch in der Namensgebung ändern wird. Da der Gattungsname *Maculinea* zudem im Bereich des europaweiten Naturschutzes sehr gut etabliert ist, benutzen wir ihn auch hier wieder.

Register

Deutsche Falternamen

Abbildungen auf den Tafeln sind mit einem Stern* gekennzeichnet.

Wissenschaftliche Gattungs- und Artnamen

Abbildungen auf den Tafeln sind mit einem Stern* gekennzeichnet.

Anschriften der Autoren

PD Dr. Josef Settele
UFZ-Umweltvorschungszentrum Leipzig-Halle in der Helmholtz-Gemeinschaft
Department Biozönoseforschung
Theodor-Lieser-Str. 4
06120 Halle/Saale
E-Mail: Josef.Settele@ufz.de

Roland Steiner
Arbeitsgruppe für Tierökologie und Planung
Johann-Strauß-Str. 22
70794 Filderstadt
E-Mail: info@tieroekologie.de

Rolf Reinhardt
Burgstädter Str. 80a
09648 Mittweida
E-Mail: Reinhardt-mittw@t-online.de

Dr. Reinart Feldmann
UFZ-Umweltvorschungszentrum Leipzig-Halle in der Helmholtz-Gemeinschaft
Abteilung Wissenstransfer
Permoser Str. 15
04318 Leipzig
E-Mail: Reinart.Feldmann@ufz.de

Bildquellen

Fotos:
Roland Steiner mit Ausnahme der folgenden:
Adi Geyer: S. 57 (unten: Ei; unten: Falter), 135 (unten: Raupe)
Andreas Nunner: S. 121 (oben: Falter)
David Jutzeler: S. 63 (unten: Falter; unten: Raupe), 83 (unten: Raupe), 85 (oben: Raupe), 89 (unten: Falter), 113 (unten: Raupe), 115 (oben: Falter; oben: Raupe), 117 (oben: Eier), 121 (oben: Raupe), 123 (unten: Falter), 137 (oben: Raupe), 151 (oben: Raupe), 151 (unten: Raupe), 157 (unten: Falter), 159 (oben: kleines Bild), 161 (oben: Falter; oben: Raupen), 165 (unten: Raupe)
Erwin Rennwald: S. 43 (oben: Raupe)
Josef Pennerstorfer: S. 53 (unten: großes Bild), 83 (oben: Falter)
Jürgen Trautner: S. 69 (unten: Eier), 85 (oben: Falter), 85 (unten: Raupe), 97 (unten: Falter), 99 (oben: Ei), 139 (unten: Raupe)
Kars Veling: S. 31 (oben: Falter)
Martin Albrecht: S. 31 (unten: Falter), 35 (oben: Falter), 37 (oben: Falter; oben: Raupe), 89 (unten: Ei und Raupe auf einem Bild)
Patrick Gros: S. 31 (oben: Eiablagestelle)
Ralf Bolz: S. 131 (unten: Jungraupengespinst), 137 (unten: Jungraupengespinst)
Rudolf Bryner: S. 33 (oben: Falter), 35 (oben: Raupe), 39 (oben: Raupe)
Ted Benton: S. 41 (oben: großes Bild)
Thomas Sobcyk: S. 157 (unten: Raupe), 165 (unten: Falter)
Valérie Goethals: S. 41 (oben: kleines Bild)
Christoph Sandig: alle Farbtafeln (S. 172–231) und „Piktogramme“ bei den Art-Texten

Zeichnungen:
Helmuth Flubacher: Vordere Umschlaginnenseite; Karte hintere Umschlaginnenseite nach Vorlagen von C. VAN SWAAY und M. WARREN
Ewa Sliwinska: S. 84
Doris Böhme: S. 30
Gerhard Raschpichler: alle übrigen Zeichnungen

Titelfoto: Himmelblauer Bläuling *Polyommatus bellargus*
Foto S. 2: Wald-Wiesenvögelchen *Coenonympha hero*
Foto S. 4: Brauner Feuerfalter *Lycaena tityrus*
Foto S. 24/25: Silbergrüner Bläuling *Polyommatus coridon*

Bibliografische Information der Deutschen Bibliothek
Die Deutsche Bibliothek verzeichnet diese Publikation in der Deutschen Nationalbibliografie; detaillierte bibliografische Daten sind im Internet über http://dnb.ddb.de abrufbar.

ISBN 3-8001-4167-1

Wollgrasweg 41, 70599 Stuttgart (Hohenheim)
E-Mail: info@ulmer.de
Internet: www.ulmer.de
Printed in Germany
Lektorat: Ina Vetter
Herstellung: Thomas Eisele
Satz: Dörr + Schiller GmbH, Stuttgart
Druck und Bindung: Offizin Andersen Nexö Leipzig GmbH, Zwenkau

Lizenz durch:
ZDF Enterprises GmbH